사회문제 해결을 위한 과학기술과 사회혁신

이 도서의 국립중앙도서관 출판예정도서목록(CIP)은 서지정보유통지원시스템 홈페이지(http://seoji.nl.go.kr)와
국가자료공동목록시스템(http://www.nl.go.kr/kolisnet)에서 이용하실 수 있습니다.
CIP제어번호: CIP2018014643

사회문제 해결을 위한 과학기술과 사회혁신

| 송위진 · 성지은 · 김종선 · 강민정 · 박희제 지음 |

Science Technology and Social Innovation for Solving Social Problems

한울
아카데미

서문

과학기술정책에서 새로운 흐름이 형성되고 있다. '사회문제 해결을 위한 과학기술혁신정책'이 그것이다. 이 정책은 우리 사회의 난제를 해결하는 것을 최우선 목표로 설정하고 새로운 프레임으로 과학기술혁신활동에 접근하고 있다. 또한 노벨상을 탈 수 있는 훌륭한 연구나 신산업을 형성하는 기술혁신도 중요하지만 시민의 삶의 질을 향상시키고 사회의 지속가능성을 높이는 것이 무엇보다도 중요하다는 관점을 취하며, 사회적 도전과제를 해결하는 과정에서 새로운 산업도 만들어질 수 있고 훌륭한 연구가 이루어질 수 있다고 주장한다. 과학기술발전을 과학기술자나 기업의 눈으로 보는 것이 아니라 시민사회의 눈으로 보고 있는 것이다. 이 정책에서는 공공성과 사회적 가치가 강조된다. 유럽에서는 '사회에 책임지는 과학기술'로, 우리나라에서는 '사회문제 해결형 연구개발', '국민생활연구'로 이러한 정책들이 구체화되고 있다.

한편 시민사회와 공공영역에서는 시민들이 참여해서 스스로 사회문제의 대안을 찾아가는 '사회혁신'이 이슈화되고 있으며, 국가의 정책적 개입, 시장의 자원배분을 통해 해결되지 않는 사회문제를 시민들이 중심인 거버넌스를 활용해서 해결하는 활동이 활성화되고 있다. 시민사회는 이제 사회문제에 대한 비판자를 넘어서 국가 및 기업과 협력해서 대안을 제시하고 문제를 해결하는 주체로 부상하고 있으며, 사회혁신은 서울을 비롯한 여러 지자체에서 진행되는 사회적경제 활성화 정책, 시민 주도의 사회문제 해결활동을 통해 뿌리를 내리고 있다.

사회문제 해결형 과학기술혁신정책과 사회혁신은 사회문제 해결이라는 공통의 목표를 지니고 있지만 그동안 활발한 상호작용은 없었다. 사회문제 해결형 혁신활동은 전문성이 강조되는 과학기술영역의 활동이고 사회혁신활동은 일반인들의 참여가 강조되는 시민사회의 활동이었기 때문이다. 그렇지만 사회적 가치와 지속가능한 전환에 대한 한국사회의 기대가 높아지면서 양자의 만남이 시작되었다. 과학기술 연구개발 활동에 사회혁신 조직이 참여하게 되었고, 사회혁신 조직들도 과학기술 활용을 통해 활동의 폭과 깊이를 확대하고 있다. 또 '리빙랩' 같은 전문성과 시민성이 결합된 시민주도형 혁신모델이 도입·확산되고 있다.

이 책은 사회문제 해결을 위한 과학기술혁신과 사회혁신을 융합하는 데 필요한 이론적·실천적 논의들을 다룬다. 과학기술을 활용한 사회혁신을 구현하는 데 필요한 다양한 이론과 사례도 검토할 것이다. 이를 통해 과학기술을 통한 사회문제 해결능력을 향상시키고 사회혁신활동을 지식집약화·기술집약화하는 계기를 마련하고자 한다. 그리하여 한국의 사회·기술시스템이 좀 더 지속가능하고 인간 중심적인 방향으로 진화하기를 기대해본다.

이 책은 4부로 구성되어 있다. 제1부에서는 사회문제 해결의 관점에서 접근하는 과학기술정책론을 다룬다. 1장에서는 사회문제 해결형 과학기술혁신정책의 특성을 검토하고, 이를 프레임 삼아 기존 혁신정책의 주요 요소와 수단을 재해석한다. 비즈니스 혁신·산업혁신과 목표와 방식이 다른 특정 분야의 혁신정책이 아닌 혁신정책을 바라보는 새로운 틀로서 사회문제 해결형 혁신활동과 정책을 검토할 것이다. 이를 통해 사회문제 해결형 혁신의 관점에서 과학기술혁신정책의 거버넌스, 공공연구기관의 역할, 산업발전을 위한 혁신, 지역혁신을 재구성하는 시각을 제시한다.

제2부는 사회문제 해결형 과학기술과 사회혁신을 다룬 연구의 동향을 검토·정리한다. 2장에서는 유럽을 중심으로 전개되고 있는 '사회에 책임지는 연구와 혁신(Responsible Research and Innovation: RRI)'에 대한 논의를 검토한다. RRI론이 어떤 맥락에서 등장했는지, 그 내용은 무엇이며 기존 논의와 어떤 차이가 있는지를 분석하고 국내외에서 진행된 RRI 관련 사업들을 살펴볼 것이다. 사회문제 해결에 기여하면서 혁신과정에서 나타나는 기술위험을 사전에 대응하는 RRI론을 리뷰함으로써 사회문제 해결형 과학기술혁신의 구체적인 모습을 살펴보고자 한다.

3장에서는 '혁신연구(Innovation Studies)'의 관점에서 사회혁신의 논의들을 검토하고 연구 방향을 제시한다. 그동안 혁신연구는 주로 기술혁신과 비즈니스 혁신에 초점을 맞추어왔다. 수익창출과 산업발전을 중심으로 개념과 이론을 개발해온 것이다. 그러나 최근 혁신연구도 사회혁신으로 눈을 돌리면서 연구영역을 확대하고 있다. 이 장에서는 혁신연구 분야에서 정립된 개념과 이론을 활용해서 현재 진행되고 있는 사회혁신의 다양한 이슈를 검토하고 향후 연구방향을 다룬다.

4장에서는 사회문제 해결형 혁신정책을 대상으로 국내에서 수행된 학술 연구들을 리뷰한다. 기술혁신 관련 학회지에 게재된 논문들을 종합·검토해 현재 이루어지고 있는 사회문제 해결형 과학기술혁신정책 연구의 현황과 발전 방향을 제시한다. 또한 다양한 논의가 빠르고 동시다발적으로 이루어지고 있다는 점과 사회문제 해결형 혁신에 대한 논의가 향후 혁신연구에서 더욱 중요해질 것이라는 점을 강조한다.

제3부에서는 현재 한국에서 전개되고 있는 과학기술을 활용한 사회혁신활동의 현황과 과제를 검토한다. 5장에서는 사회혁신의 핵심 주체로 언급되는 사회적경제의 기술혁신활동을 살펴본다. 포커스 그룹 인터뷰를 바탕으로 진행된 이 장에서는 사회적경제 조직이 기술혁신활동을 수행하는 과정에서 접하는 어려움과 과제를 검토하고 향후 발전방향을 다룬다. 사회적경제 조직의 기술집약도를 높이고 조직의 특성에 맞는 혁신활동을 수행하기 위해 필요한 제도적 기반과 정책 과제도 검토한다.

6장에서는 과학기술 기반 사회혁신의 대표적인 사례인 디지털 사회혁신을 살펴본다. 유럽에서 시작된 디지털 기술을 활용한 사회혁신의 정의와 사례를 검토하고 국내에서 진행되고 있는 디지털 사회혁신의 사례를 논의한다. 또한 초기 단계에 있는 한국 디지털 사회혁신활동의 취약점을 분석하고 활성화 방안을 살펴본다.

7장은 한국 사회혁신 생태계 전반을 대상으로 현황과 과제를 살펴본다. 사회혁신 개념과 해외 사례에서 시작해 주요 혁신주체와 생태계에 대한 이론적 논의를 다룬 후 국내 사회혁신 생태계의 현황과 문제점을 다룬다. 또한 현재 작지만 다양하게 전개되고 있는 사회혁신기업, 임팩트투자, 사회혁신 중간지원조직의 활동을 검토하면서 그 의미와 한계를 논의하고, 사회혁신 생태계를 활성화하기 위한 여러 대안을 제시한다.

제4부는 전문성과 시민성이 결합되어 사회혁신활동을 수행하고 있는 리빙랩을 다룬다. 리빙랩은 최근 과학기술정책과 사회혁신 영역에서 시민주도형 혁신 모델을 구체화한 활동으로 관심의 대상이 되고 있다. 8장에서는 공공연구를 실용화하는 틀로서 리빙랩 모델을 검토한다. 연구개발 수준에 머무르고 있는 공공연구개발 활동의 사회·경제적 문제 해결능력을

향상시키고 실용화를 촉진하기 위한 방안으로 리빙랩을 논의한다. 그리고 현재 진행되고 있는 리빙랩의 유형을 분류하고 사례들을 검토한다.

지역문제 해결을 위해 진행되고 있는 국내 리빙랩 사례를 검토하는 9장에서는 지역에서 지자체 주도나 시민사회 주도로 전개되고 있는 지역문제 해결형 리빙랩의 목표, 주요 주체, 추진체계, 사업의 의의를 정리하고 개선방안을 제시한다. 사례로는 서울의 IoT 기반 북촌 리빙랩, 성대골의 에너지전환 리빙랩, 대전의 건너유 프로젝트를 다루면서 현장에서 전개되는 리빙랩 진행과정을 논의한다.

이 책은 2013년 발간된 『사회문제 해결을 위한 과학기술혁신정책』의 후속편이라고 할 수 있다. 이 책에서는 그동안 진전된 이론적 논의들과 실천의 경험을 반영하고 최근 발전하고 있는 사회혁신론을 결합하는 작업을 했다. 여기서 다룬 사회문제 해결형 과학기술혁신정책과 사회혁신이 우리 사회에 튼튼히 뿌리내려 한국사회의 '지속가능한 시스템으로의 전환'에 기여할 수 있는 계기가 되었으면 한다. 원고를 작성한 필자들과 원고 정리에 도움을 준 이유나 연구원에게 감사의 말을 전한다.

끝으로 과학기술과 사회혁신을 융합하는 다양한 활동에 관심 있는 독자는 과학기술+사회혁신 블로그(blog.naver.com/sotech2017)를 참조하기 바란다.

2018년 5월

필자들을 대표해서 송위진

차례

제4부

리빙랩과 문제 해결

제1부

‘사회문제 해결형 과학기술과 사회혁신’을 보는 관점

01

사회문제 해결과 혁신정책의 재구성

송위진

과학기술혁신정책에서 새로운 패러다임이 부상하고 있다. 과학기술혁신과 사회혁신이 융합한 사회문제 해결형 혁신정책이 바로 그것이다. 사회문제 해결형 혁신정책은 과학기술이 우리 사회의 주요 문제를 해결하는 데 기여해야 한다는 관점에서 출발한다. 그동안 과학기술혁신정책은 훌륭한 연구 성과 창출과 산업의 경쟁력 강화를 핵심 목표로 다양한 사업을 추진해왔는데, 이제는 사회적 도전과제 해결에 초점을 맞추어야 한다는 것이다.

이 흐름은 여러 국가에서 나타나고 있다. EU는 호라이즌 2020(Horizon 2020)이라는 제8차 프레임워크 사업(2014~2020)에서 사회적 과제 해결을 핵심 분야로 설정하고 약 38%의 예산을 투입하고 있다. 연구의 수월성 확보, 산업경쟁력 강화보다 높은 비중이다. 이와 함께 '사회에 책임지는 연구와 혁신(RRI)'이라는 비전하에 연구개발활동의 방향과 추진체제를 혁신하고 있다(Sutcliffe, 2011; Stilgoe, Owen and Macnaghten, 2013). 일본은 과학기술기본계획에서 안전·환경·복지와 관련된 사회문제 해결을 핵심 의제로 설정하고 정책을 추진하고 있다. 또 사회기술연구개발센터라는 전문 기획·관리조직을 만들어 삶의 질을 제고하는 데 집중하는 사업을 펼치고 있다(송위진·성지은, 2013a: 66).

우리나라도 과학기술 기반 사회문제 해결 종합실천계획, 사회문제 해결을 위한 기술개발사업, 공공복지·안전연구사업 등을 시행하면서 과학기술을 통한 사회문제 해결에 노력해왔다. 그리고 얼마 전에는 과학기술정보통신부(이하 과기정통부)가 이들 여러 사업을 포괄하는 범주로 '국민생활연구'를 도입했다. 국민 일상생활의 문제를 해결하고 시민 참여형 연구활동을 수행하는 새로운 연구 영역을 국민생활연구로 정의하고 이것이 기초·원천연구 못지않은 중요한 과학기술 활동임을 밝혔다.

이런 현상은 전 세계적으로 정치·경제·사회·문화에 영향을 미치는 기후변화, 고령화, 에너지·환경·자원문제, 안전문제, 양극화, 식량 확보 및 식품안전 문제가 심화되면서 나타나고 있다. 전통적인 빈곤, 실업, 보건·복지문제에 더해 새롭게 등장하고 있는 이들 문제는 그 원인이 과학기술이거나 문제 해결과정에서 과학기술을 필요로 한다.

이처럼 새롭게 확장되고 있는 사회문제 해결형 혁신정책은 정책의 목표와 추진과정, 주요 참여자, 일하는 방식이 기존 산업혁신정책과 다르다(송위진·성지은, 2013a). 이 때문에 혁신정책의 주요 요소와 정책수단도 기존 관점과 다르다. 그러나 기존 정책과 제도의 관성이 강하기 때문에 사회문제 해결의 관점에서 혁신정책을 해석하려는 노력은 이루어지지 않고 있다. 사회문제 해결형 혁신정책은 아직도 취약계층이나 개발도상국을 대상으로 하는 특정 분야의 정책으로 파악되는 경향이 있다.

이 장에서는 사회문제 해결형 혁신정책을 특정 분야의 정책이 아닌 혁신정책을 바라보는 프레임으로 파악하면서, 프레임 전환을 통해 기존 혁신정책과 관련된 논의를 재해석한다. 그동안 '혁신정책=산업혁신정책'으로 인식해 산업혁신의 관점에서 혁신정책의 구성요소인 거버넌스, 산업발전을 위한 혁신정책, 지역혁신정책, 인력양성 정책 등을 논의해왔다. 이 장에서는 혁신정책 일반은 특수 혁신정책인 산업혁신정책과 사회문제 해결형 혁신정책으로 구성된다고 파악한다. 기존의 산업혁신 프레임에 근거한 혁신정책 논의를 상대화하는 것이다. 이러한 관점을 바탕으로 사회문제 해결의 틀에서 혁신정책의 요소들을 재해석한다. 이는 산업혁신 일변도의 혁신정책을 성찰하면서 사회문제 해결의 틀에서 혁신정책을 새롭게 진화시키는 계기를 제공할 것이다.

글의 구성은 다음과 같다. 1절에서는 사회문제 해결형 혁신정책이 갖는 정의와 특성을 살펴본다. 사회문제 해결과정에서 나타나는 혁신정책의 특성을 검토하면서 기존 임무지향적 정책과의 차이를 다룬다. 여기서는 사회·기술시스템의 전환에 대한 전망과 시민사회의 참여에 대한 강조가 기존 관점과 차별화되는 점이라는 것을 주장한다. 2절에서는 사회문제 해결형 혁신정책의 프레임으로 혁신정책의 요소들을 새롭게 해석하는 논의를 다룬다. 혁신정책 거버넌스, 산업혁신정책, 지역혁신정책, 인프라 구축 정책과 같이 혁신정책의 핵심적 수단을 사회문제 해결형 혁신정책의 관점에서 새롭게 조명하고 발전방향을 제시한다. 이는 과학기술혁신정책을 지속가능한 시스템으로의 전환과 참여의 관점에서 접근하면서 기존 혁신정책 수단을 성찰하고 재구성하는 계기가 될 것이다.

1. 사회문제 해결형 혁신정책의 개요

1) 사회문제 해결형 혁신정책의 정의와 특성

(1) 시민사회의 참여

사회문제 해결형 혁신정책은 사회문제 해결을 목표로 하는 혁신정책이다. 사회문제는 개인이 아닌 다수에게 집합적으로 발생하는 문제이다. 이 때문에 사회문제는 사적인 문제가 아니라 공적인 문제이며 정책적 대응이 필요하다. 현대사회의 사회문제로는 도시, 노동, 빈곤, 범죄, 환경, 보건의료, 가족, 여성·청소년·노인문제 등이 있다(이창언 외, 2013: 18~20).

일반적으로 사회문제는 시장을 통해 해결되기 어렵다. 사익을 추구하는 개인이나 기업의 입장에서는 매력적이지 않은 영역이기 때문에 자원과 서비스가 과소 공급된다. 따라서 정부의 개입이 필요한 영역이지만 관료제의 경직성 때문에 문제가 해결되기 어려운 경우가 많다. 최근에는 정부와 시장을 넘어 시민사회가 사회문제를 해결하는 주체로 부상하면서 공공-민간-시민사회가 참여하는 거버넌스가 강조되고 있다. 사회문제를 경험하는 사용자와 시민사회가 스스로 문제 해결의 주체로 나서고 있는 것이다(Clarence and Gabriel, 2014).

과학기술을 활용해서 사회문제를 해결하는 혁신활동에서도 사용자 참여형 모델을 강조하고 있다(EU, 2015; 국가과학기술위원회, 2012; Sutcliffe, 2011). 해결해야 할 문제를 인식하고 그에 대한 기술적·제도적 대안을 모색하는 과정에서 사용자들이 가진 지식과 경험을 활용하는 방안, 전문조직과 시민사회가 공동지식을 창조하는 방안에 대한 논의가 검토되고 있다. 리빙랩은 이런 흐름을 프로그램으로 구현한 사례이다(성지은·송위진·

박인용, 2014). 리빙랩에서 사용자들은 수평적인 구조하에 전문가와 공동 작업하면서 수요를 구성하고 대안을 만들어가는 작업을 수행한다. 혁신의 민주화가 이루어지는 것이다(폰 히펠, 2012).

(2) 사회·기술시스템의 전환을 통한 사회문제 해결

사회문제는 문제 자체가 모호하고 다양한 요소와 관련되어 있기 때문에 문제를 해결하기 위한 행동이 또 다른 문제를 초래하거나 문제를 심화시키는 경우도 나타난다. 사회문제는 여러 요소가 결합된 시스템으로 존재하기 때문에 해결하기 어려운 난제(wicked problems)인 경우가 많다. 따라서 사회문제를 해결하기 위해서는 여러 주체가 참여해 다양한 해결 방식을 연계하는 시스템 혁신이 필요하다(Geels et al., 2008; 사회혁신팀, 2014).

사회문제 중에서는 과학기술과 깊이 연관된 문제들이 사회문제 해결형 혁신정책의 대상이다. 그러나 산업화된 국가에서 대부분의 사회문제는 과학기술과 직간접적으로 관련되어 있기 때문에 사회문제는 사회·기술 문제라고 할 수 있다. 따라서 사회문제를 해결하는 활동은 사회혁신과 기술혁신이 융합된 사회·기술혁신(socio-technical innovation)이 되는 경우가 많다(Geels et al., 2008; Loorbach, 2007). 사회문제를 해결하기 위해서는 제도, 문화, 사람들의 행동과 더불어 생활과 관련된 물리적 하부구조, 기술시스템도 동시에 변화해야 한다(사회혁신팀, 2014).

사회문제에는 다양한 층위가 있다. 국가적 수준이나 국제적 수준의 사회문제부터 현재 생활하고 있는 동네의 사회문제에 이르기까지 여러 수준의 문제가 존재한다.

각 수준에 따라 다른 접근이 필요하지만 지역의 특수한 사회문제는 국가·국제 수준의 일반적 사회문제와 분리된 것이 아니다. 국가·국제 수준의 문제가 지역에서 발현되는 것이기 때문이다. 예를 들어 지역의 에너지 문제를 해결하기 위해 에너지 자립마을을 구현할 수 있다. 그러나 이를 효과적으로 추진하기 위해서는 국가 수준의 에너지 생산·소비시스템의 변화, 전력망과 같은 물리적 하부구조의 변화, 관련 법·제도·정책의 변화가 수반되어야 한다. 따라서 지역 사회문제를 해결하기 위해서는 국가(더 나아가 국제) 수준의 사회문제 해결과 연계해서 접근하는 것이 필요하다.

또 지역 차원의 문제는 비록 소규모의 활동이라 해도 다른 지역과 영역에서 반복되면 전체 차원에서 해결할 수 있다. 복제와 네트워크 효과를 통해 시스템 전체의 문제를 해결할 수 있는 것이다.

따라서 사회문제 해결은 전체 수준의 사회문제 해결 전망 속에서 지역 차원의 문제를 해결하고 그 활동이 전체 수준의 문제 해결에 기여할 때 의미 있는 성과를 낼 수 있다. 이런 측면에서 사회문제 해결형 혁신정책은 비록 소규모 사업이나 지역 차원의 사업이더라도 전환적 변화(transformative change) 또는 시스템 전환을 지향하게 된다. 특정 분야나 지역문제 해결을 넘어 사회를 구성하는 사회·기술시스템의 전환을 비전으로 설정해 활동을 수행하고 사업 성과를 확장(scale-up)해 전체 차원의 변화를 전망하게 되는 것이다(송위진·성지은, 2013a; Geels et al., 2008; Loorbach, 2007; 사회혁신팀, 2014; 송위진·성지은, 2014).

2) 임무지향적 정책과 사회문제 해결형 정책

사회문제 해결형 혁신정책과 유사한 정책으로 임무지향적 혁신정책이 있다. 임무지향적 정책은 국가의 특정 임무를 달성하기 위해 정부가 주도해 연구개발과 혁신을 수행하는 정책이다. 맨해튼 프로젝트, 아폴로 프로젝트가 전형적인 예이다. 임무지향적 정책은 명확한 국가 차원의 목표를 달성하기 위해 NASA 같은 전문 공공조직이 주도해 하향식으로 기술시스템을 개발하고 구현한다.

고령화 대비, 에너지·환경문제 대응, 기후변화 대응, 식량의 안정적 공급과 안전성 확보 같은 사회문제 해결형 정책은 사회문제 해결이라는 목표를 설정하고 있지만 임무지향적 혁신정책과는 다르다(Kuhlmann and Rip, 2014).

임무지향적 프로그램은 원자폭탄 개발, 달 착륙과 같이 국가에 의해 하향식으로 목표가 명확하게 정의된다. 반면 사회문제 해결은 이해관계자마다 관점과 지향점이 다르기 때문에 목표가 명확하게 정의되기 어렵다. 이해당사자들의 협의를 통해 문제와 목표를 정의해야 하며, 사업의 진행과정에 따라 목표가 변하는 경우가 많다.

또 사회문제 해결형 프로그램은 전문 공공조직뿐만 아니라 민간의 기업, 시민사회 같은 다양한 주체가 협력을 통해 문제를 정의하고 해결한다. 즉, 문제 정의와 해결과정에서 거버넌스적 접근을 취한다. 임무지향적 프로그램처럼 정부와 소수의 전문조직에 의해 문제가 정의되고 해결되는 것이 아니라 다양한 주체가 참여해 혁신활동을 기획하고 추진해가는 것이다. 여기서 정부의 역할은 목표를 달성하기 위해 전략적 연구와 자원배분을 수행하는 것이 아니라 문제를 해결하기 위한 다양한 주체가 상호조직화될 수 있는 플랫폼을 구축하는 것이다.

사회문제 해결형 정책은 앞서 논의했듯이 기술개발뿐만 아니라 사회·기술혁신도 지향한다. 정책 대상은 기술혁신에만 한정되지 않는다. 사회문제는 기술만으로는 해결될 수 없으며 관련 법·제도·정책이 같이 변화되어야 한다. 이러한 접근은 결국 사회·기술시스템의 변화를 지향하게 된다. 식량 공급의 안정성과 식품의 안전성을 확보하기 위해 지속가능한 농업시스템을 구축하는 것이 그러한 예가 될 수 있다. 이 과정을 통해 관련 연구개발시스템이 변화하고 기술을 수용하는 사회·제도시스템도 공진화하면서 사회·기술혁신이 이루어진다.

3) 우리나라의 사회문제 해결형 혁신정책의 특성

우리나라의 사회문제 해결형 혁신정책은 사회문제 해결형 연구개발사업에서 그 특징이 잘 드러나고 있다. 현재 추진되고 있는 '범부처 사회문제 해결형 연구개발사업', 과기정통부의 '사회문제 해결을 위한 기술개발사업'에서 정의한 사회문제 해결형 연구개발 프로그램은 기존 연구개발사업과 목표 및 추진체제가 확연히 다르다. 삶의 질 향상을 강조하고 있으며 기술과 인문사회, 법제도 분야의 융합적 접근을 지향한다. 그리고 기획·관리·평가 방식도 기술획득형 연구개발사업과 틀이 다르다. 한마디로 수요 및 사용자의 문제 해결에 기여할 수 있는 기획·관리·평가체제를 지향한다.

이는 산업경쟁력 강화와 기술 획득에 초점을 맞춘 연구개발사업 추진체제의 패러다임 혁신이라고 할 수 있다. 사업 목표와 영역을 확장하고 문제 해결을 중심에 두는 접근은 기존 추진체제의 프레임을 바꾼 것이다.

그러나 새로운 프레임에 입각한 사업이 등장한다고 해서 혁신적 사업이 자연스럽게 추진되는 것은 아니다. 기존 관성이 강하게 작동하고 있기 때문에 새로운 추진체제와 일하는 방식이 자리 잡기까지는 시행착오와 학습이 필요하다. 또 연구자들도 기존 틀에 익숙해져 있기 때문에 교육·훈련을 통해 새로운 추진체제를 학습하는 것이 요구된다.

표 1-1 **사회문제 해결형 연구개발 프로그램의 특성**

구분		AS-IS 기술획득형	TO-BE 사회문제 해결형 프로그램
목적		국가의 경제발전에 초점을 둔 성장 중심	경제발전과 함께 삶의 질 향상을 추구하는 인간 중심
		R&D·R&BD → R&SD(Research & Solution Development)	
1차 목표		과학·기술경쟁력 확보	사회문제 해결
특징		- 기술 융합 - 공급자 위주 연구개발	- 문제 해결형 융합 (기술+인문사회+법·제도) - 수요자 위주 연구개발
단계별 특성	기획	연구개발부서 중심	연구개발부서와 정책부서 협업 중심
	관리	연구개발 진도 중심 관리 (Program Manager)	문제 해결 및 변화 관리 (Solution Consultant)
	평가	- 논문·특허 등 연구 산출물 - 연구 성과 실증·확산	재화나 서비스의 생산·전달, 인식 변화, 제도 개선 등을 통한 사회문제 해결 정도
중점 추진단계		기술개발	사회문제 탐색 및 서비스 전달 시스템화

자료: 국가과학기술위원회(2012).

또한 시민 및 사용자 참여를 통한 거버넌스 구축, 이해당사자의 숙의를 통한 문제 정의 및 해결 방안 공유, 사회·기술시스템의 전환 같은 측면은 아직 사회문제 해결형 혁신정책과 연구개발사업에서 중요한 내용으로 논의되지 못하고 있다. 향후 연구개발사업이 진행되면서 이런 측면들이 보완되어야 할 것이다(송위진·성지은, 2014).

2. 사회문제 해결형 혁신정책과 혁신정책의 재구성

사회문제 해결형 혁신정책은 사회·기술시스템 전환을 통한 사회문제 해결을 지향하면서 참여형 혁신을 수행한다. 이러한 관점에 입각하면 정책을 새로운 시각에서 재구성할 수 있다. 다음에서는 혁신정책의 주요 의제를 중심으로 그 내용을 살펴보려 한다.

우선 혁신정책이 형성되는 거버넌스를 논의하고 주요 혁신주체인 산·학·연·민의 역할 변화를 다룰 것이다. 그 후 공공부문 및 민간부문에서 이루어지는 혁신활동을 재해석하고 사회문제 해결형 혁신정책에서 새로운 혁신주체로 등장한 시민사회의 혁신활동을 검토할 것이다. 또한 공간 차원에서 혁신정책을 다루는 지역혁신정책의 시각 전환을 살펴볼 것이다.

1) 사회문제 해결을 위한 혁신 거버넌스 형성

(1) 참여형·수요지향적 혁신 거버넌스 구축

사회문제 해결형 혁신정책은 이해가 엇갈리는 사회문제를 해결하는 데 초점을 맞추기 때문에 다양한 이해당사자와 관계를 맺게 된다. 문제 해결을 위해서는 이들의 의견을 청취해야 하며 혁신활동을 통해 이들이 직면한 문제를 해결해야 한다. 이들은 문제를 구체화하는 데 도움을 주거나 정책의 집행과정에서 주요 행위자로 활동할 수 있다. 따라서 사회문제 해결형 혁신정책에서는 정책기획·집행·평가과정에서 이해당사자의 효과적인 참여를 이끌어낼 수 있는 거버넌스 개발이 필요하다.

이와 관련해 최근 EU에서 확산되고 있는 RRI 논의를 체계적으로 검토할 필요가 있다. RRI 논의는 혁신활동이 우리 사회의 중요한 문제를 해결하는 데 기여해야 하며 또 혁신과정에서 발생하는 문제를 사전에 관리·대응해야 한다는 두 가지 내용을 담고 있다. 그리고 이 과정에서 시민사회와 사용자의 의견을 반영하는 의사결정 구조와 융합형 연구를 제시하고 있다(Sutcliffe, 2011; Stilgoe, Owen and Macnaghten, 2013).

사회문제 해결형 혁신정책은 부처 간 관계에 있어서도 새로운 접근을 할 필요가 있다. 사회문제는 여러 부처와 관련되어 있기 때문에 부처 간 협업을 필요로 하는 경우가 많다. 이 때문에 정책 통합(policy integration)과 정책 정합성(policy coherence)이 중요한 원칙으로 강조되고 있다(송위진·성지은, 2013a).

이 중에서도 기술공급 부처(과기정통부나 산업통상자원부)와 기술수요 부처(보건복지부, 고용노동부, 환경부, 건설교통부 등) 간 협업은 매우 중요하다. 현재 사회문제와 관련된 사회정책 부처에서도 연구개발사업이 진행되고 있다. 그런데 많은 경우 이 사업들은 사회정책 부처의 주요 정책문제(복지의 효과성과 효율성 향상, 복지영역의 확대, 지속가능한 주거환경 구축, 고용·숙련친화적인 생산현장 구축, 작업장 안전성 향상) 해결보다는 복지서비스 산업 육성, 안전산업 육성, 세계 최고 수준의 기술 구현 같은 기술개발과 산업혁신에 초점을 맞추고 있다. 과기정통부나 산업통상자원부(이하 산업부) 스타일의 혁신정책을 관련 분야에서 추진하고 있는 것이다.

이는 그 자체로 의미 있는 활동이지만 그보다 우선되어야 할 것들이 있다. 각 사회정책 부처가 자신들의 핵심 정책을 추진하는 과정에서 부딪히는 정책문제(사회문제)를 혁신을 통해 해결하는 것이다. 이 과정에서 부산물로서 새로운 산업이 탄생할 수도 있고 세계 최고 수준의 기술이 개발될 수도 있다. 따라서 기술공급과 기술수요를 연계시키기 위해서는 사회정책 부처 내의 연구개발사업과 정책사업이 정책을 통합하는 것이 무엇보다 중요하다. 그리고 부족한 원천기술이나 사업화 방법은 기술공급 부처로부터 지원받거나 협업을 통해 개발하면 된다. 이런 방식을 취해야만 수요에 기반을 둔 연구개발사업이 추진될 수 있다. 개발된 신기술에 대한 시장을 형성해서 연구개발의 불확실성을 낮추고 사회정책 부처의 문제 해결활동을 혁신함으로써 사회문제 해결을 위한 정책의 효과성과 효율성을 향상시킬 수 있다.

사회정책 부처의 과학기술 관련 전문관리기관(보건산업진흥원, 환경산업기술원 등)의 기능과 역할도 수요 중심·문제 해결 중심으로 바뀔 필요가 있다. 기술개발을 촉진하고 산업을 육성하기보다는 부처의 정책문제를 구체화하고 그 정책을 해결하는 데 필요한 과학기술 활동과 자원을 조직화하는 역할이 요구된다.

(2) 사회문제 해결형 연구개발사업의 확장과 체계화

사회문제 해결형 혁신을 활성화하기 위해서는 정부연구개발사업에서 사회문제 해결형 연구개발사업의 비중을 늘려야 한다. 사회문제 해결은 과학연구의 수월성 향상, 산업경쟁력 강화와 함께 연구개발사업의 중요한 하나의 축으로 자리 잡고 있다. 우리나라의 경우 사회문제 해결형 연구개발사업으로 분류되는 사업이 전체 예산사업의 6~7% 정도인 것으로 파악되고 있다(관계부처합동, 2013). 이는 그동안 산업혁신 중심으로 연구개발사업이 전개되어온 경향을 반영하는 것이다. 혁신을 통해 사회문제 해결을 촉진하기 위해서는 사회문제 해결형 연구개발사업의 규모를 확대해야 한다.

사회문제 해결형 연구개발의 수행체제를 사업목적에 맞도록 체계화하는 것도 필요하다. 앞서 지적했듯이 사회문제 해결형 연구개발은 산업혁신을 위한 연구개발사업과 사업 목적, 정책결정 구조, 추진체제, 실용화 방식에서 상당한 차이가 있다. 이런 점을 반영해 사회문제 해결을 위한 연구개발사업에서는 기술적 측면과 사회적 측면을 동시에 고려하는 '사회·기술통합기획', 사용자 참여를 통해 기술의 현실 적합성을 실증·검증하는 '리빙랩' 방식을 제시하고 있다. 또한 다양한 분야에서 의견을 수렴하기

그림 1-1 **초학제적 연구 모델**

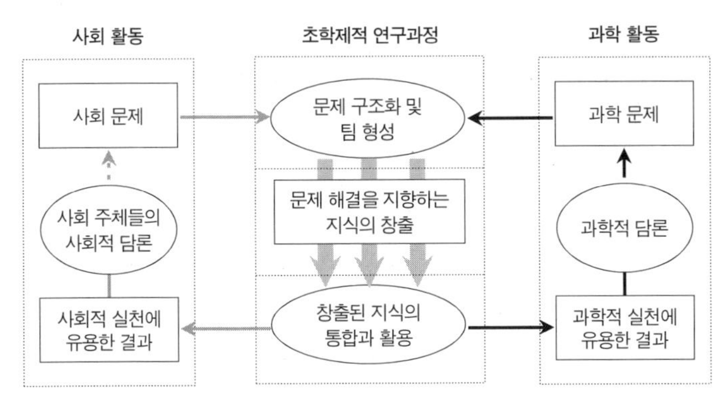

자료: Hadorn et al.(2008).

위해 멘토단을 운영하고 있다(미래창조과학부, 2015).

그러나 이 중에는 처음으로 진행되는 활동이 많기 때문에 적정한 모델이 등장하기 전까지 시행착오를 거칠 수밖에 없다. 따라서 여러 실험을 통해 얻은 지식과 정보, 새로운 일하는 방식을 체계적으로 정리하고 확산시키는 활동이 필요하다. 그리고 이 과정에서 다양한 이해당사자의 의견을 통합해가는 한국형 숙의 모델과 시스템 전환의 관점을 기획·추진체제에 반영하는 활동도 요구된다.

이런 측면에서 사회문제 해결형 연구개발사업을 새로운 정책혁신으로 파악해 시스템 전환의 관점에서 전략방안을 탐색하는 인문·사회과학 연구사업을 동시에 추진하는 것도 필요하다. 독일어권에서 논의되는 초학제적 연구(transdisciplinary research)라는 방법론을 활용해 사회문제 해결형 기술개발사업과 그에 대응하는 사회과학연구를 융합연구의 형태로 진행하는 것이다(Hadorn et al., 2008; Bergmann et al., 2012).[1]

2) 공공연구부문의 사회문제 해결능력 강화

(1) 사회문제 해결형 기관으로서의 출연연구기관 활성화

출연연구기관은 그동안 원천기술을 개발하고 산업혁신을 지원하는 기능을 주로 수행해왔다. 대학과 기업의 혁신능력이 취약하던 때에는 이런 역할이 큰 의미가 있었다. 출연연구기관은 기업이나 대학이 감당하기 어려운 큰 규모의 원천기술을 도입·개발하고 기업과 공동연구를 통해 기술을 상용화함으로써 존재 이유를 인정받았다. CDMA 기술개발로 대표되는 출연연구기관의 이런 활동은 1990년대 말에 정점에 도달했다.

그러나 대학의 기초·원천연구활동이 신장되고 기업의 상용화 능력이 향상되면서 출연연구기관의 정체성이 모호해지고 있다. 이런 상황에서 출연연구기관이 기업·대학과 차별화할 수 있는 분야는 사회문제 해결형 연구이다. 사회문제 해결형 연구는 공공적인 성격 때문에 기업과 시장에서 혁신활동이 충분히 이루어지지 않고 있으며, 다양한 분야의 기술과 자원을 필요로 하는 융합형 연구이기 때문이다. 환경이 변화함에 따라 사회문제 해결형 연구는 출연연구기관의 존재 이유를 명확히 할 수 있는 분야가 되었다(김왕동 외, 2014).

사회문제 해결형 연구가 출연연구기관의 주요 활동으로 자리 잡기 위해서는 여러 측면에서 변화가 필요하다. 우선 평가체제가 바뀌어야 한다. 출연연구기관의 개인평가, 사업평가, 기관평가에서 강조되고 있는 논문·특허·기술료 기준은 사회문제 해결형 사업을 추진하는 데 적합하지 않다.

---

1 초학제적이라는 용어를 쓰는 이유는 이런 활동이 과학기술 분야와 인문사회 분야를 융합하는 연구일 뿐만 아니라 각 분야의 전문가와 현장의 시민사회가 협업을 하는 연구이기 때문이다.

기존 기준을 적용하면 출연연구기관이 사회문제 해결형 사업을 시범사업 이상으로 확대하기가 어려워진다. 또 기술료 같은 금전적 인센티브도 부족하기 때문에 사회문제 해결형 연구개발사업에 연구자들이 적극적으로 참여하는 것도 쉽지 않다.

또한 추진체제에서도 변화가 필요하다. 사회문제를 조사·분석하고 이해당사자들과 협의하는 활동, 서비스 구현까지 전망하고 시스템을 구축하는 활동은 전통적인 연구개발활동과 연구기획활동을 넘어서는 일이다. 그러나 이런 활동이 전제되어야만 적절한 문제설정이 이루어지고 사용자들의 수요가 구체화되며 개발된 기술의 구현이 원활해진다. 하지만 현재 출연연구기관의 연구자나 기획·정책팀의 수준으로는 이런 활동을 하기가 어렵다. 이에 대응하기 위해서는 정책·기획팀을 보강하거나 외부 전문기관과 실질적인 네트워크를 구축해야 한다. 또 연구자들이 자신이 원하는 연구가 아니라 문제 해결에 기여하는 연구를 할 수 있도록 관련 노하우와 지식을 제공하는 교육·훈련프로그램도 개발해야 한다.

이를 위해서는 사회문제 해결형 사업을 기관 차원에서 전략사업으로 운영하는 것이 필요하다. 기존의 틀에서는 새로운 연구개발사업 추진방식과 인센티브 제도를 필요로 하는 사회문제 해결형 사업이 원활히 진행되기 어렵다. 자원배분과 평가과정에도 기존의 방식이 적용되기 때문에 추진동력이 약할 수밖에 없다. 이런 상황을 극복하려면 사회문제 해결형 사업을 차세대 혁신형 사업으로 정의해 자원을 전략적으로 배분하고 새로운 평가 방식을 도입해야 한다.

또 현재 이루어지고 있는 중소기업 지원시스템도 사회문제 해결활동을 수행하는 사회적경제 조직까지 포괄할 필요가 있다. 사회적기업을 포함한 사회적경제 조직은 자원과 혁신능력이 부족하다. 그렇지만 현장에서 축적된 암묵지를 바탕으로 사회문제를 해결하는 새로운 기술영역을 발굴하는 능력을 가지고 있다. 사회적경제 조직의 활동을 지원함으로써 출연연구기관은 문제 해결에 기여할 수 있으며 현장의 사회문제를 좀 더 깊이 이해할 수 있다(고영주·최호철·이영석, 2014).

더 나아가 이런 여러 활동을 종합해 시스템 전환의 관점에서 연구활동의 비전을 형성하고 추진체제를 구축하는 것도 필요하다. 벨기에 플랑드르 지역의 연구소 VITO와 같이 전환의 관점에서 사회문제 해결과 사회·기술 융합연구를 수행하는 방법도 검토할 필요가 있다(박미영·김왕동·장영배, 2014).

(2) 대학 연구·교육의 사회문제 해결 지향성 강화

대학에서 이루어지는 기초연구는 연구 그 자체로 의미가 있지만 관점을 조금 달리하면 사회문제 해결에도 기여할 수 있다. 일찍이 유용성을 갖는 기초연구(use-inspired basic research)의 유형으로 논의되어온 '파스퇴르형 연구(Pasteur's Quadrants)'가 대표적인 사례이다(Stokes, 1997).

여기서 유용성은 파스퇴르처럼 질병퇴치 같은 사회적 가치를 지향하는 접근을 말한다. 그동안 목적기초연구라는 이름으로 유용성을 고려한 기초연구가 진행되어왔지만 많은 경우 산업적 활용에 초점을 맞추었다. 그러나 이제 산업적 가치를 넘어 사회적 가치의 관점에서 연구의 방향과 내용을 정하는 것이 필요하다. 이는 기초연구가 지향하는 공공성과 자율성에 부합하는 것이기도 하다.

대학의 사회문제 해결능력을 향상시키기 위해서는 '초학제적 연구'와 사회·기술혁신을 수행할 수 있는 능력의 함양도 중요하다. 연구 분야에 새로 진입하는 대학원생들은 기존 틀에 익숙한 연구자들보다 사회문제 해결에 좀 더 유연하게 접근할 수 있다. 문제 해결을 위한 기술적 대안을 모색하고 제도를 개선하며 사용자와의 소통, 현장에서의 실증 등을 경험해볼 수 있는 기회를 갖는 것이 필요하다.

이런 측면에서 리빙랩 사업은 좋은 훈련 공간이 될 수 있다. 리빙랩은 혁신과정에서 사용자가 적극적으로 참여하는 '사용자 주도 개방형 혁신 모델'이다. 리빙랩은 학교, 양로원, 마을 같은 실제 생활 현장에서 사용자와 생산자가 공동으로 혁신을 만들어가는 실험실이자 테스트 베드이다(성지은·송위진·박인용, 2014; World Bank, 2015). 리빙랩 자체가 사회문제 해결에 사용되는 방법이지만, 리빙랩은 참여하는 학생들의 초학제적 연구능력을 향상하는 데에도 큰 도움을 줄 수 있다. 폐쇄적인 랩이 아닌 삶의 공간에서 이루어지는 랩에서는 사회·기술혁신의 경험을 확보할 수 있다.

3) 사회문제 해결을 위한 융합형 산업혁신체제 구축

(1) 사회문제 해결형 혁신의 경제성 확보와 산업혁신과의 연계

사회문제 해결형 혁신활동은 사회문제 해결을 우선 과제로 설정한다. 그러나 혁신활동이 지속되려면 자원이 필요하기 때문에 일정한 수익모델이 필요하다. 공공경제(공공구매나 정부보조·지원), 사회적경제(사회적경제 조직 간의 호혜적 거래), 시장경제(자본주의 시장에서의 거래)를 통해 수익을 얻어야 혁신을 지속할 수 있다. 수익이 없으면 사회문제 해결활동은 확장되기 어렵고 지속가능하지도 않다.

더 나아가 어떤 경우에는 사회문제 해결형 혁신을 시장을 통해 수익을 얻는 산업혁신과 연계해서 그 범위와 효과를 확대하는 것도 필요하다. 사회·기술시스템 전환에 대한 전망을 고려한다면 이런 활동이 중요하다.

사회적 가치 창출과 경제적 가치 창출을 동시에 구현하는 방법으로는 '공유가치 창출(CSV)형 혁신 전략'을 적극적으로 고려할 필요가 있다. 공유가치 창출형 혁신 전략이란 영리기업이 사회문제 해결형 혁신을 하면서 새로운 수익을 확보하는 산업혁신활동이다. 글로벌한 사회·경제환경이 바뀌었기 때문에 영리기업이 경제적으로 지속가능하고 성장하기 위해서는 사회문제 해결 영역에 진입해야 한다는 것이다. 한마디로 사회문제 해결이 수익성 있는 비즈니스가 된다는 것이다.

사회문제를 해결하면서 수익을 올릴 수 있는지, 또 그런 혁신이 지속가능한지에 대한 문제도 제기되고 있다. 그러나 딜라이트 보청기[2]와 같이 그동안 수익성이 없다고 판단되던 분야에서 새로운 아이디어를 적용해 사회문제를 해결하고 사업 기회로 활용하는 사례가 나타나고 있다(Porter and Kramer, 2011).[3]

스카이세일즈(Skysails)는 선박에 연을 부착해서 풍력을 활용하는 방안으로, 조달·운송 시스템의 효율성을 높임으로써 친환경 혁신과 에너지 절감 및 환경보호를 실천하고 있다. 덴마크의 인덱스(Index)는 사회문제 해결을 위한 혁신활동을 지원하는 교육 프로그램을 개발하고 관련 기업들의 네트워크를 형성하고 있다. 이 같은 활동들이 공유가치 창출형 혁신이라고 할 수 있다.

---

2 딜라이트 보청기는 소셜벤처로, 건강보험에서 취약계층의 보청기 구매를 지원하는 제도를 활용해서 저가 보청기를 개발해 혁신에 성공했다. 취약계층이 보조금을 지원받으면 거의 무료로 구매할 수 있는 저가 보청기를 개발·보급함으로써 취약계층의 삶의 질을 향상시켰고 일반 소비자 시장에도 진출해 기업으로서의 발전 가능성을 보여주었다. 표준화와 공동구매 및 온라인에서의 마케팅을 통해 보청기 가격을 낮춘 것이 혁신의 핵심이었다(송위진·성지은·김왕동, 2012).

3 사회가치 창출형 비즈니스 모델 사례에 대한 논의는 남대일 외(2015), 제4장을 참조할 것.

공유가치 창출형 혁신을 수행하기 위해서는 사회적 니즈를 반영하는 상품과 서비스를 개발하고 생산의 가치사슬에서 발생하는 사회적 문제를 파악하고 해결해야 한다. 또 공유가치 창출형 혁신을 지향하는 혁신 클러스터가 필요하다(KB금융지주연구소, 2012). 공유가치 창출형 혁신은 기존 영리기업과는 다른 혁신활동을 지향하기 때문에 이를 위해서는 함께하는 혁신생태계가 동시에 구성되어야 한다.

후발국이 처한 문제를 해결하는 제품과 서비스를 개발하고 이를 글로벌화해 선진국에도 진출하는, 즉 후발국에서 선진국으로 역방향으로 혁신을 진화시키는 리버스 이노베이션(reverse innovation) 전략도 사회문제 해결형 혁신을 산업혁신으로 발전시키는 데 도움이 된다(Hall, Matos and Martin, 2014; 고빈다라잔·트림블, 2013). 소득이 낮고 인프라가 충분하지 않은 후발국의 사회문제를 해결하기 위한 혁신활동을 주류 혁신으로 이끄는 전략은 사회문제를 해결하는 과정에도 적용 가능하다. 소득이나 접근성이 부족해 제품과 서비스를 구매할 수 없었던 취약계층의 문제를 해결하는 과정에서 새로운 기술과 서비스를 개발해 중산층 시장으로 진출하는 것이다. 딜라이트 보청기는 보청기 구매 능력이 없는 취약계층을 위해 건강보험 지원제도를 활용해 보급형 저가보청기를 공급하고 관련 서비스를 혁신했다. 그 후 일반인 시장에 진출해서 가격이 저렴하고 접근성이 높은 보청기를 공급했는데, 이는 일종의 리버스 이노베이션 사례라고 할 수 있다.

(2) 사회문제 해결을 위한 새로운 융합형 산업생태계 형성

사회문제 해결을 위한 혁신활동은 산업혁신을 새로운 관점에서 접근하는 틀을 제공한다. 특정 사회문제를 해결하기 위해서는 다양한 기술과 산업, 제도, 하부구조가 필요한데, 사회문제 해결을 위한 혁신활동은 이들이 연계된 분야를 하나의 산업(sector)으로 설정한다. 시스템 전환의 관점에서 새로운 산업·기술군을 전망하면서 새로운 성장영역을 탐색하는 것이다.

에너지를 과다소비하고 환경문제와 혼잡문제를 야기하는 교통문제를 해결하기 위해 에너지 절약형·환경친화형·혼잡축소형 이동시스템(mobility system)을 구현하는 사회문제 해결형 혁신은 이를 위한 새로운 산업·기술 제도군을 필요로 한다. 기존 분류로는 에너지 기술, 환경기술, 자동차 기술, 도로 관리기술, 보험제도, 주유소 하부구조 등으로 구분되던 것이 이동문제 해결형 혁신생태계로 정의하면 새로운 융합형 산업(영역)으로 설정될 수 있다.

이러한 영역 구분은 기존에 분리되어 있던 기술, 산업, 제도에 통합적으로 접근하는 계기를 마련해 융합을 통한 새로운 혁신의 기회를 제공할 수 있다. 전통적인 산업혁신의 틀을 취하면 기존 산업에서 문제를 개선하는 방식을 취하게 되지만 문제 해결 중심으로 다른 분류방식을 취하면 기존의 틀을 뛰어넘는 논의가 가능하다. 자동차나 교통서비스 산업은 교통과 관련된 에너지·환경·혼잡문제를 해결하기 위해 기존 틀에서 개선을 꾀하는 접근을 한다. 이를테면 자동차의 연비를 높이거나 에너지 절약형 주행을 가능하게 하는 네비게이션 시스템 또는 지능적인 도로교통시스템을 도입하는 혁신을 추구한다. 개인 소유 자동차 중심의 기존 교통시스템을 전제로 이를 개선하는 활동에 초점을 맞추는 것이다. 그러나 기존의 틀을 넘어 사회문제 해결의 렌즈로 접근하면 직장과 주거공간이 근접한 도시 설계, 개인화된 이동서비스를 제공하는 공공교통시스템, 개인 소유의 교통수단을 공유하는 공유경제, 이를 가능하게 하는 ICT시스템, 전기자동차와 스마트 그리드 등 에너지·환경·혼잡 문제를 해결하기 위한 대안을 설정할 수 있다.[4] 이는 시스템 전환의 관점에서 사회문제를 해결하는 것이자 새로운 산업영역을 형성하는 것이다.

따라서 IT, BT, NT와 같은 기술 중심의 분류나 전통적인 산업 분류를 넘어 사회문제 해결을 중심으로 이동문제 해결형 산업, 복지문제 해결형 산업 등의 프레임을 도입해 새로운 산업혁신 전략을 적극적으로 고려해야 한다. 기업 수준의 논의이지만 중전기와 전자 분야를 중심으로 사업을 영위해온 히타치가 위기에 대응해 '사회혁신, 우리의 미래(Social Innovation: It's Our Future)'라는 비전을 내세우며 환경문제와 에너지문제 해결 같은 사회문제 해결 중심으로 혁신활동과 사업을 재배치한 것은 주목할 만한 사례이다(이우광, 2014).

4) 시민사회 참여형 혁신의 확장

(1). 시민사회 참여형 혁신모델의 구축과 확장

사회문제 해결형 혁신은 두 가지 이유에서 최종 사용자인 시민사회의 적극적인 참여를 필요로 한다. 첫째, 사회문제 해결을 위해서는 시민사회의 행동 변화가 요구되기 때문이다. 수요자인 시민사회의 에너지 사용 행동, 의료서비스를 찾고 서비스를 활용하는 방식, 취약계층 사람들을 대하는 방식 등 기존 생활 방식이 변화해야 사회문제를 해결할 수 있다. 사용자들의 에너지 소비 행동이 변화하지 않은 채 풍력이나 태양광 발전기술이 보급되면 에너지 사용량은 결코 줄지 않는다. 둘째, 사회문제를 해결하

4 교통시스템의 전환에 대한 논의는 Temmes et al.(2014)을, 농업시스템 전환에 대해서는 Poppe and Termeer(2009)를 참조할 것.

기 위해서는 시민사회가 경험한 사회문제에 대한 맥락적 지식과, 현장에서 문제 해결을 위해 사용자들이 개발한 대안들이 효과적으로 활용되어야 하기 때문이다.

사용자들의 지식을 활용하고 행동변화를 이끌기 위해서는 전문가 그룹과 시민사회가 효과적으로 소통할 수 있는 틀이 필요하다. 사용자들이 삶의 현장에서 느끼는 문제를 수요로 구체화하고 서로 상호작용하면서 내용을 발전시키며 관련된 아이디어를 공유할 수 있는 방법 및 제도가 필요한 것이다(World Bank, 2015).

이런 면에서 연구개발활동에 대한 사용자의 이해도를 높이고 사용자 수요에 대한 과학기술전문가의 학습을 이끌어낼 수 있는 조직적 수단인 리빙랩은 매우 유용하다. 리빙랩으로 정의된 생활공간에서 사용자와 전문가가 협의하면서 공통의 대안을 형성해가는 것은 개발된 기술의 수용성과 기술혁신의 효율성·효과성을 높이는 방안이 될 수 있다(성지은·송위진·박인용, 2014; World Bank, 2015).

더 나아가 사용자들의 능력을 함양하고 참여를 효과적으로 추진하기 위한 교육 프로그램과 인프라를 구축하는 것도 필요하다. 그동안 과학문화활동은 과학기술의 대중화와 홍보를 중시해왔는데 이제는 과학기술 활동에 참여할 수 있는 능력을 향상시키고 기회를 제공하는 것으로 변화해야 한다. 이미 팹랩(Fab Lab)의 형태로 사업들이 진행되고 있지만 여전히 과학기술에 대한 호기심을 높이는 일이 더 중시되고 있다. 이제는 과학기술에 대한 이해를 넘어 과학기술 활동에 참여하기 위한 사업이 개발되어야 할 것이다.

또 디지털 사회혁신과 같이 ICT를 활용해 사용자들이 사회문제 해결형 혁신에 참여할 수 있는 인프라를 구축하는 작업도 요청된다(EU, 2015).

ICT를 기반으로 하는 지역의 환경이나 안전과 관련된 정보를 수집하고, 정책결정 과정에 적극적으로 참여하며, 권력 남용을 감시하고, 과학기술 문제(단백질 구조나 뇌 구조, 암세포 구조 해석과 관련된 문제 등)를 해결하는 시민 참여 활동을 적극적으로 검토할 필요가 있다.

(2) 사회적경제의 혁신주체화

시민사회에 기반을 둔 사회적기업 같은 사회적경제 조직은 시민사회보다 조직화되어 있기 때문에 혁신활동에 좀 더 효과적으로 참여할 수 있으며 혁신주체가 될 수 있다. 사회적경제 조직은 사회적 수요를 구체화하는 데 중요한 역할을 담당하고 개발된 제품·서비스를 전달하고 구현하는 데에도 핵심 주체로 참여한다. 이들은 사회문제 해결과 동시에 경제적 가치 창출도 지향한다. 이처럼 서로 모순되는 양 측면을 동시에 만족시켜야 하기 때문에 혁신적인 접근이 필요하다(송위진, 2014).

이와 관련해서 사회혁신조직을 지원하는 중간조직을 활성화하는 데 관심을 가져야 한다. 자원과 혁신능력이 취약한 사회적경제 조직과 과학기술 전문조직을 연계하고 교육·훈련 프로그램을 통해 사회적경제 조직의 혁신능력을 제고하는 역할이 필요한 것이다. 사회적기업진흥원 같은 정부 전담조직이나 대안기업연합회, 사회적기업연합회 같은 사회적경제 조직의 협의체도 중간조직의 기능을 할 수 있기 때문에 이들의 혁신지향성과 기술지향성을 향상시키는 작업이 요청된다(김종선·송위진·성지은, 2015).

현재 사회적경제 조직에 대한 지원은 인력, 공공구매, 조세 등 일반 경영활동을 중심으로 진행되는데, 혁신활동과 관련한 하부구조 구축, 인력 지원, 자금 지원 등을 좀 더 적극적으로 고려할 필요가 있다.

5) 사회문제 해결형 지역혁신정책의 활성화

사회문제 해결형 혁신정책은 지역혁신과 관련해서도 새로운 전망을 제공한다. 지역 주도 혁신정책의 가능성을 보여주기 때문이다.

그동안 지역혁신정책은 지역의 산업경쟁력을 강화하기 위해 기업이나 연구소 같은 조직을 유치함으로써 혁신활동 기반을 구축해왔다. 그러나 이런 활동은 지역 자체의 기획 및 혁신능력이 부족해 큰 효과를 보지 못하거나 성과가 수도권으로 유출되는 경향을 보였다. 지역은 단순한 실행기능만 담당하는 경우가 많으며, 성장한 기업들은 수도권이나 해외로 이전하는 경향이 있다. 이 때문에 산업발전과 고용창출 측면에서도 지역사회에 기여하는 바가 크지 않다고 평가되기도 한다(이민정, 2014).

사회문제 해결형 혁신정책은 지역의 경제·사회·복지·환경문제를 해결하는 데서 시작한다. 지역사회의 취약한 의료복지 시스템 혁신, 축산관련 악취문제 해결, 폐기물 활용을 위한 순환시스템 구축, 지역 기반 사회적기업의 육성과 고용창출 등을 위해 혁신정책을 수행하는 것이다. 즉, 서울의 도시문제 해결을 위한 혁신정책, 충남의 축산문제 해결을 위한 혁신정책, 대전의 원도심 재생을 위한 혁신정책을 실행하는 것이다. 이는 지역경제 선순환론, 내발적 발전론 같은 지역개발정책의 패러다임 변화와도 일맥상통한다(김태연, 2015; 이민정, 2014; 송위진, 2015a).

이를 위해서는 지역이 주도하는 접근이 필요하다. 지역문제는 지역이 가장 잘 알고 있기 때문이다. 그러나 이것이 지역의 문제 해결에 필요한 모든 자원과 능력을 지역에서 확보한다는 것을 의미하지는 않는다. 지역에 부족한 자원과 능력은 외부에서 도입해야 한다. 그러나 문제 해결을 위한 사업을 기획·집행·관리하는 일은 지역이 주도해야 한다. 지역이 보유

표 1-2 **농촌개발정책 패러다임의 변화**

	근대화 패러다임	탈근대화 패러다임
목표	경제성장, 생산성 증대, 소득 증대	삶의 질 향상, 환경보전, 사회적 연대 강화
형태	중앙집권적	지역분권적
규모	성장산업, 대규모 농장	다양한 산업, 소규모 가족농장
주안점	정량적 측면	정성적 측면

자료: 김태연(2015).

한 자원 자체보다는 지역 내외부의 자원을 통합해 문제를 해결하는 혁신 능력이 더 중요한 것이다.

이러한 지역기반 사회문제 해결형 혁신정책은 경제적·사회적·환경적으로 지속가능한 지역사회를 지향하고 지역 내부의 혁신주체와 외부의 혁신주체 간의 네트워크를 통해 필요한 혁신활동을 수행한다. 성장 중심의 지역개발이 아닌, 사람들이 살고 싶은 공간으로서의 지역사회 재활성화를 꾀하는 것이다. 그리고 이 과정을 통해 새로운 산업이 형성·발전되어 고용이 창출될 수도 있다.

3. 맺음말

산업혁신정책과 사회문제 해결형 혁신정책은 혁신정책의 일반적인 특성을 지니지만 문제 영역에 따라 자신의 독특한 성격을 보여준다. 이 장에서는 사회문제 해결형 혁신정책의 관점을 정리하는 한편, 그에 입각해 기존 혁신정책을 재해석하고 발전방향을 제시했다. 기존 산업혁신정책의 프레임과는 다른 틀로 혁신활동과 정책을 살펴본 것이다.

이는 산업혁신 중심으로 전개되어왔던 혁신정책을 새로운 관점에서 혁신하려는 노력이자 혁신이론과 정책을 다각화하려는 시도이다. '혁신일반'의 특수형태로서 '산업혁신'과 '사회문제 해결형 혁신'이 존재할 뿐 아니라 혁신정책에도 산업혁신정책과 사회문제 해결형 혁신정책이 존재할 수 있음을 설명한 것이다.

이 장에서는 사회문제 해결형 혁신정책은 문제를 근원적으로 해결하기 위해 사회·기술시스템의 전환이라는 틀을 밑바탕에 깔고 있으며 정책을 기획·추진·평가하는 과정에서 시민사회의 참여를 염두에 두고 있다는 점을 지적했다. 사회문제를 해결하기 위해서는 사회문제에 대한 대증적 대응을 넘어 문제를 궁극적으로 제거하는 접근이 필요하며, 이해당사자와 시민사회의 참여와 협업이 필요하다는 것을 강조했다. 그리고 이러한 문제 해결 과정을 통해 산업도 형성·발전하고 지역혁신도 지역에 착근할 수 있다는 점을 지적했다.

저성장과 양극화가 진행되면서 우리 사회의 문제는 더욱 심화되고 있다. 앞으로 사회문제 해결형 혁신에 대한 요구는 더욱 높아질 것이다. 따라서 사회문제 해결형 혁신정책을 좀 더 효과적으로 발전시키기 위한 다양한 노력이 요구된다.

제2부

‘사회문제 해결형 과학기술과 사회혁신’ 연구의 동향

02

'사회에 책임지는 연구와 혁신'의 현황과 함의

박희제·성지은

21세기에 들어오면서 과학기술을 경제성장을 위한 도구로 보는 시각에서 벗어나 보다 넓은 의미의 '더 나은 사회(better society)'를 위한 도구로 보려는 시도가 확대되고 있다. 과거 과학기술정책이 산업정책의 하위 범주에만 머물렀다면, 이제는 사회가 직면한 문제를 해결하고 인간의 삶과 환경의 질을 향상시키는 것으로 바뀌어야 한다는 목소리가 커지고 있는 것이다.

그러나 '더 나은 사회'를 위한 연구와 혁신을 현실에서 실천하는 것은 쉬운 일이 아니다. 연구자뿐 아니라 대학, 연구소, 기업, 국가, 그리고 다양한 이해당사자가 이러한 새로운 목표에 부응하는 연구개발 활동에 참여해야 하기 때문이다. '사회에 책임지는 연구와 혁신(Responsible Research and Innovation, 이하 RRI)'은 이에 대한 하나의 대안이자 과학연구와 기술혁신을 새로운 방식으로 이끌기 위한 방법론적 프레임워크로 급속히 부상하고 있는 개념이다. 2014년 학술지 ≪저널 오브 리스폰서블 이노베이션(Journal of Responsible Innovation)≫이 창간된 것은 이 개념이 얼마나 빠른 속도로 학계 안팎에서 호응을 얻고 있는지를 상징적으로 보여준다. 이제 RRI라는 용어는 기업이 자신의 연구개발 활동을 소개하는 홈페이지에서도 발견될 정도로 널리 회자되고 있다(Davies and Horst, 2015).

하지만 RRI 역시 아직 진화하고 있는 개념으로, RRI의 범위와 내용에 대한 논의는 지금도 뜨겁게 진행 중이다(Sutcliffe, 2011; Koops, 2015). RRI에 대한 정의는 다양하다. 대표적으로 EU 프레임워크 프로그램은 RRI를 "포괄적이고 지속가능한 연구와 혁신을 디자인하도록 촉진한다는 목표 아래 연구와 혁신의 잠재적 함의와 사회적 기대를 예견하고 평가하려는 접근법"으로 정의하고(Hirvikoski, 2014), 영국 기술전략위원회는 RRI를 "ⓐ R&D를 수행하는 과정과 ⓑ 발견을 상업적으로 이용하는 과정에서 윤리적·사회적 규제 쟁점들을 주의 깊게 고려하고 적합하게 반응하는 것"으로 정의한다(Technology Strategy Board, 2012: 1).

이들 정의에서 쉽게 추측할 수 있듯 RRI는 많은 면에서 기술영향평가의 전통과 맞닿아 있다. 이런 맥락에서 RRI는 이미 과학기술학과 과학기술정책 분야에서 발전해온 개념과 방법론을 새로운 이름으로 포장한 것에 불과하다는 비판도 가능하다. 실제로 RRI를 개념화하고 있는 학자들은 예견, 성찰, 숙의/포괄성, 책임이라는 네 가지의 상호 연관된 개념을 중심으로 RRI를 설명하고 있는데, 이러한 개념은 ELSI(Ethical, Legal and Social Implication), 기술영향평가, 사전주의적 위험통제 등의 전통을 통해 이미 널리 알려진 것들이다. 따라서 RRI는 새로운 개념이라기보다 이미 존재해 오던 과학기술 거버넌스를 위한 도구적 개념들을 하나로 통합하려는 시도로 이해할 수도 있다.

그럼에도 불구하고 RRI가 과학기술의 새로운 거버넌스를 위한 방법론적 프레임워크로서 이처럼 빠른 속도로 부각되는 것은 RRI가 독자적인 특징을 갖고 있기 때문일 것이다. 이 장에서는 RRI가 무엇을 지향하고 어떻게 이를 이루려 하는지를 살펴보고 RRI의 정책적 함의를 찾고자 한다. 우리는 RRI가 학계뿐 아니라 과학기술정책 커뮤니티로부터도 널리 호응을 받게 된 핵심적인 이유를 RRI가 제시하는 방법론적 프레임워크의 내용보다 RRI 개념이 연구와 혁신정책에 던지는 실천적 함의에서 찾을 수 있다고 본다.

1. RRI의 등장 배경

RRI의 등장과 확산은 과학연구와 혁신활동을 경제성장의 도구가 아니라 보다 넓은 사회적 필요와 가치를 위한 도구로 자리매김하려는 과학기술정책 패러다임의 변화와 맥을 같이한다. 이러한 패러다임 변화는 과학기술에 대한 사회의 시각 변화를 반영하는 것이다. 20세기 후반 이래 각종 환경문제와 기술위험이 증폭되면서 과학기술에 대한 계몽주의적 낙관론은 과학기술의 부작용에 대한 성찰을 강조하는 것으로 대체되고 있다(벡, 1997). 이러한 자각은 국가가 시장에 개입하듯 규제정책을 통해 과학기술이 인체와 환경에 미칠 수 있는 부정적인 영향을 통제하려는 노력을 불러왔다. 하지만 규제정책은 기술이 사회에 미치는 영향에 대한 지식이 충분한 경우에는 효과적일 수 있지만 기술 영향의 불확실성이 큰 신기술에서는 효율적이지 못할 때가 많다. 따라서 20세기 후반 이래 서유럽을 중심으로 사전예방주의(the precautionary principle)와 시민 참여가 신기술 거버넌스의 원칙으로 자리 잡아왔다(어윈, 2001; 이영희, 2011; 우태민·박범순, 2014; Irwin, 2008; Callon, Lascoumes and Barthe, 2011).

그러나 어떤 형식을 취하든 과학기술을 규제하려는 노력은 과학기술의 부정적인 영향을 최소화하는 데 관심을 집중하는 반면 과학기술의 생산적인 측면에는 별다른 기여를 하지 못한다는 한계를 갖는다. 연구와 혁신에 수반되는 위험이 무엇이고 이를 어떻게 회피할 것인가라는 문제에 골몰하느라 정작 연구와 혁신을 통해 어떤 미래를 창조할 것인가라는 문제에는 상대적으로 소홀하게 되는 것이다. RRI는 과학기술의 잠재적 부작용에 대한 관심을 늦추지 않으면서도 동시에 사회적 필요와 기대에 부응하는 연구와 혁신을 촉진해야 한다는 이중의 책임성을 강조함으로써 이러한 문제의식에 부응하고 있다(Fisher and Rip, 2013; Valdivia and Guston, 2015).

제도적으로 RRI는 유럽 연구·혁신정책과 거버넌스 개선에 대한 요구와 맞물리면서 성장했다. 21세기 들어 애플이나 구글 같은 미국의 혁신기업과 동아시아와 BRICs가 급속하게 경제성장하는 것을 보면서 유럽에서는 자신들이 경제적·기술적 경쟁력을 상실하고 있다는 위기감이 높아져갔다. 이에 유럽 통합을 계기로 유럽의 연구·혁신 자원을 통합해 유럽의 경쟁력을 제고하려는 노력이 경주되었다. 2009년에는 스웨덴 남부의 대학도시 룬드에서 유럽의 연구·혁신 장기 전략과 연구·혁신시스템 개혁의 청사진을 논의하는 회의가 열렸다. 여기서 과학연구의 목적이 과학을 위한 과학에 머물러서는 안 되고 사회문제 해결에 직접적으로 기여해야 하며 이를 통해 유럽 연구·혁신 공동체의 경쟁력을 높여야 한다는 룬드선언이 발표되었다(Svedin, 2009). 룬드선언은 유럽의 연구·혁신정책과 거버넌스 개혁의 방향을 제시하는 것으로 받아들여졌고, 과학기술의 사회적 책임 범위를 넓게 설정하고 연구·혁신활동과 사회적 가치의 조응을 강조하는 RRI는 이를 구현하는 방법의 하나로 부상했다.

룬드선언에서 제시된 방향을 제도적으로 뒷받침한 대표적인 사례가 제8차 EU 프레임워크 프로그램인 호라이즌 2020(Horizon 2020)이다. 호라이즌 2020은 과학기술을 통해 과학연구의 수월성, 산업에서의 리더십, 사회문제 해결이라는 세 가지 목표를 달성하겠다는 원대한 야심을 표명했다. 여기서 핵심적인 사항은 과학기술을 경제성장의 도구뿐 아니라 더 나은 사회를 위한 도구로도 본다는 것이다. 이를 위해 채택된 하나의 전략이 RRI이다.

호라이즌 2020을 준비하는 과정에서 RRI는 유럽행정부와 유럽의회의 타협을 반영한 개념으로 등장했다. 관료 중심의 유럽행정부는 사회가 기술혁신과 시장경제의 변화에 적응해야 한다고 생각한 반면, 유럽의회는 연구와 혁신의 결과물이 사회의 가치와 기대에 부응해야 한다고 생각했다. EU 차원의 주요 정책은 이 두 기관의 타협과 절충을 통해 결정되는데, 같은 맥락에서 RRI는 혁신의 경제적 측면과 연구의 사회적 측면을 모두 포함하는 개념으로 받아들여졌다. 결국 RRI는 제8차 EU 프레임워크 프로그램에서 '사회속의 과학' 프로그램을 계승한 '사회와 함께하는 과학, 사회를 위한 과학(Science with and for Society: SwafS)' 프로그램의 핵심 전략으로 채택되었고, EU 프레임워크의 위상은 RRI의 확산에 크게 기여하고 있다.

2. RRI의 의미와 내용

RRI가 지향하는 바가 무엇인지를 이해하기 위해서는 RRI가 주장하는 연구와 혁신에서의 '책임'이 무엇인지를 살펴보는 것이 필요하다. 또 그 책임을 연구과정과 결과에 담기 위한 방법론도 검토해야 한다. RRI는 이론적인 동시에 EU의 혁신정책과 밀접하게 결부되어 실천적인 성격을 띠고 있기 때문이다.

1) RRI에서의 책임의 의미

(1) 연구활동의 목적과 동기에서의 책임

RRI는 연구활동의 목적과 동기에서의 책임을 강조한다는 점에서 기존의 과학기술정책이나 연구개발 거버넌스와 확연히 구별된다. RRI는 연구와 혁신이 어떤 사회적 가치를 추구하며 어떤 사회문제 해결에 도움이 되는지, 나아가 이러한 활동이 윤리적이고 평등하며 민주적인 방식으로 이루어지고 있는지를 질문한다. 현재의 연구개발 거버넌스 체제에서는 왜 이 연구를 하고 이 기술을 개발하는가, 이 연구개발은 누구의 이익을 반영하고 있고 누구에게 이익을 주는가, 연구와 혁신의 이익과 비용이 사회 전반에 균등하게 배분되는가와 같은 질문이 중요하게 다루어지기 어렵다다. 반면 RRI는 연구자에게는 기술혁신의 산물뿐 아니라 혁신의 목적과 동기에도 큰 관심을 기울이고 이를 성찰해야 하는 책임이 있다고 주장한다. 이런 점에서 기존 연구개발 정책 패러다임과 차이를 보인다(Stilgoe, 2011).

과학연구와 기술혁신의 목적과 동기에 대한 성찰은 연구와 혁신을 단지 경제적 이윤창출의 도구로만 바라보는 경향에 대한 반성에서 비롯된다. 연구와 혁신이 산업발전에 도움을 주면 시장경제의 체제에 따라 그 혜택이 사회 전반으로 확산될 것이라거나 역으로 시장이 요구하는 지식과 혁신이야말로 사회가 필요로 하는 것이라는 자유주의적 시각에 대한 비판은 새로운 것이 아니다. 일례로 과학기술학 연구자들은 '수행되지 않은 과학(undone science)'이라는 개념을 통해 사회적으로 수요가 있고 기술적으로도 충분히 실현 가능성이 있음에도 불구하고 시장경제의 권력구조 아래에서는 수행되지 못한 연구와 혁신이 수없이 존재한다는 점을 강조해왔다(한재각·장영배, 2009; Hess, 2007). 마찬가지로 RRI는 연구혁신활동이 경제적 목적의 활동에 그쳐서는 안 되고 그 사회의 가치를 담아내고 그 사회의 문제를 해결하는 도구로 확장되어야 한다고 주장한다. RRI는 '사회를 위한 과학(Science for Society)'을 성취하기 위한 활동인 것이다.

흥미로운 점은 RRI가 연구개발의 목적과 동기에 관한 질문을 던지는 것이 연구혁신활동을 규제하기 위함이 아니라 새로운 연구와 혁신의 장을 열기 위함이라는 것이다. 그동안 많은 연구자들이 연구에 대한 윤리적 평가를 연구·혁신활동의 속도를 늦추는 귀찮은 장애물 정도로 여겨온 것은 주지의 사실이다. 반면 RRI 옹호자들은 RRI가 던지는 연구개발 활동의 목적과 동기에 대한 질문들이 새로운 연구를 촉진한다는 점을 강조한다. 연구개발의 목적과 동기에 관한 질문을 던지고 여기에 답하는 과정에서 과학연구에 대한 사회적 수요와 기대가 무엇인지, 또 어떤 연구가 수행되지 않은 과학으로 남아 있는지가 새롭게 부각될 수 있다는 것이다. 재생에너지를 비롯한 환경부문에서의 선구적인 혁신이 대표적인 예일 것이다. 그뿐만 아니라 연구활동의 목적과 동기에서 사회적 책임성이 강조되어야 한다는 주장은 과학연구와 기술혁신의 공공적 가치(public values)를 부각시켜 연구활동에 대한 사회적 지지와 재정적 지원을 이끌어내도록 돕는다. 20세기 후반 미국 연방정부가 보건과 의료부문의 연구와 혁신에 연구비를 전폭적으로 지원한 것이 대표적인 예이다. 결국 연구활동의 목적과 동기에서 사회적 책임을 강조하는 것은 연구자들이 기존의 산업적 수요라는 제한된 테두리를 넘어 연구주제의 폭을 크게 확대하는 계기가 될 수 있다(Owen et al., 2013).

(2) 연구와 혁신의 결과에 대한 책임

RRI는 현재의 목적과 동기에 관한 책임뿐 아니라 연구와 혁신이 이루어졌을 때 발생할 사회적 결과에 관한 책임도 요구한다. 이에 대한 전통적인 견해는 연구·혁신활동의 결과는 가치중립적이고 사회가 그것을 어떻게 활용하는가는 연구자의 책임범위를 벗어난다는 것이다(Schomberg, 2013). 반면 RRI는 혁신의 결과가 의도치 않게 사회에 부정적인 영향을 줄 수 있다는 점에 주목하며, 이를 예견하고 피하는 것을 연구자의 책임범위에 포함되는 것으로 본다(Stilgoe, Owen and Macnaghten, 2013).

또한 전통적인 시각은 연구·혁신활동의 산물이 미래에 어떤 결과를 낳을지 예측하는 것을 거의 불가능한 일로 간주해왔다. 실제로 연구 초기에는 연구자들조차 그 연구가 생산할 결과물을 제대로 알 수 없는 경우가 많고, 기술이 사회에 연구자들이 의도했던 영향뿐 아니라 전혀 의도하지 않았던 영향도 준다는 것은 역사적으로 잘 알려진 사실이었다(벡, 1997). 그럼에도 불구하고 RRI는 연구·혁신활동의 결과가 초래할 수 있는 영향을 예견하면서, 그 결과가 부정적인 영향을 줄 가능성이 있다면 이를 피하거나 최소화하기 위해 노력하는 것을 연구자의 중요한 책무로 인식한다.

RRI를 주장하는 이들 역시 연구·혁신활동의 결과가 사회에 어떤 영향을 미칠지 불확실하고 미래를 정확히 예측(prediction)할 수 없다는 주장에는 동의한다. 하지만 다른 한편으로 현재 개발되고 있는 기술이 미래의 경제, 사회, 환경 등의 영역에 어떤 영향을 미치게 될 '가능성'이 있는지를 탐색하고 예견(anticipation)하는 작업은 가능할 뿐 아니라 사회적으로도 반드시 필요한 활동이라고 주장한다(Guston, 2010). 이런 측면에서 RRI는 기술영향평가나 ELSI의 전통을 잇고 있다. 다만 초기 기술영향평가에서는 신기술이 가져올 부정적 영향을 예견하고 최소화하는 것을 과학보다는 정치의 책임으로 돌렸던 반면, RRI는 이러한 책임을 과학적 연구와 기술혁신 전반으로 확장시켰다는 점에서 차이가 있다(Fisher and Rip, 2013: 165).

(3) 연구와 혁신 과정에서의 책임

RRI는 연구윤리보다 넓은 의미에서 연구과정에서의 책임을 바라보게 하는데, 그 핵심은 숙의(deliberativeness)와 포괄성(inclusiveness)이라고 할 수 있다. 앞서 RRI는 연구활동의 목적과 동기가 그 사회의 가치, 필요, 기대를 반영해야 함을 주장한다고 설명했다. 그러나 문제는 한 사회 내에도 다양한 가치가 존재하며 어떤 가치를 더 우선적으로 반영해야 할지는 결코 자명하지 않다는 점이다(Owen et al., 2013). 따라서 연구와 혁신의 목적으로 어떤 가치를 우선시하고 어떤 가치를 배제할 것인가, 그리고 이를 누가 결정할 것인가를 정하는 것은 매우 어렵다. 이에 대해 지금까지는 경제적 가치만 추구하거나 가치의 우선성을 톱다운 방식의 연구비 배분에 따라 소수의 정책결정자들이 정하는 경우가 대부분이었다. 반면 RRI는 연구과제 선정과 연구과정에 일반 시민을 포함한 다양한 이해당사자를 참여시켜 그 연구에 수반되는 다양하고도 다층적인 이해관계가 논의되도록 해야 한다고 주장한다.

또한 RRI 연구자들은 연구결과의 사회적 영향을 예견하기 위해서도 다양한 이해당사자의 참여가 필수적이라고 주장한다. 특히 신기술의 경우 과거의 추세를 통해 미래를 예측하는 전통적인 미래예측방식은 무용지물이며 전문가들도 사용자가 그 기술을 어떤 방식으로 사용할지에 대해 일반인보다 더 나은 전문성을 가지고 있다고 보기 어렵다(Irwin, 2008; Callon, Lascoumes and Barthe, 2011). 따라서 RRI 연구자들은 그 기술의 최종 사용자가 될 다양한 이해당사자의 참여야말로 연구결과가 사회에 미칠 영향을 예견하는 능력을 확장하는 현실적인 방안이라고 주장한다.

이처럼 RRI는 연구의 진실성과 윤리성뿐만 아니라 다양한 이해당사자의 참여도 연구와 혁신활동 과정에서 요구되는 책임으로 간주한다는 점에서 특징적이다. RRI의 주체는 과학자, 연구기관, 기업, 국가뿐 아니라 일반시민과 이해관계자를 포함한 사회 전체인 것이다. 이 점에서 RRI는 사회가 과학기술과 관련된 사회문제를 학습하고 새로운 지식을 창출하며 추후 유사한 사회문제에 부딪쳤을 때 이를 해결하는 능력을 향상시키는 것을 중요한 혁신과정으로 보는 시각과 맥을 같이한다(송위진, 2006; 송위진·성지은, 2013a, 2013b). 또한 과학기술이 소수 전문가의 전유물이 아니라 더 넓은 사회적 참여자들의 참여하에 이루어지는 활동이어야 한다는 과학기술의 민주적 거버넌스에 대한 주장과도 일치한다. 결국 RRI는 '사회와 함께하는 과학(Science with Society)'을 성취하기 위한 활동인 것이다.

2) 연구혁신 프레임워크로서의 RRI

지금까지 살펴보았듯 RRI는 기술영향평가, 사회문제 해결형 혁신, 예견적 거버넌스, 사회·기술시스템, 가치 민감형 디자인, 대중의 과학기술 참여 등 기존의 다양한 연구흐름을 사회에 대한 책임이라는 하나의 개념 틀로 묶고 있다. 그러면 이렇게 확대된 책임성을 연구자들은 어떻게 실현할 것인가? RRI 연구자들은 RRI를 구성하는 이론적 개념을 발전시킴과 동시에 이들 개념을 실제 연구와 혁신과정에서 어떻게 적용할 수 있을지를 고민해왔고, 다양한 기술혁신 거버넌스 방법을 통합해 하나의 방법론적 프레임워크로 묶으려 시도했다. RRI 연구자들은 대체로 예견, 성찰, 숙의/포괄성, 책임이라는 네 가지의 상호 연관된 개념을 중심으로 RRI가 구체적으로 어떻게 실행되어야 하는지 설명해왔다(송위진·성지은, 2013b; Owen et al., 2013; Stilgoe, Owen and Macnaghten, 2013; Valdivia and Guston, 2015).[1]

먼저 예견은 의도되었거나 의도치는 않았지만 잠재적으로 존재하는 기술의 사회적·경제적·환경적 영향 등을 기술하고 분석하는 작업을 말한다. 더 구체적으로 포사이트(foresight), 기술영향평가, 시나리오 개발법 등을 통해 이야기 방식으로 출현 가능한 영향을 가늠해보고, 연구자와 이해당사자들로 하여금 "만약 이랬다면 어떻게 되었을까?" 또는 "의도된 결과가 아닌 다른 결과가 출현한다면 그것은 무엇일까?"를 질문하도록 유도하는 방식으로 이루어진다. 여기서 중요한 사실은 예견의 목표가 통계학적 방법을 통해 미래를 확률적으로 예측하는 것은 결코 아니라는 점이다. 오히려 예견의 목표는 이런 방법을 수행하지 않았다면 드러나지도 논의되지도 않았을 과학기술의 사회적 영향과 그 함의를 수면 위로 떠올려 연구자와 과학기술정책결정자, 그리고 이해당사자들이 여기에 대해 숙의하고 토론할 수 있는 장을 마련하는 데 있다. 즉, RRI 연구자들은 예견의 핵

1 용어는 각 학자나 기관에 따라 다소 차이가 있다. 일례로 영국 EPSRC는 RRI의 활동을 예견(anticipate), 반성(reflect), 참여(engage), 행동(act)의 약자인 AREA로 표현한다. 또 발디비아와 거스턴 같은 학자는 숙의와 포괄성을 각각 독립적인 개념으로 설명한다(Valdivia and Guston, 2015).

심적 가치를 미래 예측이 아니라 사회가 신기술로 인해 변화하는 환경에 차분하게 적응할 수 있는 능력(adaptive capacity)을 갖추도록 돕는 데서 찾는다(Guston, 2010; Valdivia and Guston, 2015).

성찰(reflectivity)은 특히 연구기관이나 혁신조직이 자신들이 수행하고 있는 연구·혁신의 과정과 목표를 자기 평가 방식으로 점검하는 작업을 의미한다. 이 연구의 목적은 무엇이고 사회에 어떤 기여를 하는가? 이 새로운 제품은 사회에 어떤 영향을 줄 것인가? 이러한 판단은 어떤 가정 아래 도출된 것인가? 이 연구의 영향에 대해 무엇이 이미 알려져 있고 무엇이 불확실한 부분으로 남아 있는가? 연구과정은 윤리적으로 문제가 없는가? RRI는 연구기관들이 이러한 질문을 통해 자신이 수행하고 있는 연구의 목적과 방법을 연구의 단계마다 점검하도록 제도화할 것을 요구한다. 일례로 연구비 공여기관은 연구신청서와 연구 단계평가에서 이러한 질문에 대한 답을 요구함으로써 연구자들이 자신의 연구에 대해 스스로 성찰하도록 유도할 수 있다. 또한 연구기관은 행동지침을 통해 성찰을 내면화하도록 연구자들을 훈련시킬 수 있다.

다음으로 숙의(deliberativeness)와 포괄성(inclusiveness)은 대화, 참여, 토론 등을 통해 일반 시민과 이해관계자들이 다양한 시각에서 연구와 혁신의 목표, 비전, 문제점 등을 이야기할 수 있도록 하고 또 그들의 의견을 경청하는 활동을 의미한다. 이러한 작업의 목적 역시 특정 연구와 혁신에 관해 '최대한 다양한 시각' 또는 '모든 관련 집단의 시각'을 드러내고 이를 논의의 장에 올려놓는 것이다. 이를 통해 RRI는 연구·혁신에 관련된 쟁점이 무엇인지, 특히 잠재적으로 충돌하는 가치나 이해관계는 없는지를 밝히고 나아가 정책결정 과정에서 이처럼 충돌 우려가 있는 가치와 이해관계가 균형을 이루도록 돕는다. 보다 구체적인 방법으로는 합의회의, 시민

배심원제도, 공론조사, 포커스 그룹 인터뷰 등이 있으며, 과학기술 정책을 결정하거나 과학기술 정책에 대해 조언하는 공식적인 기구에 일반 시민을 참여시키는 방법 등도 있다. 또한 사용자 중심 디자인법, 오픈 이노베이션 역시 다양한 이해관계집단을 혁신과정에 포함시키기 위한 방법으로 간주된다.

방법론적인 개념으로서의 책임은 예견, 성찰, 숙의/포괄성의 과정을 실제 연구와 혁신의 방향, 속도, 영향을 결정하는 데 연결시키는 작업을 의미한다. RRI는 적절한 기회와 인센티브가 주어지면 연구와 혁신을 담당하는 연구자들이 일반 시민과 이해관계자들의 기대를 내면화해 연구·혁신과정에 반영할 것이라 보고 연구조직들이 이를 위한 제도를 마련할 것을 제안한다. 일례로 많은 정부에서는 새로운 법을 제안할 때 공청회 등을 통해 시민사회의 의견을 묻도록 규정하고 있는데, 이와 유사한 제도를 연구와 혁신정책에도 도입할 수 있다. 비록 연구자나 연구기관이 이러한 공청회에서 나온 시민사회의 의견을 반드시 따르도록 규정하지는 않더라도 이러한 제도가 활성화되면 연구자가 의사결정을 할 때 일반 시민들의 의견이 어떤지를 한 번 더 생각하게 하는 효과를 기대할 수 있다. 가치 민감형 디자인(value-sensitive design), 단계적 점검(the stage-gate review), 전략적 니치 관리(strategic niche management) 등도 유사한 방법으로 제시되고 있다.

사실 RRI가 제시하는 방법 자체는 새로운 것이 아니다. 이들 대부분은 경제적 목표를 위해 전문가 중심으로 이루어진 전통적인 연구개발정책의 한계를 극복하고자 과학기술학과 과학기술정책 연구자들이 발전시켜온 방법이다. 하지만 RRI는 이와 같은 상보적인 방법을 통합해 하나의 연구·혁신 프레임워크로 제시한다는 점에서 앞선 시도들과 구분된다. 또한 RRI 옹호자들이 이러한 연구·혁신 프레임워크의 제도화가 과학연구와 기술혁신을 늦추는 장애물이 아니라는 것을 계속 강조한다는 점을 다시 한 번 상기할 필요가 있다. RRI의 초점은 사전예방주의적 입장처럼 특정 연구(크고 잠재적인 위험이 있는 연구)를 규제하는 데 있는 것이 아니라 사회의 가치와 기대에 부합하는 새로운 종류의 연구와 혁신이 이루어지도록 장려하는 데 있다. 나아가 예견, 성찰, 숙의/포괄성, 책임은 기존의 시장 위주의 연구혁신정책이 수행하지 못했던 연구와 혁신의 주제, 방법, 속도, 영향을 연구자, 기업, 시민사회가 함께 구성해가는 활동이다.

3. 국내외 RRI 사례 현황

RRI는 단지 이론적 개념이 아니라 연구현장에서 다양한 방식으로 실천되고 있는 개념이다. 따라서 RRI의 이론적 개념과 방법론이 연구·혁신의 현장에서 어떻게 적용되고 있는지를 구체적인 사례를 통해 살펴보는 것은 RRI의 잠재성과 한계를 이해하는 데 큰 도움이 될 것이다. 이에 이 절에서는 RRI를 적용한 대표적인 국내외 사례를 살펴보고자 한다. 이들을 전체적으로 비교 요약한 표는 〈표 2-3〉에 제시했다.

1) 미국의 STIR 프로그램

STIR(the Socio-Technical Integration Research) 프로그램은 사회·기술 통합적 시각에서 자연과학·공학자들과 인문사회과학자들이 협력해 연구개발 과정을 개선하고자 수행된 연구이다. STIR 프로그램은 2009년 미국 NSF와 몇몇 다른 기관의 지원으로 10여 개국의 30여 개 연구기관에서 수행된 일종의 실험실 참여 연구로 시작되었다. 연구는 주로 나노기술을 연구하는 실험실에서 이루어졌고, 후에 STIR 프로그램은 미국의 국가나노기술발전계획(NNI)에 RRI 활동의 일환으로 공식적으로 포함되었다.

STIR 프로그램의 목적은 무엇이 사회에 책임지는 혁신인지를 공공정책이라는 거시적 수준, 실험실 연구의 미시적 수준, 그리고 이들을 연결하는 제도의 구조와 실행이라는 중간 수준에서 각각 살펴보는 것이었다(Fisher and Rip, 2013: 174). 실제로 STIR 프로그램의 가장 중요한 특징은 '중간단계의 조절(midstream modulation)'을 과학연구와 기술혁신 과정의 한 부분으로 도입했다는 점이다. 전통적으로 과학연구와 기술혁신 과정에 사회적 규범과 가치를 반영하도록 만들려는 노력은 규제처럼 연구와 혁신이 이미 이루어진 후에 개입하는 경우(downstream approach)가 아니면 연구정책과 지원이 이루어지는 연구개발의 초기 단계에 개입하는 경우(upstream approach)가 대부분이었다. 반면 중간단계의 조절은 연구와 혁신이 실제로 진행되는 도중에 연구에 사회적 규범과 가치가 반영되도록 점진적으로 조정할 수 있게 만드는 것을 목표로 한다(Owen et al., 2013). 그 형식은 인문사회과학 연구자들이 한 실험실에서 12주 이상 참여관찰을 하면서 자신들이 관찰한 내용을 질문을 통해 실험실 연구자들에게 되먹임하는 형태로 이루어졌다.

실험실 참여연구를 수행하는 인문사회과학자들은 연구과정에서 크고 작은 결정을 해야 하는 순간마다 실험실 연구자들에게 〈표 2-1〉에 제시된 질문을 던졌다. 이것은 인문사회과학자들이 실험실 관행에 문제를 제기함으로써 과학기술 연구자들이 자신의 일상적 연구활동을 사회적 가치에 부합하는 방식으로 조절할 수 있는 기회를 제공했다. STIR 프로그램에서 가장 중요한 RRI 요소는 바로 연구에 참여한 인문사회과학자들이 던지는

표 2-1 **STIR의 '중간단계의 조절'을 위한 결정 프로토콜**

결정의 하위 부분	핵심 질문	생성된 능력
기회(Opportunity)	지금 하고 있는 것은 무엇인가?	성찰적
고려(Considerations)	왜 그 일을 하는가?	성찰적, 숙의적
대안(Alternatives)	[이 연구주제에] 다른 방식으로 접근해본다면 어떻게 할 수 있나?	책임적
결과(Outcomes)	[이 연구의 결과로 인해] 미래에 누가 영향을 받을까?	예견적

자료: Owen et al.(2013: 42)을 재구성.

질문의 내용에 있다. 인문사회과학자들과 실험실 연구자들 간의 협력은 RRI 수행능력을 탐색하기 위해 설계된 일련의 반구조화된 질문들을 통해 이루어졌는데, 결정을 위한 프로토콜(decision protocol)이라 불린 이러한 질문들은 RRI의 주요 개념을 반영한다(〈표 2-1〉 참조).

RRI 개념을 반영한 이 질문들은 실험실 연구자들이 관행적으로 수행하던 연구활동의 근거를 뒤흔드는 역할을 했고, 이는 다시 연구의 방향, 실험 디자인, 환경과 인체 안전에 대한 고려, 대중과의 관계 설정 등 RRI가 주장하는 책임성과 관련된 부분에 변화를 가져왔다. 일례로 이 연구에 참여했던 에릭 피셔(Erik Fisher)는 한 대학의 기계공학 실험실에서 진행된 참여관찰 과정에서 실험실 연구자들에게 던진 자신들의 질문이 실험실 디자인과 실험실 세팅, 나노 튜브를 합성하는 물질들, 실험 후 폐기물 처리방법 등에 변화를 가져왔고 이러한 변화는 일시적인 것이 아니라 지속적이었다고 보고하고 있다(Fisher and Rip, 2013; Owen et al., 2013).

반면 STIR 프로그램의 또 다른 특징이자 한계는 이 프로그램이 일종의 전문가 중심의 실시간 기술영향평가를 실시했다는 점이다. 즉, STIR에서는 인문사회과학자라는 또 다른 전문가그룹이 자신들의 특수한 지위에도 불구하고 그 사회의 기대와 가치를 적절히 반영할 것이라는 전제하에 이해관계자 집단을 대신해 활동하고 있는 것이다. 이러한 한계는 12주 이상 진행되는 참여관찰과 실험실 연구자들과의 실시간 되먹임 과정을 요구하는 STIR 프로그램의 성격상 불가피한 측면이 있다. 그러나 〈표 2-1〉의 질문에 포괄성 확보라는 내용은 찾아볼 수 없다는 점과, 부수적인 프로그램을 통해서라도 좀 더 다양한 이해관계자의 시각을 반영하는 기회를 포함시키지 않았다는 점은 아쉬움이 남는다.

2) 영국의 SPICE 프로젝트

SPICE(Stratospheric Particle Injection for Climate Engineering)는 지구의 성층권에 수증기와 같은 특정 입자를 주입해 기후변화를 완화시키려는 시도가 공학적으로 실현 가능한지를 연구하는 프로젝트로 영국의 국가연구위원회(the UK Research Councils)의 지원을 받아 수행되었다. 이 프로젝트의 보다 구체적인 목적은 성층권에 빛을 반사하는 입자를 대규모로 뿌려 마치 화산폭발로 인한 화산재처럼 태양열 방사를 줄이는 것이 기술적으로 가능한지를 탐색하는 것이다. 이를 위해 SPICE 연구팀은 첫째, 기후시스템을 효과적으로 관리하기 위해서는 어떤 입자를 얼마만큼 대기에 주입해야 하는가, 둘째, 이 입자를 어떤 방식으로 어디에 주입해야 하는가, 셋째, 이러한 시도와 연관된 잠재적 영향은 무엇인가라는 세 가지 연구 질문을 던졌다. 특히 두 번째 질문과 관련해 SPICE 연구팀은 1km 높이의 호스를 천으로 기워진 커다란 풍선에 단 시험대를 만들어 소량의 수증기 입자를 분사하는 계획을 세웠다(Stilgoe, Owen and Macnaghten, 2013).

SPICE는 지구에 기후공학(geoengineering)적 개입을 실행하는 프로젝트가 아니라 단지 기술적 가능성을 탐색하는 프로젝트로, 시험대를 이용한 소규모의 현장실험(the test-bed deployment)만을 계획하고 있었다. 하지만 공학적 방법으로 지구온난화 문제를 해결하겠다는 이 계획은 곧 기후공학의 상징이 되었고 사회의 큰 주목을 받았다. 어떤 연구자는 이러한 기후공학이 적은 비용으로 지구온난화 문제를 해결할 수 있는 효과적인 방법이라고 주장했다. 반면 일부에서는 지구공학이 부정적인 환경적 영향을 초래할 수 있을 뿐 아니라 이러한 시도가 온실가스 방출을 감축하기 위한 지구적인 노력을 약화시킬 수도 있다는 우려가 제기되었다. 게다가 기후변화의 특성상 한 국가가 전 지구적 기후에 영향을 줄 수 있는 기후공학실험을 할 수 있는가라는 정치적·윤리적 문제 또한 제기되었다(Stilgoe, Owen and Macnaghten, 2013).

이에 영국의 국가연구위원회는 전략적 혁신관리법(strategic innovation management)의 일환으로 발전되어온 단계적 점검(the stage-gate review)제도를 SPICE 프로젝트 관리를 위한 방안으로 채택했다. 단계적 점검제도란 기업에서 신제품 개발과정에 흔히 사용하는 혁신방법으로, 아이디어 발의에서 제품 출시에 이르기까지의 제품개발을 연구개발 단계에 맞추어 몇 개의 구간으로 나누고 각 단계별로 미리 설정한 기준을 중심으로 과제를 평가하는 방법이다. 이때 기준을 충족시키지 못하는 과제는 상품성이나 기술발전 가능성이 부족하다고 판단해 과제선정 과정에서 탈락시킨다. SPICE는 단계적 점검제도를 확대해 적용했다. 각 단계적 점검에서 연구진이 미리 설정한 단계별 기준을 충족시켰는지를 평가하고 그 평가결과에 기초해 연구를 지속시킬 것인지, 또 지속시킨다면 어떤 방식으로 지속시킬 것인지를 연구비 공여기관(영국 국가연구위원회)에 건의하는 방식을 도입한 것이다. 이때 평가단에는 두 명의 RRI 연구자와 함께 사회과학자, 시민단체 대표자, 대기과학자, 항공공학자가 포함되었다.

SPICE가 시도한 단계적 점검제도는 RRI가 제시하는 책임 있는 연구와 혁신을 제도화한 것으로 볼 수 있다(Owen et al., 2013; Stilgoe, Owen and Macnaghten, 2013; Valdivia and Guston, 2015). SPICE는 RRI가 제시한 방법론적 프레임을 단계별 평가기준에 반영했다. SPICE 프로젝트에서 각 단계 점검은 다섯 개의 기준에 따라 이루어졌는데, 첫째 기준은 시험적인 현장실험은 안전한지, 그리고 여기에 수반되는 중요한 위험은 무엇인지가 확인되고 통제되어 시민사회에 수용 가능한지 여부였고, 둘째 기준은 시험적인 현장실험이 적절한 규제를 받고 있는지 여부였다. 셋째 기준은 SPICE와 관련된 이해관계자들과 프로젝트의 목적과 성격에 대해 명확하게 의사소통해 이에 대한 균형 잡힌 토의를 장려했는지 여부였고, 넷째 기준은 SPICE 프로젝트가 미래에 어떻게 이용되고 어떤 영향을 미칠지가 기술되었고 새로운 정보가 나타날 때 이를 재평가하는 메커니즘이 갖추어졌는지 여부였다. 마지막 다섯째 기준은 프로젝트 결과가 잠재적으로 어떻게 이용되고 어떤 영향을 미칠지에 대해 일반 시민과 이해당사자들의 생각을 이해할 수 있는 메커니즘이 갖추어졌는지 여부였다.

2011년 9월 평가단은 SPICE 프로젝트가 첫 두 가지 기준만 통과했을 뿐 나머지 세 가지 기준은 충분히 만족시키지 못했다고 평가하고 이 기준을 만족시킬 때까지 시험적 실험을 잠정적으로 연기할 것을 권고했다(〈표 2-2〉 참조). 평가단은 예견과 숙의/포괄성이 제대로 구현되지 못했다고 판단한 것이다. 단계적 점검 보고서가 발표되기 직전 SPICE 연구진은 곧 소규모 현장실험을 수행하겠다고 발표했고, 이는 시민사회의 우려와 저항을 불러왔다. 설상가상으로 연구진이 실험 기술에 대한 특허를 신청하자 금전적인 이해충돌에 대한 우려까지 고조되었고, 결국 연구진은 실험을 포기했다(Owen et al., 2013).

표 2-2 **SPICE 단계적 점검 기준 및 평가단 권고, 연구위원회의 결정**

기준	RRI 요소	평가단 권고	연구위원회의 보완 요구사항
위험요인 파악	성찰	통과	없음
관련 규제 준수	성찰	통과	없음
프로젝트의 목적과 성격에 대한 의사소통	성찰, 숙의/포괄성	보류	1) 이해당사자의 참여에 근거한 의사소통 전략 2) 쌍방향 의사소통에 대한 서약 3) 답하기 어려운 질문에 대한 브리핑
영향평가 메커니즘	예견, 성찰	보류	1) 실험에 앞서 다룰 필요가 있는 획기적인 사건과 이와 관련된 질문들에 대한 더 많은 정보 2) 사회적·윤리적 차원을 포함해 태양 복사 관리의 위험, 불확실성, 기회에 대한 문헌연구
일반 시민과 이해관계자의 관점을 이해하기 위한 메커니즘	성찰, 숙의/포괄성	보류	1) 이해관계자 분류 실습(stakeholder mapping) 2) 이해관계자의 관여 3) 핵심 이해관계자의 시험적인 현장실험 이해

자료: Stilgoe at al.(2013: 1575)을 재구성.

SPICE 프로젝트 사례는 예견, 성찰, 숙의/포괄성 같은 RRI의 핵심적인 개념들이 어떻게 논쟁적이고 불확실성이 큰 신기술 거버넌스에 적용될 수 있는지를 잘 보여준다. 반면 연구의 목적, 내용, 방법에 대한 계획을 수립하는 과정에 RRI가 영향을 미치지 못한 점은 분명한 한계라 할 수 있다. 즉, SPICE는 프로젝트에 연구비 지원 여부를 결정하는 단계에서부터 RRI 거버넌스가 작동해야 함을 잘 보여주는 사례이기도 하다.

3) 영국 공학·물리과학 연구위원회의 RRI 선언

최근 RRI는 개별 프로그램단위를 넘어 기관단위 사업으로 발전하고 있다. 영국 공학·물리과학 연구위원회(The Engineering and Physical Sciences Research Council,이하 EPSRC)는 영국에서 가장 큰 공공 연구비 지원기관 중 하나로 주로 공학과 물리과학 분야의 기초연구를 지원하는 기관이다.

2013년 10월 EPSRC는 RRI 프레임워크를 자신의 연구지원 정책의 일환으로 수용한다고 공식적으로 선언했다. 즉, 연구비 심사과정에 RRI를 중요한 기준으로 포함시켜 성찰, 예견, 숙의/포괄성, 책임 같은 RRI의 핵심적인 측면이 잘 통합된 연구를 지원하도록 하겠다는 것이다.

EPSRC는 홈페이지를 통해 RRI를 지원하는 방안을 제시하고 있는데, ① RRI 능력을 개발하기 위해 연구공동체 내에서 RRI를 성찰·이해·훈련하도록 장려하고, ② RRI적 요소들을 연구과정의 핵심적인 부분으로 포함시키는 실험을 위한 연구비 신청을 환영하며, ③ 현재 주어진 제한된 지식의 범위 아래에서 잠재적인 사회, 환경, 윤리, 규제분야의 도전에 주목하는 한편 연구 초기에 이에 대한 토론의 장을 확대하고, ④ RRI가 연구비 신청서 평가를 포함한 EPSRC 연구전략에서 중요하게 다루어지도록 하며, ⑤ 정부의 정책수립자나 규제 관련 인사들에게 새로운 연구 분야에서 출현하는 쟁점과 기회를 바로바로 알리겠다고 천명하고 있다. 사실 지난 10여 년간 EPSRC는 RRI 개념을 정교하게 가다듬고 실천 가능한 프레임워크로 확장하기 위한 탐색적 연구들을 지속적으로 지원해왔다. 대표적인 것이 앞서 소개한 SPICE 프로젝트의 거버넌스 구조 설계이다.

연구비를 결정하고 지원하는 역할을 담당하고 있었기 때문에 EPSRC는 연구 프로젝트 단위로 RRI를 적용하는 것보다 광범위하게 연구·혁신과정에 영향을 미칠 수 있었다. 일례로 연구비 지원을 결정하는 기준으로 RRI 요소들을 포함시켜 연구자들이 RRI를 보다 진지하게 수용하도록 유도했다. 대표적으로 EPSRC가 지원한 시민과의 대화(public dialogue) 프로젝트는 특정 연구 분야의 우선순위 선정을 두고 시민들이 논의를 벌이도록 했고, 이를 연구비 심사라는 정책결정과 명시적으로 연계했다.

또 다른 예로 EPSRC는 연구비를 신청하는 지원자들에게 위험등록서

(risk register)를 제출하도록 했다. 위험등록서는 RRI 프레임워크 중 성찰과 예견을 제도화한 것으로, ① 혁신과정으로부터 초래될 수 있는 환경·건강·사회 측면의 윤리적 우려를 밝히고, ② 이렇게 밝혀진 각각의 영향이 초래할 위험과 불확실성 정도를 질적으로 평가하며, ③ 프로젝트 구성원 중 누가 이들 위험에 대한 관리를 책임질 것인지 적도록 했다. EPSRC는 연구지원요청서에 이들 위험등록서가 외부 심사위원들에 의해 평가될 것임을 명시했고, 실제로 외부 심사위원들에 의해 평가된 결과는 연구비 지원 결정에서 하나의 기준이 되었다. 물론 연구의 수월성이나 경제적 영향이 주된 심사기준이었지만 위험등록서 평가 역시 이들 기준과 함께 이차적 평가 기준으로 논의된 것이다. 최종적으로 연구비 공여를 결정하는 패널에는 RRI 측면을 평가할 사회과학자가 포함되었다(Owen and Goldberg, 2010).

어떤 면에서 보면 연구비 신청과정에 위험등록서를 제출하도록 한 것은 기존의 위험평가과정을 연구비 심사과정의 일부로 연장한 것으로 이해될 수 있고, 연구의 과정과 결과에 대한 책임만을 다룰 뿐 연구의 목적에 대한 책임은 다루지 못한다는 한계를 지니고 있다. 그럼에도 불구하고 이러한 절차를 도입한 것은 연구자들이 자신이 제안하는 연구가 환경·건강·사회에 미칠 광범위한 영향에 대해 '성찰'하고 '예견'하도록 유도할 뿐 아니라 이를 혁신시스템의 일부로 제도화한다는 점에서 큰 의미가 있다(Owen et al., 2013).

결국 EPSRC는 RRI 프레임워크를 자신들의 연구지원 정책 기조로 공식적으로 선언했다. 연구제안요청서에 RRI 프레임워크가 반영되어야 한다고 명기하고 있으며, 실제로 RRI와 관련된 요소를 연구비 배분과정에 연계시킴으로써 RRI 확산에 크게 기여하고 있다.

4) 네덜란드의 '책임 있는 혁신' 사업

네덜란드의 책임 있는 혁신(Maatschappelijk Verantwoord Innoveren, 이하 MVI) 사업은 명시적으로 RRI를 표방하고 있다. 이 사업은 혁신활동에서의 사회적·윤리적·제도적 측면을 고려하고 실제 사회문제 해결과정에서 과학기술의 역할과 책임성을 제고하기 위해 사업설계 단계부터 RRI를 도입하고 있다. 무엇보다 과학기술이 개인·사회와 어떻게 영향을 주고받는지를 이해하고 분석하는 데 중점을 두었으며, 전 연구혁신 과정에서 사회적·윤리적 요소에 대한 근본적인 질문을 던지고 있다.

MVI는 2008년부터 새롭게 등장한 기술시스템이 사회에 적절하게 안착하도록 과학기술-인문사회 융합연구를 지원하고 있다. 이에 따라 재택 원격진단, 진료기록 첨단화 같은 ICT·NT·BT, 신경과학 등의 기술이 가져오는 긍정적인 효과뿐만 아니라 기술 위험과 사회적 불확실성에 대해서도 연구를 진행하고 있다.

이 사업은 RRI를 구현하기 위해 다음과 같은 다섯 가지 원칙을 강조하고 있다. 첫째, 학제 간 연구이다. 다양한 관련 연구자 간의 협력을 통해 RRI 방안을 다각도로 모색한다. 둘째, 기술 가치화의 추구이다. 이를 위해 기술에 직접적으로 영향을 받는 이해관계자가 패널 등 다양한 형태로 연구활동에 참여하는 기반을 구축한다. 셋째, 윤리적·사회적 측면이 사업 설계 단계에서부터 고려될 수 있도록 한다. 넷째, 사회와의 연계를 강화하기 위해 연구 제안서에 제시된 사회적 측면을 업계, NGO 등이 참여하는 시민사회 패널이 검토한다. 다섯째, 국제 지향성을 추구한다. 개발도상국과의 협력을 포함해 전 세계적으로도 연구 성과를 어떻게 확산시킬 것인가를 고려한다(송위진·성지은, 2013b).

특히 이 사업은 세부과제 심사 및 평가, 운영 및 자문 등 전 과정에서 다양한 위원회를 활용하고 있다. 모든 위원회에는 정부 각 부처와 대학, 기업 등 다양한 배경의 인사가 참여해 과제의 불확실성, 기술의 사회적 활용, 윤리적 가치 등을 평가하며, 이공계, 인문사회계 인사들이 사업 전 과정에 참여하고 있다. 자문위원회에도 과학기술계와 인문사회계가 모두 참여해 기술적 측면과 윤리·사회적 측면을 동시에 평가하는 사전 심사를 수행한다(송위진·성지은, 2013b; 송위진 외, 2013).

MVI 프로그램 가운데 하나가 네덜란드과학연구재단(The Netherlands Organization for Scientific Research: NWO)의 재택원격진료(Telecare at Home, 이하 TH사업)이다. TH사업은 연구의 폭과 범위를 과학기술의 사회적·윤리적 측면까지 확대해 RRI를 구현하는 것을 목표로 한다. TH기술이 보건·돌봄시스템의 근본적인 변화뿐만 아니라 의사·간호사와 환자 간의 관계 변화까지 야기하기 때문에 기술이 실제 사회에 착근될 때 야기되는 사회구조적 변화와 문제점을 파악하는 것이 연구의 초점이었다. 이에 따라 기술시스템뿐만 아니라 돌봄 관행 등 사회시스템 전반을 고려하게 되었다. 사회·윤리 연구의 주안점으로 원격관찰 장치에 의한 감시와 환자-간호사 간의 충돌 문제도 다루어졌다. 온라인 치료와 모니터링 과정에서 야기되는 신뢰문제를 해결하기 위한 네덜란드과학연구재단의 또 다른 연구 프로젝트 '임상 벽을 넘는 의료 신뢰 구축(Medical Trust Beyond Clinical Walls)' 사업과의 연계가 이 과정에서 시도되기도 했다. 이를 통해 환자의 자기관리, 역량 강화, 기준 준수 등에 대한 규범을 형성하고 그 과정에서 나타나는 문제를 해결하기 위해 의료전문가, 기술자, 사회과학자 등이 참여하는 협력 시스템을 구축했다(송위진·성지은, 2013b; 송위진 외, 2013; Schermer, 2009).

MVI는 RRI를 연구의 명칭과 목표로 제시한 첫 국가연구개발사업이다. MVI는 기술영향평가의 주된 관심사였던 연구활동의 결과에 대한 책임을 넘어, 목적과 동기에서의 책임과 과정에서의 책임을 동시에 추구하는 RRI의 특징을 보인다. 초기부터 RRI 요소를 포함하고자 노력하고 있으며, 기술이 가져올 수 있는 다양한 사회적·윤리적 요소를 관련 주체의 직접적인 참여나 과학기술계와 인문사회학계의 융합연구 등을 통해 사전적·과정적·사후적으로 점검하고 구현하려는 노력이 연구혁신활동 전 과정에서 두드러지게 나타나고 있다.

5) 한국의 사회문제 해결형 연구개발사업

사회문제 해결형 연구개발사업은 과학기술의 사회적 책임, 사회적 수요 대응 등을 위해 기존 연구개발시스템 전반을 혁신하고 있다는 점에서 우리나라에서 이루어지고 있는 RRI 대표 사례라 할 수 있다. 이 사업은 건강·안전·환경·재난·교육·주거·에너지·편의 등 일상·사회생활에서 발생하는 다양한 문제를 해결함으로써 생활을 개선하고 삶의 질을 향상시키는 데 목적이 있다. 산업발전, 국가경쟁력 제고 등 경제성장 중심의 틀을 벗어나 사회적 격차 및 양극화 해결, 지속가능발전, 삶의 질 제고 등의 사회적 목표를 명시적으로 제시하고 있으며, 일하는 방식 또한 전향적인 변화를 보이고 있다.

현재 이 사업은 크게 다부처 차원과 과기정통부 주도의 연구개발사업으로 나뉘어 진행되고 있다. 과기정통부에서 시행하는 사업은 첫째, 과학기술을 통해 국민생활과 밀접한 사회문제를 해결함으로써 삶의 질 향상에 기여하고, 둘째, 기술개발과 법·제도, 서비스 전달 등을 연계해 국민이 일상생활에서 체감할 수 있는 제품·서비스를 창출하는 것을 목표로 한다(한국연구재단, 2014).

이 사업은 RRI의 가장 큰 특징인 연구활동의 목적과 동기에서의 책임, 그리고 과정에서의 책임까지 고려하고 있다. 왜 이 연구를 수행하는가, 이 연구를 통해 실질적으로 사회문제 해결에 기여할 수 있을 것인가, 그 과정에서 관련 주체의 참여는 제대로 이루어졌는가에 대한 성찰적 질문을 통해 산업경쟁력을 위한 연구를 벗어나 일반 시민들, 특히 사회적 약자가 경험하는 사회문제를 해결함으로써 더 나은 사회를 만드는 연구가 되고자 한다.

또한 이 사업은 RRI의 숙의/포괄성 요소를 제도화했다. 정부와 소수의 전문가에 의해 문제가 정의되고 해결되는 것이 아니라 연구개발 주체, 기술수요 대상자, 전달체계 조직 등 다양한 주체가 참여해서 혁신활동을 개방적으로 기획하고 추진해가는 참여형 거버넌스가 시도되고 있다. 특히 사업 연구제안서에 사용자 주도형 혁신모델인 리빙랩 방식을 적용하도록 명기하고 이를 과제선정 평가의 한 항목으로 활용함으로써 숙의/포괄성을 제도화했다는 것이 중요한 특징이다.

현재 이 사업은 기존의 연구개발 틀이나 일하는 방식과 부딪치면서 시행착오를 겪고 있다. 새로운 관점과 차별화된 추진체계를 강조하고 있지만 과학기술계 중심으로 진행된 기존 시스템의 관성 및 경로의존성으로 인해 실제 추진 과정에서 어려움을 겪고 있다.

4. RRI의 정책적 함의

지금까지 RRI의 등장배경과 특징을 살펴보고 최근 RRI 요소를 반영해

표 2-3 **RRI를 적용한 사례의 특징 비교**

	사업의 성격	추진체계	주요 RRI 요소
미국 STIR 프로그램	나노연구자와 인문사회학자 간 협력 프로그램	- 미국 NSF와 몇몇 다른 연구기관의 지원으로 진행 - 인문사회 과학자들이 참여하는 일종의 실험실 참여연구로 진행	중간단계의 조절과 결정을 위한 프로토콜을 통해 성찰, 예견, 숙의, 책임 구현
영국 SPICE 프로젝트	기후공학의 실현 가능성 실험	- 영국 국가연구위원회의 지원으로 수행 - RRI가 제시한 방법론적 프레임을 단계별 평가에 반영	단계적 점검제도를 통해 성찰, 예견, 숙의, 책임 구현
영국 EPSRC RRI 선언	공공연구 지원기관의 운영기준 설정	- EPSRC 기관 사업으로 진행 - 연구비 심사 및 프로젝트 선정에 RRI 기준을 적용하는 방식으로 진행	- RRI 개념을 공공연구자금 지원 결정에 적용 - 성찰, 예견, 숙의/포괄성, 책임을 구현한 프레임워크를 발전시킴
네덜란드 MVI 사업	RRI를 명시적으로 표방한 연구개발 프로젝트	- 네덜란드 과학연구재단의 주관으로 진행 - RRI 구현을 위한 주요 원칙 및 추진체계 설계	- 사회와 윤리적 측면을 고려하기 위한 연구개발 추진으로 연구목적의 책임성 구현 - 위원회 구성을 통한 성찰, 숙의/포괄성 적용
한국 사회문제 해결형 연구개발사업	사회문제 해결을 목표로 하는 연구개발사업	- 다부처 연구개발사업 및 과기정통부 주관사업으로 진행 - 산업경쟁력 강화와 기술 획득에 초점을 맞춘 기존 연구개발 사업에 대한 반성	- 수요자 및 목적지향적 연구개발 추진체계 구축 및 연구목적의 책임성 구현 - 사회·기술기획 및 리빙랩을 통한 숙의/포괄성 구현

추진되고 있는 국내외 사례를 살펴보았다. 이 장에서 살펴보았듯 RRI는 개별 프로그램이나 기관에서 조금씩 다른 형태로 나타나는 여러 변화의 움직임을 묶어내는 개념적 틀이자 혁신을 이루어내는 전략적 수단이 되고 있다. 이러한 RRI가 과학기술혁신 및 연구개발에 던지는 정책적 함의를 도출하면 다음과 같다.

첫째, RRI는 기존의 혁신정책 및 연구개발사업을 성찰하고 새로운 대안을 제시하는 방향타 역할을 할 수 있다. 현재 새로운 정책의 틀은 포용적 혁신, 통합형 혁신정책, 수요 기반형 혁신정책, 사용자 주도형 혁신정책,

사회문제 해결형 혁신정책 등으로 구체화되고 있다(성지은 외, 2013). 우리나라는 정부 주도식의 하향식 정책 추진과 기술공급 위주의 정책이 주를 이루어왔기 때문에 기존의 틀을 넘어서기 위한 새로운 노력이 필요하다. RRI는 과학기술의 사회적 책임과 역할을 무엇보다 강조한다는 점에서 기획, 예산, 평가, 하부구조, 생태계 등 기존 연구개발시스템 전반에서 혁신을 불러오는 계기를 마련할 수 있다.

둘째, RRI는 사회적·윤리적 요소에 대한 고려와 사회와의 소통을 촉진하는 방향으로 혁신 거버넌스를 개편하기 위한 중요한 개념적 틀이 될 수 있다. RRI는 기술혁신에 대한 믿음을 버리지 않으면서 기술혁신의 부정적 영향에 대응하는 거버넌스를 갖추려는 노력이다(Fisher and Rip, 2013). 그동안 시민사회뿐 아니라 학계에서도 연구개발에 대한 시각이 계몽주의적 낙관론과 묵시적 우려의 시각으로 나뉘어 있었다. 혁신을 산업경쟁력의 도구로 바라보는 입장은 과학기술에 대한 낙관적인 시각에 매몰되어 있는 반면, 과학기술 민주화, 과학기술시민권, 참여적 과학기술 거버넌스를 강조하는 입장은 과학기술의 부정적 영향에 대한 우려에 기초하고 있다. RRI는 과학기술의 생산적 가치와 부정적 영향이라는 가능성 모두를 동등한 비중으로 끌어안으려는 진지한 시도라는 점에서 앞선 시각들과 분명한 차이를 보인다.

셋째, RRI는 의미 있는 연구개발이 무엇인가에 대한 근본적인 문제 제기와 함께 이를 구현하기 위한 기반을 제공할 수 있다. RRI는 연구개발의 패러다임 전반을 바꾸면서 연구개발 투자 방향 및 전략, 기획 및 평가체계 전반을 원점에서 재검토하는 계기가 되고 있다. 연구자와 기업이 기술적·산업적 가치뿐만 아니라 사회적 가치와 기대, 필요에 대해서도 생각하게 함으로써 새로운 연구와 혁신의 기회를 열 수 있다는 점 또한 주목할 만하다. 따라서 RRI의 이러한 접근방식은 새로운 과학기술 거버넌스 시스템에 대한 연구자, 기술관료, 기업의 저항을 줄이고 이들의 참여를 이끌어낼 가능성이 커 보인다. 우리나라에서도 최근 사회문제 해결형 연구개발사업이 추진되면서 연구를 왜 하는지, 그리고 그 연구가 사회적으로 어떤 의미가 있고 실제로 어떤 사회문제를 해결할 수 있는지에 대한 근본적인 질문이 제기되고 있다.

넷째, RRI는 기존 과학기술자 중심의 폐쇄적인 연구문화를 변화시키는 계기를 마련할 수 있다. RRI는 사회의 가치와 필요에 책임 있게 반응하기 위해 연구·혁신과정이 사회와 통합될 것을 요구하는 한편, 연구자가 공학자인 동시에 사회학자가 될 것을 요구한다. 또 RRI는 시민 참여를 정책결정이라는 정치의 영역에서 연구와 혁신의 과정으로 확장시킨다. 즉, 기존의 참여적 과학기술 거버넌스에서 시민, 이해관계자, 인문사회학자의 역할이 대체로 잠재적인 영향의 '예견'이라는 영역에 국한되어 있었다면, STIR이나 SPICE의 예가 보여주듯 RRI는 참여의 영역을 전 연구과정으로 확대하고 있는 것이다. RRI가 연구자나 일반 시민에게 많은 부담을 주는 것은 사실이지만 연구문화에 커다란 변화를 가져오고 새로운 연구를 불러올 수 있는 잠재력도 그만큼 크다. 그동안 연구개발의 긍정적인 효과와 과학기술자 중심의 폐쇄적인 연구문화 및 환경을 당연하게 인식해왔던 우리나라 상황에서 RRI는 연구의 가치뿐만 아니라 연구환경 전반을 재검토하는 계기를 제공할 수 있다.

03

혁신연구의 관점에서 본 사회혁신론

송위진

최근 '사회혁신'이라는 새로운 개념과 활동이 등장하고 있다. 사회혁신은 교육, 보건복지, 주거, 교통, 에너지, 환경, 노동 등 삶의 현장에서 잘 해결되지 않는 사회문제나 고령화, 청년문제, 기후변화 등 새롭게 나타난 사회문제를 새로운 아이디어와 방법을 통해 해결하는 활동을 지칭한다. 사회혁신은 생활세계에서 발생하는 사회문제를 해결하는 것이 혁신활동의 출발점이기 때문에 경제적·기술적 문제 해결에서 시작하는 비즈니스 혁신이나 산업혁신과는 다른 접근을 취한다.

사회혁신론에는 사회 분야에서 논의되는 사회혁신과 과학기술 분야에서 논의되는 사회혁신, 두 가지 흐름이 있다. 최근에는 양자가 통합되는 경향이 나타나고 있다. 사회 분야에서 전개되고 있는 사회혁신은 기술보다는 새로운 사회관계와 조직방식을 도입해 사회문제를 해결하는 활동에 초점을 맞추며, 새로운 사회관계를 형성해서 사회문제를 해결하는 것을 지향한다. 이를 위해 지역농민의 소득 증대와 안전한 농식품 공급을 위한 로컬푸드, 청년 주거문제를 해결하기 위한 셰어하우스, 디자인적 접근을 통한 안심마을 만들기, 자원순환을 위한 재활용 정거장 사업, 지역 유휴자원을 효과적으로 활용하기 위한 공유경제 등 다양한 실천이 전개되고 있다.

과학기술 분야에서 논의되고 있는 사회혁신은 '사회문제 해결형 기술개발' 활동으로서 산업 육성을 넘어 삶의 질과 지속가능성을 향상시키기 위한 과학기술혁신활동을 지향한다(Kuhlmann and Rip, 2014; 송위진·성지은, 2014). 과학기술을 활용한 사회문제 해결을 목표로 하는 것이다. 새로운 조직과 일하는 방식에 기반을 둔 사회혁신에 대비해 이는 기술 기반 사회혁신이라고도 할 수 있다. ICT를 활용해 사회혁신을 촉진하는 디지털 사회혁신, 기술을 활용해 사회문제 해결을 지향하는 소셜벤처의 등장은 양 흐름을 통합하는 활동이다.

사회혁신은 실천활동을 기술하기 위한 개념에서 출발했지만 최근에는 이를 이론화하기 위한 노력이 활발하게 진행되고 있다. EU는 TEPSIE(The Theoretical, Empirical and Policy Foundation for Building Social Innovation in Europe) 프로젝트를 추진하면서 사회혁신의 이론·경험연구·정책을 연구하기 시작했다.[1] 영국의 네스타(NESTA) 같은 혁신연구·관리 조직에서도 비즈니스 혁신과 사회혁신을 균형적으로 다루면서 사회혁신의 중요성과 특수성을 강조하고 있다(NESTA, 2007a, 2007b; Alex, Juliet and Madeleine, 2015). 국내에서는 서울혁신센터의 '사회혁신 리서치랩'에서 사회혁신과

---

1 www.tepsie.eu에서 관련 연구 성과를 확산하고 있으며 Social Innovation Research Portal (www.siresearch.eu)을 구축해 지식과 정보도 공유하고 있다.

관련된 이론·실천연구를 수행하고 있다(서울혁신센터, 2016). 이러한 연구들은 '혁신=비즈니스 혁신(산업혁신)'이라는 논의를 상대화하면서 '혁신=비즈니스 혁신(사회혁신)'이라는 틀을 제시하고 있다.

이렇게 사회혁신에 대한 이론화 작업이 이루어지고 있지만 아직은 초기 단계이다. 또 비즈니스 혁신·산업혁신 분야에서 이루어진 '혁신연구'의 성과가 효과적으로 활용되고 있지 못하다. 국가혁신체제, 혁신클러스터, 지역혁신체제, 혁신네트워크, 개방형 혁신 등 혁신연구와 정책에서 널리 활용되고 있는 개념과 분석틀도 사회혁신의 관점에서 재해석되면서 활용되고 있지 않다. 비즈니스 혁신·산업혁신과 사회혁신을 차별화하는 과정에서 기존 관점과 거리를 두면서 이런 현상이 나타났다.

그러나 혁신연구가 비록 비즈니스 혁신과 산업혁신에 초점을 맞추고 있다 해도 혁신의 일반적인 특성을 논의하고 있기 때문에 이를 사회혁신론 개발에 활용할 수 있다. 또 지난 40여 년간 이루어진 혁신의 구조, 특성, 과정에 대한 많은 이론적·경험적 연구는 새로운 이론을 개발하는 데 좋은 자양분이 될 수 있다. 혁신체제론, 산업혁신 패턴, 산업혁신의 진화, 동태적 능력, 사회·기술시스템 전환 등 혁신연구의 다양한 개념과 틀은 이론 개발에 상당한 도움이 된다.

이 장에서는 혁신연구의 성과를 활용해서 사회혁신론의 연구영역을 탐색하는 작업을 한다.[2] 먼저 사회혁신의 정의와 특성을 살펴본다. 그리고

---

2 사회혁신에 대한 연구는 혁신연구의 전통뿐만 아니라 사회문제 해결을 지향하는 사회운동론, 사회변동론, 사회적경제론과도 맞닿아 있다. 따라서 이들 논의에서도 사회혁신론의 발전 방향을 탐색할 수 있다. 그러나 이 장에서는 혁신연구의 관점에서 사회혁신론을 확장하는 작업을 할 것이다. 이는 사회혁신론에서 '혁신' 측면에 초점을 맞추어 논의를 한다는 것을 의미한다. 사회혁신론의 '사회' 측면에 초점을 맞춘 논의는 또 다른 연구가 필요할 것이다.

혁신연구의 주요 이슈를 검토해 사회혁신론을 심화시킬 수 있는 연구방향을 검토한다. 이는 사회문제 해결을 지향하는 사회혁신론의 내용을 풍부하게 만들 것이다. 또한 혁신정책에서 사회혁신을 위한 활동과 정책을 깊이 있게 논의하는 기회도 제공할 것이다.

1. 사회혁신의 정의·특성·유형

여기에서는 TEPSIE의 논의를 중심으로 사회혁신의 정의·유형·특성을 논의한다. TEPSIE의 연구는 사회혁신의 다양한 이론적 주제를 폭넓게 다루고 있으며, 혁신연구의 성과를 일부 활용해서 논의를 전개하고 있다(TEPSIE, 2012). 또 연구자, 활동가, 정책결정자를 대상으로 자신들의 연구 성과를 정리해 확산하면서 사회혁신 연구를 선도하는 모습을 보이고 있다. 아직 사회혁신론에 대한 표준적 논의가 등장하지 않은 상황에서 체계화된 연구 성과를 제공하고 있기 때문에 사회혁신론을 논의하는 출발점이 될 수 있다.

1) 사회혁신의 정의와 특성

(1) 사회혁신의 정의

사회혁신의 일반적 정의는 해결되지 않는 사회적 난제와 새로운 사회문제를 해결하기 위해 신규 아이디어를 적용하고 문제 해결 시스템을 구축하는 것이다. 비즈니스나 경제적 목표가 아닌 사회적 목표를 지향하며 이해당사자와 시민사회가 참여한다.

TEPSIE의 논의에 따르면 사회혁신은 사회적 니즈에 대응하기 위한 새로운 접근으로서, 그 목표와 수단이 사회적이다. 사회혁신의 수혜자(시민사회)가 혁신활동에 참여하고 조직되면(mobilize) 수혜자의 자원에 대한 접근성과 영향력이 향상되어 사회관계가 변화된다(TEPSIE, 2014: 14~15).

(2) 혁신일반으로서의 사회혁신

사회혁신은 '혁신일반'의 특성을 지닌다. 따라서 사회혁신은 기존의 방법을 반복하는 것이 아니라 '새로운 것'이다. 세상에 처음 등장한 접근일 필요는 없으나 그것이 적용되는 맥락에서 새로워야 한다. 또한 아이디어나 실험실 수준의 활동이 아니라 현장에서 구현되는 실천적 활동으로, 발명(invention)을 넘어 혁신(innovation)으로서 현실에서 구현되는 활동이다.

사회혁신은 새로운 것을 도입하는 것이기 때문에 긍정적 효과가 있을지 기존 대안보다 나을지를 사전에 파악하기가 쉽지 않다. 또한 사회문제는 복잡하기 때문에 하향식 방식으로 정의되지 않으며 단일의 해결책도 존재하지 않는다. 사회혁신은 문제가 깨끗하게 정의되고 답이 제시되는 일회적인 활동이 아니라 복잡한 문제를 관리하는 일련의 과정이다. 의도하지 않은 결과가 나타날 수도 있다. 사회혁신은 혁신일반과 마찬가지로 사회적으로 유익한 결과를 의도하지만 부정적인 효과를 초래할 수도 있고 이익집단의 담합 같은 의도하지 않은 결과를 낳을 수도 있다(TEPSIE, 2014: 14~15).

(3) 사회적 니즈에 대한 대응

사회혁신은 기존에 충족되지 않았던 사회적 니즈에 대응하는 활동이다. 사회혁신은 새로운 사회적 니즈를 구체화하고 기존에 인지되지 않았던 니즈를 발굴하는 데 도움을 준다(TEPSIE, 2014: 14).

비즈니스를 통한 수익창출이 아니라 사회문제 해결에 초점을 맞추기 때문에 혁신의 의도성이 중요하다. 비즈니스 혁신도 사회문제를 해결할 수 있다. 그러나 사회문제 해결이 핵심 목표가 아니라 수익 확보가 중요한 목적이기 때문에 사회혁신과 차별화된다. 물론 사회혁신도 일정 수준 이상의 수익을 얻는 비즈니스 혁신이 될 수 있다. 그러나 이는 사회문제 해결과정에서 생기는 것으로 부수적인 효과이다. 그리고 그 수익은 다시 사회문제 해결에 투입되기 때문에 산업혁신과 차별화된다.

예를 들어 우버는 온디맨드(on demand) 서비스를 제공하는 혁신을 수행해서 유휴 자동차 자원을 활용하는 사회적 효과가 있지만 또 다른 사회문제를 심화시키고 있다. 수익을 지향하는 비즈니스 혁신이기 때문에 이런 현상이 나타난다. 사회혁신을 지향한다면 적법성 문제, 우버 기사의 불완전 고용문제, 안전문제 등의 이슈에 대한 사회적 차원의 대안을 제시하는 것이 필요하다.

(4) 사회관계의 변화

사회혁신은 시민사회와 취약계층의 자원에 대한 접근성과 영향력을 향상시켜서 사회관계와 행동을 변화시키는 것을 목표로 한다(TEPSIE, 2014: 14~15). 사회문제를 해결하기 위해 새로운 사회관계를 형성하고 이를 바탕으로 사회문제 해결활동을 확대한다.

사회혁신인 로컬푸드의 사례를 보자.[3] 농업과 농촌이 처한 문제는 다음

3 완주에서 구현된 로컬푸드 시스템은 성공적인 사회혁신의 사례로, 많은 지자체가 이를 모방하기 위해 노력하고 있다. 그러나 다른 지역에서는 아직 성공적인 결과를 보여주지 못하고 있다. 사업이 추진되는 맥락이 다르기 때문이다. 우리나라 전체 수준에서 제도화되지는 못

과 같다. 글로벌 농식품 유통체계가 확산됨에 따라 농촌의 소농과 고령농은 파편화된 상태로 농산물 유통체계에서 분리되었고 이로 인해 저소득과 실업상태에 있다. 반면 도시 소비자 및 학생들은 지역 농가와 직접적인 연계가 없어 안전성이 확보되지 않고 유통기간이 긴 외지의 농식품을 구입·섭취하고 있다. 로컬푸드는 소농과 고령농을 조직화하고 지역사회에서 생산자와 소비자의 협력관계를 형성함으로써 지역순환경제 구축(새로운 사회관계 형성), 소농·고령농의 소득 증대, 지역시민의 안전한 농산물 섭취 및 건강 증진(사회적 니즈 충족 및 사회문제 해결)을 꾀하는 것이다.

사회혁신은 일회적인 프로젝트에 그쳐서는 안 되며 이를 확장해 행동과 규범·법·제도로 구체화·제도화되어야 한다. 사회혁신이 제도화되면 또 다른 사회적 니즈가 등장해 다른 내용의 사회혁신이 전개된다.

(5) 시민사회의 참여와 조직화

사회혁신에서는 비즈니스 혁신이나 산업혁신과는 다르게 사회문제 당사자인 최종 사용자 및 시민사회의 참여가 중요하다. 산업혁신에서는 혁신을 활성화하기 위해 산학연 또는 삼중나선(triple-helix)이 강조되지만, 사회혁신에서는 시민사회의 참여와 주도성을 강조하고 있기 때문에 민산학연 또는 사중나선(quadruplehelix)이 이야기된다(TEPSIE, 2014: 21~22).

시민사회의 참여는 현장 지식을 제공하고 사회혁신의 정당성을 향상시킨다. 시민사회는 사회문제를 현장에서 접하는 주체로서 관련 문제를 현실에서 경험하고 있기 때문에 그들이 지닌 암묵지는 사회문제 해결의 중

했지만 로컬푸드 시스템은 지역에서 성공한 사회혁신으로서 새로운 영감과 실험을 불러일으키는 사례가 되고 있다. 로컬푸드의 가능성과 한계에 대한 다양한 논의는 ≪계간 농정연구≫ 제48호(2014)를 참조할 것.

요한 원천이다. 또 시민 참여를 통해 공동으로 문제를 정의하고 해결하는 과정은 사회혁신활동의 정당성과 민주성을 높일 수 있다.

사회혁신은 시민이 참여해서 현장에서 문제 해결에 접근하기 때문에 상향식 혁신의 성격을 지닌다. 대기업이나 정부조직 같은 위계적 조직이 하향식으로 문제를 정의하고 해결하는 것이 아니라 다양한 주체의 네트워크를 바탕으로 상향식으로 문제를 지속적으로 해결해나가는 접근을 취한다.

그러나 시민 참여로 모든 문제가 해결되는 것은 아니다. 따라서 상황에 맞는 방식을 취해야 한다. 문제의 성격, 사회혁신의 배경, 지원시스템 등을 고려해서 상황에 맞는 시민 참여 방법론을 활용해야 한다. 또 담합이나 특정 이익집단에 포획되는 것을 막기 위해 적합한 시민사회 참여자를 선택하는 것도 필요하다.

(6) 사회혁신 생태계 구성

산업혁신을 지속적으로 추진하기 위해 산업혁신 생태계가 필요한 것처럼 사회혁신을 위해서는 사회혁신을 지원하는 조직들과 하부구조로 구성된 사회혁신 생태계를 형성해야 한다. 이들은 혁신의 공급자, 혁신의 수혜자, 정부, 제3섹터, 중간지원조직, 금융·인력 하부구조, ICT, 재생에너지 같은 기술 하부구조 등으로 구성된다(TEPSIE, 2014: 25).

(7) 의의

사회혁신론은 사회문제를 해결하기 위한 정부 주도의 접근과 시장 주도의 접근이 실패한 데 따른 대응이다. 사회혁신은 관료제와 시장을 통해 해결되지 않은 문제나 또는 이로 인해 더 심화된 문제를 해결하기 위해 문

표 3-1 **보건·의료와 관련된 사회문제의 해결 방식**

	관료제를 통한 문제 해결	공공관리와 시장을 통한 문제 해결	공공·영리기업·시민사회가 참여한 거버넌스를 통한 문제 해결
문제 해결 방식	위계적 구조에 따른 제도의 집행	수익 극대화를 지향하는 비즈니스 혁신	사회문제 해결을 지향하는 사회혁신
서비스 사용자	환자	고객	파트너
서비스 니즈 발굴	전문가 판단	수요를 기반으로 하는 전문성	맥락 특수적인 판단 전문가와 시민의 공동작업
공급자	공공부문	공공·영리기업 파트너십/영리기업	공공·영리기업·시민사회의 협력
핵심 개념	공공재	고객의 자유로운 선택	사용 가치

자료: Toivonen(2014)을 일부 수정.

제 상황을 겪고 있는 당사자인 시민사회가 참여해 새로운 방식으로 문제를 해결하는 활동이다.

보건·의료문제의 해결 방식을 예로 살펴보자(〈표 3-1〉 참조). 보건·의료문제는 중요한 사회문제이기 때문에 전통적으로 공공의료체계를 구축해서 문제 해결에 노력해왔다. 관료제에 기반을 둔 의료체계에서는 정부와 전문가인 의사를 통해 공공재인 의료서비스가 제공되었다. 관료제적 틀에서 보면 시민은 정부와 전문가가 제공하는 의료서비스를 수동적으로 수용하는 환자이다. 보편적인 의료서비스가 제공되었지만 시민은 정책결정과 집행과정에 참여하기 어려웠다. 또 서비스 내용이 시민의 요구사항과 괴리되는 양상도 나타났다.

한편 재정문제가 심화되고 서비스의 만족도에 대한 비판이 제기되면서 관료제를 넘어 시장을 통해 의료서비스를 제공하려는 흐름이 등장했다. 시장경쟁을 바탕으로 소비자인 환자의 요구에 적합한 의료서비스를 제공하는 것을 목표로, 공공의료서비스를 민영화하거나 시장논리를 활용한 공공관리론에 따라 서비스를 제공하는 활동이 나타났다. 시장의 틀에서 고객인 수요자의 요구에 대한 대응성은 높아졌지만 보편적 서비스로서의 기능은 약화되었고 시민들 간의 의료서비스 격차가 확대되면서 전체 사회 측면에서 보건·의료문제를 해결하기가 어려워졌다.

이런 상황에서 새로운 사회문제 해결방식으로 시민이 문제 해결의 주체로 참여하는 관점인 사회혁신론이 등장했다. 여기서 시민은 단순 서비스 수용자인 환자를 넘고, 소득을 바탕으로 서비스를 구매하는 소비자를 넘어, 정부·기업·전문가와 함께 의료서비스의 생산과 소비에 참여하는 주체로 참여하게 된다. 보건·의료문제를 파악하고 관리하며 개선하는 파트너로서 참여하는 것이다. 소비자가 생산자가 되기 때문에 수요를 생산과정에 적절히 반영할 수 있으며, 시민이 시민을 돌보는 시스템이 구축되면서 서비스를 보편적으로 제공하고 비용을 절감할 수 있게 된다. 또 이 과정에서 시민의 문제인식 및 해결능력이 향상되면서 참여의 깊이와 폭이 확대된다. 이렇게 되면 정부는 의료서비스를 관료적으로 통제하는 기구나 이를 시장에 맡겨놓고 방임하는 존재가 아니라 시민·기업·병원과 상호학습하면서 새로운 서비스 혁신 실험을 촉진하는 존재가 된다.

사회혁신은 관료제와 시장을 넘어 시민이 참여하는 거버넌스를 통해 관련 주체들과 공동으로 사회문제를 해결하는 새로운 패러다임이라 할 수 있다.

2) 사회혁신의 유형

사회혁신을 대상에 따라 유형화하면 사회문제 해결을 위한 새로운 서비스·제품, 새로운 행동, 새로운 프로세스, 새로운 조직, 새로운 규칙과

표 3-2 **대상에 따른 사회혁신 유형**

사회혁신 대상	특성	사례
새로운 서비스와 제품	사회적 니즈에 대응하기 위한 새로운 서비스와 제품	카셰어링, 제로에너지 주택 개발
새로운 행동	사회문제 해결을 위해 새롭게 요구되는 역할과 행동	시민사회 간의 갈등을 조정하기 위한 공무원의 새로운 역할 정립
새로운 프로세스	시민사회가 참여하는 새로운 서비스의 공동 생산	참여예산제도, 공정무역
새로운 조직	사회문제 해결을 위한 신규 조직 형성	사회적기업, 소셜벤처의 형성
새로운 규칙과 법	사회적 니즈에 대응하기 위한 새로운 법과 규칙 제정	개인예산제도(노인이 복지비용의 사용처를 스스로 결정하는 제도) 도입

자료: TEPSIE(2014: 15, 36)의 논의를 종합.

법의 개발·구현으로 나눌 수 있다.

사회혁신의 층위에 따라 유형화도 가능하다. 사회혁신의 층위는 산업혁신과 마찬가지로 중층적이다. 지역의 노인 돌봄 문제 대응 같은 미시적 수준에서 시작해 노인복지시스템 구축(중범위 수준), 고령화 대응 같은 거시적 문제 대응에 이르기까지 여러 개의 층위가 존재한다.

그동안 사회혁신은 주로 미시적 수준의 혁신에 초점을 맞추어왔지만 이제는 미시적 수준의 혁신을 넘어 이들을 거시적 수준에서 접근할 수 있는 틀이 필요하다. 사회·기술시스템 전환론(socio-technical transition)에 따르면 특정 사회문제 영역에서 미시적 수준의 사회혁신이 확장·확대되고 그 혁신을 보완하는 다른 혁신들이 결합되면서 중범위 수준의 혁신이 이루어진다. 이것이 다른 영역으로 확장되면서 거시적 수준의 시스템 전환이 전개된다(사회혁신팀, 2014; Haxeltine et al., 2013).

수익의 원천에 따라 사회혁신을 유형화할 수도 있다. 사회혁신은 사회문제 해결에 우선성을 둔다. 그러나 사회혁신이 지속가능하기 위해서는 경제적 수입이 뒷받침되어야 한다. 경제적 수입을 확보하는 방식에는 시장형 사회혁신과 비시장형 사회혁신이 있다(TEPSIE, 2014: 26). 시장형 사회혁신은 경제적으로 지속가능한 사업을 전개하기 위해 시장에서 일정한 수익을 확보한다. 비시장형 사회혁신은 공공성이 강하기 때문에 시장을 통한 수익이 적어 기부나 정부보조금 지원에 입각한 사회혁신이다. 범죄자의 사회복귀 지원 사업, 장애인 고용을 통한 사회혁신 비즈니스 등이 그 예이다. 두 가지 유형의 혁신은 모두 중요하다. 이러한 구분은 절대적이지 않으며 시간과 환경에 따라 변화하기도 하고 하이브리드의 형태로 진행되기도 한다.

3) 사회혁신과 다른 혁신의 차이

사회혁신은 혁신의 목적 측면에서는 비즈니스 혁신·산업혁신과 대비되며, 혁신의 대상 측면에서는 기술혁신과 구분된다.

(1) 사회혁신과 비즈니스 혁신·산업혁신

사회혁신은 사회문제를 해결하고 새로운 사회관계와 행동양식을 만들기 위한 의도에서 출발하는 혁신이다. 그러나 사회혁신이 지속가능하기 위해서는 시장·정부·제3섹터를 통해 수입을 확보해야 한다. 비즈니스 혁신·산업혁신에서도 사회문제를 해결하고 사회관계를 긍정적으로 변화시키는 경우가 존재한다. 그러나 이는 이익을 지향하는 혁신과정에서 부수적으로 얻어진 것이다. 공유가치 창출형 혁신(CSV-led innovation)과 같이 중간적인 혁신도 존재한다. 이러한 유형의 혁신은 사회문제 해결을 이익 창출의 핵심으로 보기 때문에 사회혁신과 비즈니스 혁신이 결합되는 양상을 보인다(Porter and Kramer, 2011).

표 3-3 **농식품 분야의 사회혁신과 비즈니스 혁신 비교**

		사회혁신	비즈니스 혁신
목적		사회문제 해결	수익창출
방식	조직·서비스 혁신 (비기술 기반)	로컬푸드 시스템 구축을 통한 지역공동체 활성화	농식품 유통시스템 혁신
	기술혁신 (기술 기반)	ICT를 활용한 로컬푸드 네트워크 고도화 및 지역공동체 활성화	BT를 활용한 식품산업 고부가가치화

자료: 송위진(2015b)을 일부 수정.

(2) 사회혁신과 기술혁신

사회혁신은 주체들의 사회관계와 행동방식의 변화를 통해 사회문제 해결을 지향하는 반면, 기술혁신은 기술시스템의 변화를 통해 기술적·경제적·사회적 문제 해결을 지향한다. 혁신 대상과 방식에서 차이가 있는 것이다. 사회혁신의 경우 기술 기반 사회혁신과 비기술 기반 사회혁신으로 구분하는 경우도 있다. 기술변화 없이 새로운 비즈니스 모델을 통해 사회혁신을 추진하는 경우도 있기 때문이다.

그러나 혁신은 어디에 초점을 맞추고 있든 기술적 측면과 사회적 측면의 변화를 동시에 수반한다. 기술혁신은 기술적 측면의 변화가 주로 이루어지는 혁신이고, 사회혁신은 사회적 측면의 변화가 주로 이루어지는 혁신이라고 할 수 있다. 그러나 기술의 변화는 사회변화를 수반하고(자동화 기술과 실업) 사회변화는 기술변화와 결합되는 경우가 많기 때문에(자원순환 사회혁신과 에너지기술시스템의 변화) 사회변화와 기술변화는 공진화하는 양상을 보인다.

이런 측면에서 볼 때 혁신의 방식 측면에서 사회혁신과 기술혁신을 엄밀하게 구분하기보다는 사회·기술혁신이라는 통합적 관점에서 접근하는 것이 필요하다(사회혁신팀, 2014; Grin, Rotmans and Schot, 2010). 사회·기술시스템 전환론은 이런 관점에서 혁신에 접근하면서 종합적인 논의를 전개한다.

디지털 사회혁신은 ICT를 활용한 디지털 기술을 통해 사회문제를 해결하고 사회혁신을 활성화하는 작업이다. EU는 디지털 사회혁신을 "사회문제, 전 지구적 도전을 해결하기 위해 사람들의 참여시키고 협업과 집단 혁신을 촉진하는 데 디지털 기술을 활용해 새로운 해결책을 찾아내는 것"으로 정의한다(EU, 2015). 디지털 사회혁신은 경쟁과 경제적 이익을 추구하는 중앙집중화된 위로부터의 방식인 기존의 디지털 혁신과 달리 협업과 사회적 가치를 추구하는 분권화된 풀뿌리 혁신의 성격을 지닌다. 가상현실 기술을 활용해 교육 접근성이 떨어지는 취약계층 아동을 대상으로 영어교육 서비스를 저렴하게 제공하는 '마블러스', 빅데이터를 활용해 퇴근이 늦은 직장인을 위한 교통시스템을 개발·운영하고 있는 서울시의 '올빼미 버스' 등도 디지털 사회혁신의 사례이다.

2. 혁신연구의 주요 이슈와 사회혁신론에 주는 시사점

1) 혁신연구의 주요 이슈

혁신연구의 주제는 매우 다양하다. 여기서는 기업, 산업, 국가 단위의 주요 논의를 중심으로 혁신연구를 다룬다. 혁신연구는 지난 40년간 주류경제학과 대립각을 형성하면서 산업혁신에 대한 진화적 접근, 제도적·시스템적 접근을 발전시켜왔다. 또한 여러 경험연구를 통해 혁신의 유형 분석과 혁신의 진화과정을 이론화하고 혁신에 대한 시스템적 접근을 체계화했다(OECD, 1992; Tidd, Bessant and Pavitt, 1997). 혁신체제, 지역혁신체제, 클러스터 등은 혁신연구의 주요 개념으로 관련 연구와 정책의 기초가 되고 있다. 근래의 혁신연구 동향은 파저버그와 모어리, 넬슨(Fagerberg, Mowery and Nelson, 2005)에서 정리하고 있다.

최근에 나타나고 있는 혁신연구의 변화에 대해서는 파저버그와 마틴, 앤더슨(Fagerberg, Martin and Andersen, 2013)과 마틴(Martin, 2016)에서 논의되고 있다. 여기서 중요한 이슈 중 하나는 사회적 과제 해결(사회혁신)을 혁신연구에서 어떻게 수용할 것인가이다. 사회·기술시스템 전환론은 이러한 문제의식을 더 끌고 간 연구로서 사회적 과제 해결을 중심으로 혁신연구와 과학기술학·제도이론을 통합하는 작업을 수행하고 있으며, 사회혁신과 산업혁신, 사회혁신과 기술혁신을 통합적으로 접근하는 양상을 보인다(사회혁신팀, 2014).

다음에서는 혁신연구의 주요 개념과 이슈를 바탕으로 혁신연구가 사회혁신론 연구에 시사하는 바를 정리한다. 〈표 3-4〉에 정리된 내용은 기업·산업·국민경제 수준에서 혁신을 둘러싼 주요 개념과 이슈이다. 각 주제별로 다양한 연구가 진행된 바 있지만 여기서는 관련 개념을 정초하고 새로운 연구방향을 개척한 핵심 연구자의 논의만 다룬다.

2) 혁신의 유형

혁신연구는 선형모델 비판과 혁신유형의 다양화에서 논의를 시작한다. 혁신연구는 실행을 통한 학습, 상호작용을 통한 학습, 탐색을 통한 학습이라는 개념을 도입해 전통적인 선형모델(연구 → 응용 → 실용화)을 상대화하고 있다. 이를 통해 혁신유형을 DUI(doing, Using, Interacting) 모델과

표 3-4 **혁신연구의 주요 개념과 이슈**

	주요 개념 및 이슈
혁신의 정의와 유형	기술학습의 유형(Lundval), DUI·STI형 혁신(Lundvall), 파괴적 혁신(Christensen et al.), 검소한 혁신(Radjou)
(기업) 조직 혁신	동태적 능력(Teece et al.)
(산업) 산업혁신의 진화	변이 - 선택 - 유지와 지배적 설계(Rosenkofp and Anderson), 혁신의 수명주기(Utterback), 새로운 기술혁신체제의 형성(Bergek et al.)
(산업) 분야별 혁신 패턴	분야별 혁신 패턴의 차이(Pavitt), 산업별 혁신체제(Malerba)
(국가) 국가혁신체제	국가혁신체제(Freeman), 국가별 혁신 패턴의 차이(Nelson, Coriat)
(국가) 사회·기술시스템 전환	사회·기술시스템 전환(Geels), 시스템 혁신(OECD)

주: 괄호 안은 주요 연구자임.

STI(Science, Technology, Innovation) 모델로 구분해 각각에 맞는 혁신전략·체제·정책이 필요함을 주장한다(Lundvall, 2008).

새로운 관점에서 혁신을 접근하는 파괴적 혁신(Christensen et al., 2006), 검소한 혁신(frugal innovation)(라드주·프라부, 2016)도 저성장기를 맞아 최근 관심사가 되고 있다. 파괴적 혁신은 기존 주력시장에서 요구하는 성능은 충족시키지 못하지만 가격·편리성·단순함 등을 바탕으로 새로운 시장이나 하위 시장(low-end disruption)의 요구를 충족시키는 혁신이다. 파괴적 혁신을 통해 과거에는 관련 시장에 참여하지 않았던 새로운 소비자가 형성되고, 단순한 기능으로 사용하기 쉬운 저가의 제품과 서비스가 개발되며, 기존 모델과는 다른 새로운 유형의 비즈니스 모델이 만들어진다(Christensen et al., 2006). 검소한 혁신은 저성장기에 지속가능성이 약화되는 환경에서 자원과 비용을 적게 사용하고 혁신 초기부터 사용자가 참여해 지속가능성을 지향하는 혁신생태계를 형성하는 혁신활동이다(라드주·프라부, 2016). 그동안 많은 자원을 투입하는 것이 당연시된 혁신활동에 대해 사용자가 참여하고 기존 자원을 활용하는 새로운 혁신 방안을 제시하고 있다.

사회혁신론에서도 '문제인식 → 분석 → 대안 → 해결' 같은 선형식 혁신모델이 강조되는 경우가 있다. 이에 대한 비판적 논의로 혁신과정에서 이해당사자와의 상호작용적 학습, 실행을 통한 학습, 탐색에 기반을 둔 학습 등 혁신과정의 다양성과 상호작용성에 대한 시각이 필요하다.

파괴적 혁신론과 검소한 혁신론은 사회혁신론에서 적극적으로 활용할 수 있는 이론적 자산이 될 수 있다. 사회적으로 필요하지만 기존 기업들이 관심을 갖지 않는 영역이나, 사용자들의 소득이 적어 구매능력이 떨어지는 영역, 사용자와의 상호작용을 통해 실제 문제 해결을 중시하는 영역, 적은 비용으로 혁신을 추진하는 영역에 초점을 맞춘 이 논의들은 사회혁신의 여러 특성과 부합된다. 조직 수준의 전략들이 잘 개발되어 있는 이 논의들을 활용한다면 사회적 가치와 경제적 가치를 동시에 창출하는 사회혁신론을 풍부하게 만들 수 있다.

3) 조직의 혁신능력

혁신연구는 변화에 대한 대응을 한다. 현재 보유하고 있는 자산과 능력보다 이 자산과 능력을 변화시켜 새로운 자원과 능력을 형성하는 '동태적 능력(dynamic capability)' 또는 혁신능력이 중요하다고 파악한다(Teece, Pisano and Schuen, 1997). 환경의 변화에 지속적으로 대응할 수 있는 능력의 중요성을 강조하고 있는 것이다. 혁신연구에서는 환경변화에 적절히 대응하지 못하면 핵심 경쟁우위 요소가 핵심 경직성이 된다는 점을 지적하고 있다.

동태적 능력의 관점에서 보면, 비록 현재 보유하고 있는 자원과 능력이 부족하더라도 이를 외부 자원과 새로운 방식으로 통합함으로써 경쟁우위를 확보할 수 있다. 이런 측면에서 본다면 자원과 혁신능력이 부족한 중소기업의 경우 자금·인력·지식 같은 자원지원을 넘어 혁신능력을 향상시킬 수 있는 지원정책이 필요하다. 또 문제 해결을 위한 기획능력의 향상, 네트워크 구축 및 운영능력의 향상 등에도 관심을 기울일 필요가 있다.

사회혁신에서도 동태적 능력과 혁신능력의 중요성을 강조할 필요가 있다. 현재 보유하고 있는 자금·인력·지식보다 그 같은 자원을 새롭게 결합해서 사회문제를 해결하는 능력으로서 동태적 능력과 혁신능력이 중요하다. 사회혁신을 위한 자원이 부족하더라도 내외부의 자원을 새로운 방식으로 결합해 새로운 자원을 창출하는 능력이 관건이다. 연대와 네트워크가 강점인 사회혁신 조직의 경우 동태적 능력과 혁신능력은 더욱 중요하다. 사회혁신 조직의 부족한 자원(자금·인력·지식)을 지원해주는 하부구조와 사업이 있다 하더라도 사회혁신조직이 그것을 통합해 새로운 자원과 활동을 창출하는 동태적 능력이 부족하면 소기의 성과를 얻을 수 없다.

같은 맥락에서 사회혁신론에서 중요한 역할을 수행하는 중간지원조직의 경우(김종선 외, 2015)도 사회혁신 조직에 자원을 연계하는 활동뿐만 아니라 사회혁신 조직의 동태적 능력 함양에도 초점을 맞출 필요가 있다.

4) 산업혁신의 진화

(1) 진화적 과정을 통한 지배적 설계의 등장

혁신연구는 진화론적 관점에서 산업혁신의 전개과정을 파악한다. 산업혁신은 다양한 기술적 대안 중에서 지배적 설계(dominant design)가 등장하는 진화적 과정을 거친다. 변이 - 선택 - 유지의 과정을 통해 특정 기술이 지배적 설계가 되는 것이다(Tushman and Rosenkofp, 1992). 어터백은 산업혁신의 진화과정에서 다양한 대안이 제시되고 서로 경합하는 유동기, 이행기, 선택된 대안이 지배적인 위치가 되는 경화기로 산업의 진화단계를 구분하고 있다(Utterback, 1994).

한편 산업혁신은 기존 패러다임 내에서 지배적 설계가 등장하는 점진적 혁신과정을 거쳐 새로운 패러다임이 등장하는 급진적 혁신을 경험하게 된다(Dosi, 1982; 1988). 탄소 기반의 중앙집중형 에너지 패러다임에서 점진적 혁신이 진행되다가 재생에너지 기반의 분권형 에너지 패러다임이 등장함에 따라 급진적 혁신이 진행되면서 에너지 분야의 혁신이 진화하는 것이다.

사회혁신도 사회문제를 해결하기 위한 다양한 대안을 찾고 적용하는 과정이기 때문에 변이-선택-유지라는 진화적 과정을 거친다. 로컬한 차원에서 이루어지는 다양한 혁신은 문제 해결을 위한 변이들을 창출하는 활동이며 이 과정에서 지배적 설계가 등장한다. 국지적 차원에서 이루어지는 혁신이 서로 융합되고 보완되면서 지배적인 모델로 발전해 사회시스템을 변화시키게 된다.

또 지배적인 사회혁신 모델이 등장하고 널리 활용되어 사회시스템의 변화를 가져온 후 또 다시 사회문제 해결 방안을 재구성하면서 패러다임적 변화를 추구하는 급진적 혁신이 등장하게 된다. 최근 활발히 전개되는 사회혁신의 양상은 기존 시스템을 재구성해 새로운 패러다임을 지향하는 혁신의 모습을 보인다고 할 수 있다.

(2) 새로운 혁신체제의 등장 과정

탄소 중심의 에너지 기술체제에서 풍력이나 태양광 같은 재생에너지

기술체제가 등장하는 과정은 새로운 패러다임에 입각한 기술시스템이 만들어지는 것으로 볼 수 있다. 베르게크 외(Bergek et al., 2008)는 새로운 시스템이 등장하기 위해서는 그 기술을 널리 보급하는 기업가 활동, 기업가 활동을 지원하는 새로운 지식의 개발과 확산, 기술개발 방향을 제시해주는 활동, 새로운 시장 형성, 자원동원과 정당성 창출 등이 필요함을 지적하고 있다. 베르게크 외는 이들 활동이 서로 상호작용하면서 새로운 기술시스템이 사회에 안착할 수 있다고 주장한다.

사회혁신이 등장해 기존 사회시스템을 재편하는 활동이 전개되기 위해서는 사회혁신을 추진하고 지원해주는 생태계와 새로운 활동이 필요하다. 사회혁신을 직접적으로 추진하는 사회혁신 조직, 관련 지식을 공급하고 확산하는 조직, 자원의 동원, 정당성의 확보 등은 새로운 시스템을 구성하는 핵심적 요소이다.

최근 서울혁신파크 같은 사회혁신 클러스터가 형성되고 있는데, 이러한 사회혁신 클러스터가 튼튼한 생태계로 진화하기 위해서는 앞서 지적한 기능과 활동의 취약점을 파악하고 이를 보완하는 전략이 필요하다.

5) 분야별 혁신 패턴

파빗(Pavitt, 1984)과 말러바와 오세니고(Malerba and Orsenigo, 1993; 1997) 연구에서는 분야별 혁신 패턴(Sectoral Pattern)을 다루는데, 이들은 분야별로 혁신이 전개되는 방식이 다르다는 것을 지적한다. 기술적 특성에 따라 혁신의 기회, 혁신의 전유방식, 지식의 누적성 등이 산업분야별로 다르기 때문에(기술체제의 구성: 독립변수) 각 분야에서 전개되는 기업의 혁신활동, 혁신 패턴, 지리적 분포 등의 차이가 존재(종속변수)한다고 주장하

그림 3-1 **산업분야별 기술혁신 패턴에 대한 가설**

기술체제(독립변수)*		산업부문 기술혁신활동의 패턴, 혁신활동의 지역적 분포(종속변수)
• 기회조건(opportunity conditions): 탐색활동에 단위자원을 투자했을 때 혁신이 일어나기 용이한 정도 • 전유조건(appropriability conditions): 혁신을 경쟁자의 모방으로부터 방어하고 혁신활동에서 수익을 획득할 수 있는 가능성 • 기술지식의 누적성(cumulative conditions): 현재의 혁신 및 혁신활동이 미래의 혁신에 토대가 되는 정도 • 지식기반의 성격(knowledge base): 기업의 혁신활동이 기반을 두고 있는 지식의 성격	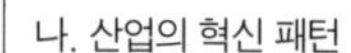	가. 기업의 혁신행동 - 기업의 기술전략, 조직구조 나. 산업의 혁신 패턴 - 산업에서 혁신활동의 집중도와 기업규모 - 산업에서 혁신활동의 동학 다. 혁신의 지리적 패턴 - 혁신활동의 지역적 집중·분산도

* 기술체제는 기업의 기술혁신활동을 규정하는 기술적 환경으로서 기술혁신을 특정 방향으로 이끎.
자료: Malerba and Orsenigo(1993; 1997)를 바탕으로 정리.

고 있다. 그리고 기업의 혁신전략과 정책도 산업 분야의 특성에 맞게 구성되어야 한다는 점을 강조한다.

분야별 혁신 패턴에 대한 논의를 사회혁신에 도입한다면 보건·의료 분야, 자원순환, 주거·교통 분야, 농식품 분야와 같은 생활의 영역(social function)에서 이루어지는 사회혁신의 차이를 다룰 수 있다. 좀 더 이론적으로 접근한다면 이러한 분야별 차이를 가져오는 요인(독립변수), 분야별 차이가 나타나는 양상(종속변수) 등을 밝힐 수 있다.

가령 사회·기술체제의 개념을 확장해서 사회문제의 성격과 혁신의 기회, 지식의 누적성, 거버넌스, 경제적 수익 가능성 등을 체제를 구성하는 요소로 설정하고 이로 인해 나타나는 각 분야의 사회·기술혁신활동의 속도, 범위, 방향을 다루는 논의가 가능하다. 새로운 사회·기술체제의 혁신 패턴을 다루면서 시스템 전환을 위한 혁신전략을 구체화하는 작업도 이런 방식을 통해 접근할 수 있다.

6) 국가 수준에서 전개되는 혁신활동의 차이

제도주의적 접근을 하는 혁신연구에 따르면 국가적 수준에서는 혁신 관련 제도의 차이로 인해 국가별 혁신활동이 서로 다른 모습을 보인다. 코리아와 바인슈타인은 앵글로색슨형 혁신체제와 독일형 혁신체제를 구분함으로써 혁신이 이루어지는 방식에 차이가 있음을 지적한다(Coriat and Weinstein, 2004).

이런 관점을 도입하면 사회혁신도 미국과 영국의 자유시장형 사회혁신체제에서 이루어지는 활동과 조정경제 사회혁신체제에서 이루어지는 활동의 내용이 달라진다.[4] 같은 맥락에서 국가 주도의 조정경제 전통과 자유시장형 모델이 결합된 한국 혁신체제에서의 사회혁신도 선진국과 차별화된 형태를 띨 것이다(이병천, 2011). 또 복지국가의 경험이 없고 시민사회가 취약한 우리나라에서 이루어지는 사회혁신은 복지국가를 경험하고 시민사회가 활성화된 선진국의 사회혁신과 내용이 다르다.[5] 현재 이루어지고 있는 사회혁신활동의 특성을 파악하기 위해서는 이처럼 한국 혁신

---

4 물론 사회혁신체제를 구성하는 요소는 산업 중심의 혁신체제와 같지 않다. 그렇지만 혁신활동이 조직되는 데 영향을 미치는 제도와 요소는 유사한 점이 많다. 사회혁신의 주요 주체와 제도, 활동은 앞서 살펴본 사회혁신 생태계에 대한 논의를 참조.

5 사회적경제를 중심으로 살펴보면 서구에서는 복지국가가 쇠퇴함에 따라 이를 보완하기 위한 논의로 사회적경제론이 부상했다. 그러나 한국은 복지국가를 아직 형성하지 못했기 때문에 사회적경제에 대한 논의가 복지국가 형성과 동시에 전개되는 특징이 있다(신명호, 2014). 최나래·김의영(2014)은 자본주의의 다양성 관점에서 자유시장경제인 영국과 조정시장경제인 스웨덴을 비교하면서 각국의 경로의존성에 따라 사회적경제가 다양하다는 사실을 밝힌 바 있다.

체제의 특성을 반영해서 이론화할 필요가 있다.

한편 국가별 혁신활동의 차이에 대한 논의에서는 현재의 혁신활동과 체제의 특성을 검토하면서 왜 각 국가별로 특정 영역을 중심으로 특정한 방식으로 혁신이 이루어지는가를 다룬다. 그렇지만 이런 구조적 접근 때문에 현재 시스템의 한계에 대한 논의와 그 한계를 넘어서는 시스템 혁신의 전망을 담고 있지는 못하다. 현재의 구조가 이런 특성을 지니고 있기 때문에 사회혁신이 현재와 같은 모습을 띤다는 분석에 그치게 된다. 이런 맥락에서 구조적 제약을 뛰어넘는 시스템 전환을 논의하는 작업이 필요하다. 다음에서 살펴볼 사회·기술시스템 전환론은 그런 작업을 수행하는 논의이다.

7) 사회·기술시스템 전환

사회·기술시스템 전환론에서는 사회와 기술은 사회·기술시스템을 구성하는 요소로서, 서로 분리될 수 없는 존재라고 간주한다. 이는 혁신과정에서 사회혁신과 기술혁신이 통합되어 사회·기술혁신으로 진행된다는 것을 의미한다. 또 전환론은 현재의 사회·기술시스템은 지속가능하지 않기 때문에 지속가능한 사회·기술시스템으로 전환되어야 한다고 주장한다. 경제와 환경보호, 사회통합이 구현되는 시스템 혁신을 주장하면서 사회혁신과 비즈니스 혁신을 통합적으로 접근하고 있다. 전환을 위해서는 이를 구현하기 위한 중·단기 프로그램(전환실험)을 추진해야 한다. 이를 통해 새로운 사회·기술시스템의 맹아가 심화·확장·확산되어 시스템이 전환되기 때문이다(사회혁신팀, 2014).

사회혁신론의 관점에서 본다면 사회·기술시스템 전환론은 사회혁신과

그림 3-2 **사회·기술시스템의 전환 과정**

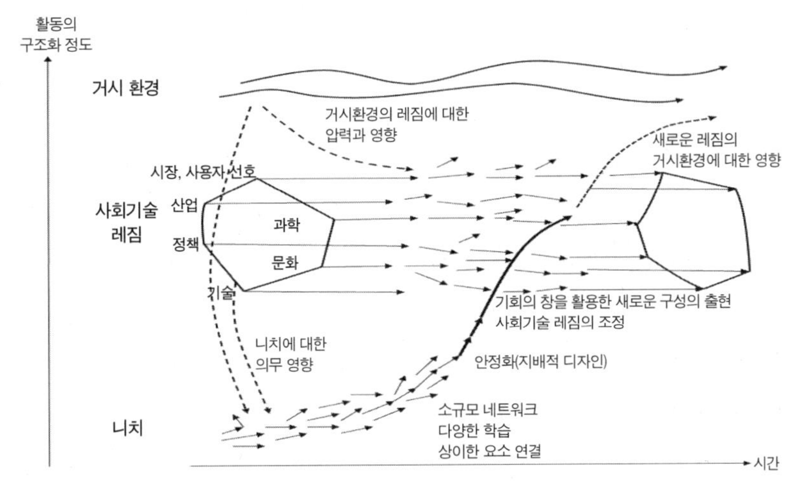

자료: Geels(2004).

기술혁신을 통합해 사회·기술혁신의 관점에서 접근하며, 사회혁신과 비즈니스 혁신의 결합을 통해 장기 시스템 전환을 지향하는 논의를 가능하게 해준다. 또 시스템 전환의 관점을 도입해 미시·중범위·거시 수준의 사회혁신을 통합적으로 해석하는 계기도 제공한다. 로컬에서 다양하게 이루어지는 사회혁신활동을 시스템 전환을 위한 니치실험으로 파악하고 이를 심화·확장·확산하기 위한 연계 사업을 수행할 수 있다.

핵설틴 외(Haxeltine et al., 2013)는 자신들의 논의를 '전환적 사회혁신론(transformative social innovation)'으로 명명하면서 시스템 전환론을 바탕으로 사회혁신의 진화과정을 이미 논의하고 있다. 이런 작업을 통해 로컬 수준에 고착되기 쉬운 사회혁신을 지속가능한 시스템으로의 전환이라는 장기비전과 거시변화의 전망 속에서 살펴볼 수 있다. 작은 실험이지만 시스템 전환을 염두에 둔 사회혁신을 추진하고 이를 심화·확장·확산하는 전략을 탐색하게 한다.

3. 맺음말

한국사회는 경제성장을 이룩했지만 고령화, 양극화, 청년문제, 환경·에너지·안전문제 등 사회문제가 심화되고 있다. 경제가 성장하면 여러 사회문제가 자연스럽게 해결될 것이라던 전망과 달리, 오히려 사회문제가 확대되고 있으며 그동안 접하지 못한 새로운 문제도 등장하고 있다. 이에 대응하기 위해서는 사회문제 해결을 혁신활동과 정책의 중요한 의제로 삼아야 한다. 사회혁신론은 그러한 논의라고 할 수 있다. 따라서 기술·경제문제 해결에 초점을 맞춘 산업혁신과 차별화된 사회문제 해결을 지향하는 사회혁신을 독립적으로 논의할 필요가 있다.

앞에서 살펴본 바와 같이 사회혁신론은 사회문제 해결에 대한 새로운 시각을 제시하고 있다. 즉, 관료제를 통한 사회문제 해결의 실패, 시장을 통한 사회문제 해결의 실패를 넘어 시민사회의 참여를 통해 새로운 아이디어를 구현하는 사회문제 해결 방식을 지향한다. 사회혁신은 공공조직의 경직성, 시장 시스템에서 사회적으로 필요한 활동의 과소공급, 시민사회조직의 문제제기형 비판전략을 넘어 시민사회가 적극적으로 참여하는 거버넌스를 통해 문제를 해결하기 위한 대안을 탐색·구현하는 활동이라고 할 수 있다.

사회혁신론은 사회문제 해결을 위한 과학기술을 논의하는 데에서도 산업혁신을 넘어서는 새로운 관점과 시야를 제공한다. 사회혁신의 관점에서 과학기술을 활용한 사회문제 해결형 혁신활동을 파악함으로써 새로운 과학기술혁신활동과 정책영역을 형성할 수 있다.

그러나 사회혁신론은 기존에 축적된 혁신연구의 논의를 적극적으로 활용할 필요가 있다. 이 장에서는 혁신연구의 성과를 활용해 사회혁신론의 논의를 풍부하게 만들 수 있는 이슈와 시사점을 검토했다. 앞으로 각 주제별로 좀 더 깊이 있는 논의와 경험연구가 필요하다.

04

'사회문제 해결을 위한 과학기술혁신' 연구의 현황

송위진

2000년대 들어 사회적 도전과제에 대한 대응이 혁신정책의 주요 이슈로 등장하고 있다. 전 세계적으로 양극화, 기후변화, 안전문제, 환경·에너지 문제가 정책 의제가 되면서 이에 대한 대응이 요청되고 있기 때문이다.

EU는 2009년 룬드선언을 발표해 특정 분야 기술개발에 초점을 맞추던 틀을 넘어 사회적 도전과제 중심으로 연구를 추진해야 한다고 천명했다. 이를 계승한 호라이즌 2020 전략에서는 사회적 도전과제 대응을 중요한 연구영역으로 설정하고 상당한 예산을 배정하고 있다. 또 연구개발을 추진하는 과정에서 지켜야 할 규율로 RRI 개념을 제시했다. 여기서는 혁신 그 자체가 좋은 것이라는 관점을 비판하면서 혁신은 수단이며 사회를 위한 '좋은 혁신(good innovation)'이 필요함을 강조하고 있다(Soete, 2013). 또 '세계 최고의 과학'보다는 '세계를 위한 최고의 과학'을 연구해야 한다

는 점을 주장하고 있다.[1]

사회문제 해결을 위한 혁신정책에 대한 연구도 2010년대 들어 본격화되고 있다. 우선 3세대 혁신정책(EU, 1999; Smits, Stefan and Shapira, 2010), 혁신정책 3.0(Schot, 2016; Schot and Steinmueller, 2016) 같은 새로운 논의가 등장했다. 이들은 삶의 질 향상과 지속가능성을 지향하는 논의를 세 번째 단계의 혁신정책이라고 파악한다. 과학기술 중심, 산업 중심의 혁신정책을 넘어 사회 중심의 혁신정책이 논의되고 있는 것이다. 특히 혁신정책 3.0 논의는 우리 사회가 접한 사회문제를 해결하기 위해서는 심도 깊은 변화가 필요하다고 주장한다. 같은 맥락에서 전환연구도 시스템 전환을 주장하면서 사회·기술시스템의 혁신을 논의한다. 이처럼 사회문제 해결을 위한 혁신이론과 정책이 주요 연구 분야로 등장하고 있다(Grin, Rotmans and Schot, 2010; Loorbach, 2007).

우리나라에서 사회문제 해결을 목표로 하는 혁신은 혁신정책의 잔여적 범주나 레토릭으로 다루어져왔다. 과학기술혁신정책은 출발에서부터 산업 육성에 초점이 맞추어져 있었고 이를 위한 제도와 문화, 이해관계자가 형성되어 있었기 때문이다. 2000년대 초반부터 과학기술기본계획 같은 장기계획이나 미래 전망에서 사회문제 대응이 정책의 범주로 논의되었지만 연구개발사업이 추진되어 자원이 배분되는 경우는 드물었다.

그러나 2010년대 들어 예산이 배분되는 사회문제 해결형 연구개발사업이 본격적으로 추진되기 시작했다. 2012년 대통령선거 국면에서 경제민주화와 복지가 핵심의제로 등장하면서 그것이 연구개발사업에 반영되고

---

1 이 말은 모르텐 외스테르고르(Morten Østergaard) 덴마크 고등교육연구부 장관이 2012년 4월 23일 덴마크 오덴세에서 열린 '대화의 과학' 컨퍼런스 개막식 연설에서 한 것이다. 이는 사회에 책임지는 과학, 사회문제 해결형 혁신의 특성을 잘 드러낸 말로 널리 회자되고 있다.

구체화되었기 때문이다. 현재 범부처 사업으로 '과학기술 기반 사회문제 해결 종합실천계획', 과학기술정보통신부의 '사회문제 해결형 기술개발사업' 등이 추진되고 있다.

이렇게 국내외에서 나타나고 있는 변화는 새로운 이론 개발을 요청하고 있다. 사회문제 해결형 혁신과 정책은 산업혁신과 비교할 때 혁신의 목표, 추진방식, 생태계가 다르다. 현상을 정확히 이해하기 위해서는 산업혁신에 초점을 맞춘 혁신체제론을 넘어 사회문제 해결을 중심으로 하는 새로운 접근과 논의가 필요하다. 또 자신의 정체성을 반영한 이론적 틀을 구축해야 관련 정책도 제대로 추진될 수 있다.

이 장은 이를 위한 기초 작업으로서 사회문제 해결의 관점에서 과학기술 혁신을 논의한 기존 연구를 검토하고 향후 연구의 발전 방향을 다룬다. 검토 대상은 ≪기술혁신연구≫, ≪기술혁신학회지≫, ≪과학기술학연구≫ 등 혁신연구 학술지 및 유관 학술지에 게재된 논문과 해외 학술지에 실린 관련 논문, 전문 저서이다. 연구가 초기 단계이기 때문에 서지학적 접근을 통해 관련 논문을 통계적으로 분석하기보다는 주요 논문을 중심으로 논의의 내용과 특징, 과제를 검토하는 방식으로 서술할 것이다.

이 장에서는 사회문제 해결형 혁신을 혁신이론과 정책에 접근하는 새로운 틀로 파악한다(송위진, 2015a). 사회문제 해결형 혁신을 특정 분야에서 적용되는 활동으로 인식하는 것이 아니라 혁신과 정책을 보는 새로운 프레임으로 접근하는 것이다. 따라서 새로운 관점, 모델, 방법론의 관점에서 혁신을 논의하고 기존 혁신이론과 정책 이슈들을 새롭게 해석하며 신규 연구영역을 제시하는 작업을 할 것이다. 특정 연구주제나 영역에 한정되지 않고 새로운 프레임으로서 갖추어야 하는 이론의 정체성, 연구 분야, 연구 주제를 탐색할 것이다.

과거 혁신이론의 진화과정에서 2세대 모델인 혁신체제론은 1세대 모델인 선형모델을 특수 분야의 이론으로 상대화하면서 기존 이론과 정책을 재해석하고 새로운 관점과 이론, 연구 영역을 제시했다(송위진·성지은, 2013a: 제1장). 이 장에서는 이런 접근을 취해 3세대 모델인 사회문제 해결형 혁신론 또한 기존 혁신이론을 상대화하면서 새로운 관점과 이론, 연구영역을 개발하는 역할을 할 것이라는 전망하에 논의를 전개할 것이다.

글의 구성은 다음과 같다. 우선 1절에서는 기존에 수행된 사회문제 해결형 혁신에 대한 연구를 정리한다. 여기서는 새로운 프레임으로서 혁신이론과 정책을 구성하는 데 필요한 혁신 수행방법론과 혁신을 바라보는 새로운 관점을 다룬 논의들을 검토할 것이다. 2절에서는 주요 이슈와 향후 연구방향을 다룬다. 여기서는 기존 연구에서 다룬 이론들을 세련화하기보다는 그동안 충분히 다루어지지 않은 이슈와 연구영역을 검토한다. 사회문제 해결형 혁신에 대한 연구가 초기 단계이므로 연구의 질적 심화보다는 연구 영역과 주제를 확장하는 작업이 더 중요하기 때문이다. 맺음말에서는 이처럼 새로운 이론 형성 작업이 갖는 의미를 평가할 것이다.

1. 연구의 현황

1) 혁신을 바라보는 새로운 관점으로서의 사회문제 해결형 혁신

(1) 수행되지 않은 과학

우리나라의 혁신정책은 산업발전과 경제성장에 초점을 맞추어왔다. 이 때문에 사회문제 해결형 혁신에 대한 정부와 민간의 관심은 크지 않았다.

사회적으로 필요한 연구개발이었지만 기업의 수익창출에 기여하지 않는 탓에 자원이 배분되지 않았던 것이다. 이로 인해 사회적으로 의미는 있지만 '수행되지 않은 과학기술' 영역이 존재한다(Hess, 2007).

한재각·장영배(2009)는 과학기술학연구(STS)에서 논의된 수행되지 않은 과학기술의 개념으로 아토피와 근골격계 질환의 사례를 분석하고 있다. 수행되지 않은 과학기술은 일종의 사회문제 해결을 위한 과학기술 분야이다. 생활공간과 노동공간에서 발생하는 위험과 질병은 삶의 질에 결정적인 영향을 미치는데도 산업발전을 중심으로 과학기술혁신활동이 진행되면서 그에 대한 자원배분과 혁신활동이 수행되지 않은 것이다. 반도체 공정에서 화학제품에 노출되고(김종영, 2017: 1~2장) 가습기 살균제 때문에 많은 희생자가 발생하기 전까지는 과학기술 연구가 거의 이루어지지 않았던 것도 이런 상황을 반영한다.

수행되지 않은 과학기술에 대한 연구는 기술발전으로 인해 발생하는 위험과 생활영역에서 발생하는 사회문제에 대한 연구의 필요성을 환기시킨다. 그리고 과학기술계의 관점이 아니라 시민사회의 관점에서 과학기술 활동이 필요한 영역을 탐색하는 접근이라고 할 수 있다. 과학기술의 최종 사용자인 시민사회의 관점에서 혁신을 바라보는 통로를 연 것이다.

(2) RRI

2010년을 전후로 EU에서 등장한 RRI에 대한 연구는 과학기술 활동을 통한 사회의 주요 과제 해결, 그 과정에서 발생할 수 있는 기술위험에 대한 사전 대응을 강조한다. 과학기술의 사회적 구성과정을 탐구해온 과학기술학 논의와 혁신연구를 통합한 RRI론은 과학기술 활동에서 개방·성찰·참여를 핵심어로 내세우면서 EU의 과학기술혁신을 가이드하는 중요한 원리가 되고 있다. 2014년에는 RRI를 전문적으로 다루는 학술지 ≪저널 오브 리스폰서블 이노베이션(Journal of Responsible Innovation)≫이 창간되었으며, RRI를 구현하는 데 필요한 다양한 방법론을 정리하고 서비스하는 사이트(www.rri-tools.eu)도 만들어져 공무원, 시민사회, 연구자들의 RRI 구현활동을 지원하고 있다.

RRI에 대한 논의는 연구를 위한 연구, 산업을 위한 연구를 넘어 사회에 책임지는 연구를 지향하면서 혁신활동의 새로운 지향점을 제시한다. 또한 기존과 다른 프레임에서 연구개발과 혁신활동을 접근하고 이를 현실에서 구현하기 위한 구체적인 프로그램을 다루고 있다.

(3) 사회적 도전과제 대응을 위한 혁신정책

최근에는 새로운 유형의 혁신정책으로서 사회문제 해결형 혁신정책을 다루기도 한다. EU는 1998년 한 보고서를 통해 산업혁신 중심의 혁신정책을 반성하면서 사회적 과제의 해결에서 출발하는 혁신정책을 다루었다(EU, 1998). 여기서는 과학기술 자체의 발전을 지향하는 1세대와 산업의 경쟁력 강화를 지향하는 2세대의 혁신정책을 넘어 사회발전을 지향하는 3세대 혁신정책을 논의했다. 이 보고서는 1세대를 대표하는 바네바 부시의 저서 『과학, 끝없는 프론티어(Science, The Endless Frontier)』를 패러디해 『사회, 끝없는 프론티어(Society, The Endless Frontier)』를 주장하면서 사회발전을 혁신정책의 최우선 목표로 설정하고 있다.

이는 혁신정책의 이론화 작업을 촉발시켰다. 그동안 혁신연구에서 기업의 혁신활동과 혁신체제에 대한 연구는 활발히 진행되어왔지만 정부의 역할과 기능에 대한 논의는 상대적으로 부진했다. 그러나 과학기술과 사회발전에 대한 새로운 관점이 제시되면서 혁신정책론에 대한 논의가 활발해지고 있으며, 사회적 측면이 강조되면서 정부의 역할에 대한 논의 또한 새롭게 이루어지고 있다. 혁신정책 교과서인 스미츠와 스테판, 샤피라의 저서(Smits, Stefan and Shapira, 2010)는 세 세대에 걸친 혁신정책의 진화과정과 3세대 혁신정책의 특성을 다루고 있다. 과학정책연구소(SPRU) 소장인 쇼트(Schot, 2016)와 쇼트와 스테인뮬러(Schot and Steinmuller, 2016)의 혁신정책 3.0 논의도 같은 맥락이다. 여기서는 혁신정책의 목표가 성장을 넘어 경제발전·사회통합·환경보호가 융합된 지속가능성으로 진화하고 있음을 강조한다. 이러한 논의들을 바탕으로 '사회적 도전과제 대응을 위한 혁신정책(Challenge-driven Innovation Policy)'이 새로운 개념으로 등장하고 있다.[2]

국내에서도 이런 관점들이 2010년을 거치면서 본격적으로 다루어지기 시작했다. 김왕동·성지은·송위진(2013)에서는 사회문제 해결과 경제성장에 통합적으로 접근하는 논의를 검토하면서 사회문제 해결을 혁신정책의 주요 목표로 제시하고 있다. 송위진(2016)은 사회문제 해결형 혁신의 관점에서 산업혁신, 지역혁신, 거버넌스, 연구개발사업 같은 정책요소들을 재해석하면서 혁신정책의 프레임 전환을 주장하고 있다.

(4) 사회혁신론

그동안 사회문제 해결과 혁신을 연결시키는 논의는 사회적기업이나 비영리조직의 문제 해결활동을 다루는 '사회혁신'론에서 다루어왔다(멀건, 2011; 김병권, 2017; TEPSIE, 2012, 2014). 이들은 새로운 아이디어를 활용해

---

2 *International Journal of Foresight and Innovation Policy*(2016), Vol.11, Issue 1-3에서는 이 주제를 특집으로 다루고 있다. *Research Policy*(2012), Vol.41도 사회적 도전과제에 대응하기 위한 혁신정책을 특집 주제로 논의하고 있다.

기존 사회관계를 재편하면서 사회문제를 해결하는 활동의 필요성과 과정들을 분석하고 있다(장용석 외, 2015).

사회혁신론에서는 기술혁신을 중요하게 고려하지 않았는데 최근에는 사회혁신과 과학기술을 결합하면서 기술 기반 사회혁신, 디지털 사회혁신을 논의하고 있다. 이는 그동안 분리되어왔던 사회혁신론과 기술혁신 연구를 연계하는 계기를 만들고 있다(송위진, 2016b). 최근에 와서는 기술혁신연구에서도 사회혁신을 본격적으로 다루기 시작했다(Van der Have and Rubalcaba, 2016). ICT와 결합되어 추진되는 디지털 사회혁신은 기술 기반 사회혁신의 대표 주자가 되고 있다(김종선 외, 2016; EU, 2015).

기술 기반 사회적기업에 대한 논의는 사회혁신론을 활용해서 전개되어 왔다. 박노윤·이은수(2015)는 기술 기반 사회적기업인 딜라이트 사례를 바탕으로 기업이 기술을 활용해서 수행하는 사회혁신활동을 다루고 있다. 손호성·이예원·이주성(2012)과 송위진·장영배(2009)는 기술집약적 사회적기업이 추진하는 혁신의 특성을 논의하고 있다. 이를 통해 기술을 활용해 사회문제 해결활동을 하는 사회혁신기업의 행태에 대한 연구가 축적되고 있다. 사회문제 해결의 관점에서 기업들의 공유가치 창출형 혁신을 다루는 연구들도 활성화되고 있다(박홍수 외, 2014). 이들은 사회문제 해결활동이 새로운 비즈니스 기회가 된다는 점을 지적하면서 기업의 발전을 위해서라도 사회문제 해결형 비즈니스를 수행해야 한다고 주장하고 있다(후지이 다케시, 2016; Porter and Kramer, 2011). 이런 연구를 통해 사회적기업이나 소셜벤처, 공유가치 창출형 기업들은 사회문제 해결형 혁신활동을 수행하는 민간분야의 혁신주체로 부상하고 있다.

사회혁신론은 과학기술혁신정책에서 깊이 고려하지 않았던 사회문제 해결을 위한 사회관계의 변화와 사람들의 행동 변화를 강조하면서 사회문제 해결형 혁신을 생활세계로까지 확장해서 좀 더 폭넓은 틀에서 보고 있다. 더 나아가 사회혁신을 통한 시스템 전환까지 다루면서 시야를 확대하고 있다(Haxeltine et al., 2013).

(5) 시스템 전환론

시스템 전환론은 사회문제 해결을 통해 '지속가능한 시스템으로의 전환(Sustainability Transition)'을 지향하는 논의이다(Geels, 2004; Grin, Rotmans and Schot, 2010; Loorbach, 2007). 우리 사회의 문제는 구조적이고 시스템적인 특성을 지니고 있기 때문에 개별 문제를 해결하는 것으로는 대응할 수 없으며 장기적 차원의 시스템 전환이 필요하다는 것이다. 최근 혁신연구의 주요 패러다임으로 등장하고 있는 시스템 전환론은 2011년 전문 학술지 ≪환경혁신과 사회전환(Environmental Innovation and Societal Transitions)≫이 창간되면서 세력을 확장하고 있다. 이 학술지는 지속가능한 물·에너지·자원·교통·식량시스템을 구현하기 위해 새로운 사회·기술의 맹아를 어떻게 발전시킬 것인가를 다루고 있다(송위진, 2017; 사회혁신팀, 2014). OECD도 시스템 이노베이션 프로젝트(System Innovation Project)를 추진하면서 시스템 전환을 혁신정책을 분석하는 중요한 틀로 제시하고 있다(OECD, 2015).

우리나라에서도 2010년대에 들어서면서 시스템 전환론이 논의되기 시작했다. 송위진(2013), 이영석·김병근(2014), 황혜란·송위진(2014)은 시스템 전환론의 다양한 이론적 측면을 검토하고 있다. 정병걸(2015)은 시스템 전환론이 시작된 네덜란드의 시스템 전환 정책을, 이은경(2014)은 벨기에 플랑드르 지역의 전환정책을 분석하고 있다. 한재각·조보영·이진우(2013)는 시스템 전환론을 바탕으로 후발국에서 진행된 적정기술개발 사업을 분석·평가하고 있다. 성지은·조예진(2014)은 지역의 시스템 전환 사례를 다루고 있다.

시스템 전환론은 지속가능성을 정책의 핵심 목표로 설정해 사회문제 해결을 논의의 중심에 놓고 있다. 또 문제 해결을 위해 대증적 접근이 아닌 장기적 차원의 전환을 주장하고 있다. 이를 위해 전환의 관점에서 일련의 사업을 연계·확장시키는 방법론도 다루고 있다. 또 전환실험(transition experiment), 전환실험화(transitioning) 등과 같은 개념을 도입해 장기적 정책과 단기적 사업을 연계하는 작업을 하고 있다(사회혁신팀, 2014; 송위진, 2017).[3]

2) 사회문제 해결형 혁신과 새로운 혁신 방법론

(1) 사용자 참여형 혁신모델과 리빙랩

사회문제 해결형 혁신은 산업혁신과 비교할 때 혁신의 목표, 주요 참여 주체가 다르다. 이로 인해 혁신이 수행되는 방식과 시스템에서도 새로운 접근이 필요하다.

사회문제 해결형 혁신에서는 현장 최종 사용자의 참여가 매우 중요하다. 이 때문에 '리빙랩'은 사용자 참여형 혁신모델로 큰 관심의 대상이 되고 있다. 현실 정책에서 일정한 성과를 얻었기 때문이다(Keyson, Guerra-

---

3 전환실험은 시스템 전환을 위한 프로젝트이다. 이 실험이 성공적으로 진행되면 시스템 전환의 정당성이 높아지고 관련 지식이 축적된다. 일반적인 연구개발사업은 문제 해결에 초점이 맞추어져 있지만 전환실험인 연구개발사업은 전환의 전망을 염두에 두고 연구개발사업을 진행한다. 전환실험화는 일반적인 연구개발사업 프로젝트를 전환실험으로 변화시키는 것이다. 시스템 전환의 전망, 사용자들의 참여가 연구개발사업 내에 자리 잡도록 하면 평범한 사업도 전환실험이 될 수 있다.

Santin and Lockton, 2017).

리빙랩은 특정 공간에서 연구자와 최종 사용자가 참여해 공동으로 문제를 정의하고 해결해가는 혁신방법론 또는 혁신 플랫폼이라고 할 수 있다. 여기서 강조되는 것은 공공-기업-시민의 파트너십이다. 리빙랩에서는 과거에는 빠져 있던 시민이 혁신과정에 주요 주체로 참여하는 것이 특징이다. 또 사용자의 의견을 조사해 반영하는 데 그치는 것이 아니라 의견이 결집된 인공물(프로토타입)을 제시하고 다시 피드백을 받아 인공물을 진화시켜나가는 나선형적 접근이 이루어진다. 연구자, 시민, 공공부문은 사회문제 해결에 도움이 되는 인공물과 서비스를 구성하면서 혁신 생태계와 법·제도도 동시에 만들어간다(성지은·송위진·박인용, 2014).

사회문제 해결에서 최종 사용자의 중요성은 몇몇 연구에서 논의되어왔다. 임홍탁(2014)은 사용자·현장 중심 혁신에 대한 논의를 정리해 기존의 혁신모델과는 차별화된 최종 사용자 중심인 혁신의 특성을 분석했다. 윤진효·박상문(2007)은 개방형 혁신의 개념을 활용해서 재난대응 기술혁신에 대한 사례를 분석하면서, 사용자의 참여가 중요하기 때문에 사회문제 해결을 위해서는 개방적 접근이 필요함을 지적하고 있다.

리빙랩에 대한 연구도 본격적으로 이루어지고 있다. 성지은·송위진·박인용(2014), 성지은·박인용(2015)은 사용자 주도형 혁신모델로서 외국에서 추진된 리빙랩의 사례를 분석하고 그 시사점을 도출하고 있다. 또 성지은·박인용(2016)에서는 리빙랩을 시스템 전환을 위한 니치 공간으로 정의하고 리빙랩에서 이루어진 혁신이 시스템 전환과정에서 갖는 의미를 논의하고 있다.

(2) 사회문제 조사 및 구체화

우리가 접하는 사회문제는 매우 많고 다양하다. 또 시기적으로 변화하고 이해집단마다 문제의 중요성을 다르게 평가하며 문제의 원인을 파악하는 관점도 다르다. 이 때문에 기술혁신을 통해 해결해야 할 사회문제를 구체화하는 것은 의외로 쉽지 않다.

사회문제에 대해서는 사회학 응용 연구나 사회복지학에서 '사회문제론(social problems)'이라는 주제로 다양한 논의가 이루어져왔다.[4] 이들은 개인적 문제가 아닌 현재 우리 사회가 직면한 다양한 문제, 이를테면 범죄, 약물 남용, 빈곤 및 실업, 여성, 노인, 가족문제, 교육문제, 건강문제, 환경문제 같은 사회적 문제를 다룬다. 그리고 사회문제를 파악하는 다양한 관점(기능주의론, 갈등이론, 상호작용론)을 제시하면서 사회문제를 진단하고 대안을 도출하는 프레임이 여러 가지임을 지적한다(박철현, 2016; 이창원 외, 2013).

사회문제 해결형 혁신에서는 기술을 통해 사회문제를 해결해야 한다. 그렇기 때문에 사회문제론에서 다루는 문제들 중 기술과 관련된 문제를 도출하고 혁신활동을 수행해야 한다. 이와 관련해서 언론이나 소셜미디어에서 언급되는 키워드나 이슈를 중심으로 사회문제를 도출하는 방법론에 대한 연구들이 이루어져왔다. 정다미 외(2013)는 사회문제 해결형 기술수요를 발굴하기 위한 키워드 추출 시스템을 제안하고 있으며, 최현도

---

4 사회문제론은 사회복지사 자격을 취득하기 위해 이수해야 하는 선택 과목으로 지정되어 있다. 이 때문에 사회문제론이라는 제목으로 다양한 교과서와 수험서가 발간되어 있다. 이들은 사회문제 정의와 현황, 개괄적인 해결방향을 다루고 있기 때문에 사회문제 해결형 혁신을 기획·추진할 때 배경 지식으로 활용할 수 있다. 그러나 사업을 구체적으로 기획·추진하기 위해서는 한 단계 더 들어간 접근과 연구가 필요하다. 이를 위해서는 현장에서 경험을 축적하고 문제를 종합적으로 파악하고 있는 활동가와의 협업이 중요하다.

(2014)는 토픽 모델링을 활용해서 과학기술 이슈에 대한 일반인의 인식을 분석하고 있다.

도출된 사회문제를 해결하기 위해 이해당사자를 정의하고 최종 사용자들의 니즈와 행태를 분석하기 위한 방법론 개발도 필요하다. 송위진·성지은(2013b)은 사회·기술기획이라는 개념하에 사회문제에 대한 합의를 이끌고 문제를 정의하는 방법론들의 사례를 분석하고 있다. 박상혁 외(2016)는 디자인 싱킹과 액션러닝을 통합하는 모형을 통해 사용자들의 니즈를 분석하고 문제를 해결하는 방법론을 제시하고 있다.

(3) 새로운 연구개발사업 추진체제

사회문제 해결을 위한 국가연구개발사업의 추진체제도 변화가 필요하다. 실무 차원에서는 이런 상황을 반영해 기존 산업기술 연구개발사업과 차별화된 연구개발 추진체제를 구축하는 가이드라인을 개발·보급하고 있다(미래창조과학부·한국과학기술기획평가원, 2016).

학술연구에서는 해외 사례와의 비교를 통해 새로운 연구개발 추진체제를 모색하는 연구가 이루어지고 있다. 박인용·성지은·한규영(2015)은 한국과 일본의 사회문제 해결형 연구개발사업을 비교 분석하면서 사회문제 해결형 연구개발사업의 일반적 특성을 논의하는 한편, 사회문제 해결이라는 사업의 특성 때문에 나타나는 연구개발사업 추진체제의 특성과 나라별 차이를 다룬다. 박희제·성지은(2015)은 RRI론을 검토하면서 사회적 책임성을 높이기 위한 새로운 연구개발사업 추진체제를 논의한다.

한편 사회문제를 궁극적으로 해결하기 위해서는 시스템 전환의 관점이 연구개발사업에 도입되어야 한다. 정병걸(2015)과 이은경(2014)은 네덜란드와 벨기에에서 추진된 전환 기반 연구개발사업 사례들을 다루고 있다.

네덜란드에서 진행된 에너지전환, 농업전환과 관련된 연구개발사업에서는 이 전환의 관점이 반영되어 장기적 전망하에 사업이 기획·추진되었다(송위진, 2009). 또 이를 위해 정부·연구기관·기업·시민사회가 참여하는 거버넌스가 구축되고 운영되었다. 여기서는 시스템 전환의 지향점을 숙의하며 이를 기점으로 사업을 기획·추진하고 학습해 사업의 방향을 조정해나가는 백캐스팅(backcasting) 방식을 활용하고 있다(성지은·정병걸·송위진, 2012).

송위진·성지은(2014)은 사회문제 해결형 연구개발사업을 시스템 전환론의 관점에서 재해석하면서 새로운 추진방향을 논의하고 있다. 이들의 연구에서는 개별 연구개발사업을 시스템 전환을 위한 전환실험으로 만드는 데 필요한 추진체제 개편방안을 다루고 있다.

3) 연구의 특성

사회문제 해결형 혁신에 대한 연구는 국내외적으로 아직 초기 단계이다. 심화된 이론 개발보다는 산업혁신과 차별화되는 혁신의 목표와 과정, 주요 혁신주체, 정책 등이 주로 논의되고 있다. 그럼에도 불구하고 국내에서는 외국에서 논의되고 있는 사회에 책임지는 연구와 혁신, 사회적 도전과제에 대응하기 위한 혁신정책, 사회혁신, 시스템 전환, 리빙랩 등의 개념을 소개하고 그 의미를 다루는 노력이 활발히 이루어지고 있다.

그 이유는 우리나라 혁신이론의 지형과 관계가 있다. 우리나라는 산업육성 중심의 혁신정책이 오랫동안 추진되었으며 경로의존성이 강하다. 따라서 사회문제 해결형 정책이 새로운 정책으로서 시민권을 확보하기 위해서는 사회문제 해결형 혁신의 차별성과 정당성을 보여주는 것이 무엇보다 중요하다. 공무원들뿐만 아니라 혁신연구자, 일반 국민들도 과학기술혁신을 산업발전을 위한 활동으로 이해하고 있기 때문에 새로운 관점과 시각을 보여주기 위해 이에 대한 소개 작업이 활발히 이루어져왔다.[5]

이러한 노력은 정책적 측면에서 일정한 성과를 이루었다. 새로운 틀을 강조하는 사회문제 해결형 연구개발사업은 속도가 빠르지는 않지만 계속 확대되고 있다. 또 정책과정에서도 사회문제 해결형 혁신정책과 연구개발사업이 기존 사업과는 다르다는 점이 명확하게 지적되고 있으며 이를 구체화하기 위한 사회문제 해결형 R&D 가이드라인까지 만들어졌다(미래창조과학부·한국과학기술기획평가원, 2016).

또 사회문제 해결형 혁신연구는 실제 정책과의 상호작용을 통해 공진화하면서 실천성과 정책지향성을 강하게 보여주고 있다. 혁신연구가 선도하면서 관련 논의를 만들어내면 정책과 사업이 이를 반영하고 실천해 피드백하면서 새로운 연구영역을 발전시키고 있는 것이다. 리빙랩 연구와 사회문제 해결형 연구개발사업에 대한 논의가 그 사례가 될 수 있다(미래창조과학부·한국과학기술기획평가원, 2016).

---

5 2000년대를 거치면서 양극화, 고령화, 청년문제 등이 심화되고 안전문제가 핵심 이슈로 부각되면서 국가연구개발사업에서 다양한 노력이 진행되었다. 그러나 여전히 기술을 통한 문제 해결에 초점을 맞추는 공급 중심의 접근이 이루어지고 있다. 기술혁신을 통해 환경산업, 보건·바이오산업, 농업이 발전하면 경제가 발전하고 고용이 창출되며 문제 상황에 그 제품과 서비스가 적용되어 우리 사회의 다양한 문제가 해결될 것이라고 생각하는 것이다. 이런 논의의 밑바탕에는 혁신활동과 정책은 기업과 산업을 위한 것이라는 인식이 깔려 있다. 따라서 사회문제 해결은 부차적인 목표가 된다. 이런 상황에서 사회문제 해결형 혁신정책을 다루는 데 해외의 사례를 활용한 것은 외국 연구를 소개하는 것 이상의 의미를 가진다. 새로운 관점과 프레임을 보여주었기 때문이다. 따라서 외국의 연구 또한 초기 단계여서 이론이 크게 진전되지 못했음에도 불구하고 관련 논의를 소개하고 정책 사례를 분석하는 작업이 빠르게 이루어졌다. 이런 현상이 나타난 이유는 현실의 문제를 해결하는 것이 중요했기 때문이다.

한편 사회문제 해결형 혁신연구의 정책지향성은 서로 다른 흐름에서 논의되고 있는 해외의 연구들에 통합적으로 접근하게 하는 동력이 되고 있다. 사회적 도전과제에 대응하기 위한 혁신정책, 시스템 전환론, 사회에 책임지는 혁신론을 동시적으로 도입·활용하면서 각자의 강점을 필요에 따라 활용하는 연구들이 이루어지고 있다. 전환랩(transition lab)에 대한 논의와 사회적 도전과제 대응 정책과 시스템 전환론을 연계하는 논의는 각 이론을 정책개발에 적극적으로 활용하고자 하는 노력에서 나온 것이라 할 수 있다.

사회혁신론과 사회문제 해결형 혁신론을 통합하고자 하는 노력도 같은 맥락에서 이해할 수 있다. 이론과 정책의 출발점이 다르기 때문에 외국의 경우 이런 노력은 제한적으로 이루어지고 있다. 그러나 한국의 경우에는 사회문제 해결형 혁신의 주체로서 노동·복지·지방자치 정책에서 새롭게 부상하고 있는 사회적경제가 호명되면서 양자가 결합되고 있다. 이를 통해 과학기술 정책과정에서는 사회문제 해결을 위한 혁신과정에 새로운 주체가 참여하게 되었으며 또 사회혁신의 경우에는 그동안 축적한 과학기술 기반을 활용할 수 있는 계기가 마련되고 있다. 이는 새로운 유형의 사회문제 해결형 혁신론을 창출할 수 있는 기회가 될 것으로 보인다.

2. 주요 이슈와 향후 연구 방향

이 절에서는 사회문제 해결형 혁신에 대한 연구를 수행할 때 고려해야 할 주요 이슈와 연구방향을 제시한다. 이를 통해 앞서 살펴본 연구들에서 다루지 못한 주제와 연구영역을 발견하고 연구 주제를 확장하는 작업을 할 것이다.

우선 새로운 프레임으로서 사회문제 해결형 혁신이 갖는 특성을 명확히 하기 위한 연구의 필요성과 방향을 다룰 것이다. 그리고 이를 추진하기 위한 혁신 거버넌스 구조 및 사회문제 해결형 혁신을 수행하는 혁신 생태계의 특성에 대한 연구 이슈들을 논의할 것이다. 이와 함께 사회문제 해결형 혁신과 기존 혁신을 연계하는 연구의 필요성을 검토할 것이다.

1) 사회문제 해결형 혁신정책의 특성

(1) 사회문제 해결형 혁신정책과 산업혁신정책

무엇보다도 공공적·사회적 문제를 직접적으로 해결하는 사회문제 해결형 혁신활동이 필요하다는 입장과 보건·환경·의료·안전과 관련된 산업혁신을 활성화하면 사회문제가 해결된다는 논의의 차이점을 명확히 하는 연구가 필요하다.

이들은 출발점이 다르다. 전자는 경제적 수익성이 떨어지더라도 사회적으로 필요한 혁신활동은 수행해야 한다는 관점이다. 따라서 재정이 투입되기도 한다. 후자는 수익성 중심으로 접근하며 산업이 발전하면 자동적으로 사회문제가 해결될 것으로 가정한다. 그러나 현실에서는 수익성이 떨어진다는 이유로 사회적으로 필요한 제품·서비스 분야에 대한 혁신이 제한되는 경우가 많다. 이 두 프레임은 서로 대비되는 관점에 입각하고 있기 때문에 혁신의 목표·과정·주요 행위자·규율원리가 다르다.[6]

---

6 사회문제를 해결하는 임무를 지닌 사회정책 부처가 환경산업·안전산업·보건·의료산업을 육성하는 사업을 맡기 때문에 혼란이 나타나고 있다. 그러나 정확히 이야기하면 이러한 사업은 산업혁신을 위한 사업이다. 혁신의 주체가 누구인가가 중요한 것이 아니라 혁신이 무

사회혁신론은 이런 점을 명확히 하고 있는 논의이다. 따라서 산업혁신론이 지배해온 혁신정책 영역에서 사회혁신론의 문제의식과 틀을 효과적으로 활용할 필요가 있다(송위진, 2016b; TEPSIE, 2012, 2014). 더 나아가 혁신활동과 정책을 사회문제 해결 중심으로 견인하기 위한 방안으로서 사회혁신주체들의 기능과 역할을 강화하는 논의도 발전시켜야 한다.

(2) 사회문제 해결형 혁신정책과 임무지향적 정책의 차이

임무지향적 혁신정책과 사회문제 해결형 정책의 차이도 명확히 할 필요가 있다. 국방·보건과 같은 시장실패 영역의 경우에는 정부가 공공적 목표를 정하고 그 목표를 달성하기 위한 임무지향적 정책이 오래전부터 추진되어왔다. 우주개발, 국방, 암정복 연구가 그런 분야라고 할 수 있다. 국가의 문제를 해결하기 때문에 사회문제 해결형 연구와 임무지향적 연구가 유사하게 보일 수도 있다. 그러나 임무지향적 정책은 기술관료와 전문가가 중심이 되어 문제를 정의하고 사업을 관리하는 하향식 틀을 취한다. 따라서 문제 정의·해결과정에서 최종 사용자인 시민사회가 참여하는 사회문제 해결형 혁신과는 추진 방식과 체제가 다르다(Kuhlmann and Rip, 2014). 물론 문제 해결을 지향한다는 점에서 공통점이 있기 때문에 임무지향적 정책의 경험을 활용할 수 있다(Foray, Mowery and Nelson, 2012).[7] 양자의 차이에 대해서는 좀 더 깊이 연구할 필요가 있다. 이들의 차이를 명확히 하기 위해 정부와 시장을 넘어 시민사회의 참여를 통한 사회문제 해결 모델로서 사회문제 해결형 혁신이 가진 의미를 적극적으로 검토하는

엇을 지향하며 어떤 의도로 진행되는가가 중요하다.

7 *Research Policy*(2012), Vol.31, No.10의 "The need for a new generation of policy instruments to respond to the Grand Challenges"는 이런 관점에서 구성된 특집호이다.

연구가 필요할 것으로 보인다.

(3) 혁신정책의 새로운 프레임으로서의 사회문제 해결형 혁신정책

사회문제 해결형 혁신정책은 특정 부문 정책으로 파악되는 경향이 있다. 그러나 저성장과 양극화, 새로운 사회문제가 일상화된 현재 상황에서는 혁신과 혁신정책을 파악하는 새로운 프레임으로서 접근할 필요가 있다(Schot and Steinmuller, 2016; OECD, 2015; 송위진, 2015a).

기본적으로 사회문제 해결형 혁신정책에서는 생활세계에서 일하고 삶을 영위하는 시민사회의 렌즈로 정책을 인식한다. 그동안 혁신정책이 과학기술계의 렌즈와 기업·산업계의 렌즈로 혁신활동을 파악했다면 사회문제 해결형 혁신정책에서는 과학기술계에 자원과 인력을 공급하고 이를 궁극적으로 활용하는 시민의 눈으로 혁신활동을 본다.[8] 과학기술을 시민사회가 삶을 영위하는 과정에서 활용하고 향유하는 생활세계의 구성 요소로 파악하는 것이다. 그동안 과학기술 활동에 시민이 참여하는 데 대해서는 다양한 논의가 있었지만 과학기술 활동을 시민사회의 관점에서 접근하는 연구는 상대적으로 적었다. 과학기술을 전문가의 활동으로만 보는 전문가주의가 강하게 자리 잡고 있었기 때문이다.

같은 맥락에서 지속가능한 시스템으로의 전환을 비전으로 설정하고 있는 시스템 전환론을 혁신정책의 새로운 프레임으로 발전시킬 필요가 있다(Schot and Geels, 2008; Grin, Rotmans and Schot, 2010; Loorbach, 2007). 아직 다양한 이론이 개발되지는 않았지만 시스템 전환론은 장기적인 시

8 공공성에 입각해 연구개발을 지원해왔던 과학기술혁신정책에서 시민사회의 시각과 이해가 반영되지 않은 것은 어떻게 보면 매우 이상한 일이다.

스템 혁신을 통한 사회문제 해결과 새로운 생활방식, 과학기술, 산업 형성을 지향하고 있다. 이는 우리 사회 전체를 사회·기술시스템으로 개념화하면서 지속가능하지 않은 현 시스템을 지속가능한 시스템으로 전환시키는 틀 속에서 개별 정책을 파악한다. 이미 네덜란드와 벨기에의 플랑드르 정부는 이런 방식으로 접근하고 있지만 좀 더 정교한 관점에서 혁신정책을 발전시키는 연구가 필요하다(정병걸, 2015; 이은경, 2014). 또한 현대 사회가 직면한 문제에 적극적으로 대응하면서 시스템 변화를 다루고 있는 시스템 전환론을 구체화하고 적용 영역을 확대시키는 노력이 요청된다.[9]

2) 사회문제 해결형 혁신 거버넌스

(1) 혁신 거버넌스

사회문제 해결형 혁신정책은 정책과정과 기술개발과정에 시민사회와 사용자가 참여하는 것을 핵심 요소로 간주한다. 정책과 기술개발과정에 최종 사용자인 시민과, 수요자인 사회정책 부처, 지자체, 공공기관이 참여해서 민주주의를 고양하고 현장에서 축적한 암묵지를 제공해 혁신활동에 기여하는 참여형 거버넌스를 강조하는 것이다. 특히 그동안 혁신활동의 객체였던 시민사회의 참여는 사용자 지향성을 강화한다는 측면에서 핵심적인 이슈이다.

이렇게 원론적인 차원에서 참여가 강조되고 있지만 실제로 참여가 이루어지기 위해서는 다양한 연구와 노력이 필요하다. 의사결정 기구에 시

---

9 3세대 혁신정책을 주장하고 있는 연구자들이 모두 시스템 전환론을 기반으로 하고 있는 것은 아니다. 시스템 전환에 대한 논의 없이 거버넌스와 참여를 중심으로 새로운 혁신정책을 연구하는 흐름도 있다(Kuhlmann and Rip, 2014).

민과 관련 조직이 형식적으로 참여하는 경우가 많기 때문이다. 형식적 참여를 통해 절차적 정당성을 확보하긴 하지만 실질적으로 참여하는 경우는 많지 않다.

이론적인 측면에서 볼 때 기술개발 부처(부서)와 사회문제 해결을 위한 복지·환경·안전 분야에서 정책사업을 전개하는 부처(부서)는 의사결정 과정에 같이 참여해서 서로 연계되는 것이 바람직하다. 이를 통해 기술개발사업은 테스트베드와 초기 시장을 확보함으로써 기술실용화에 도움을 얻을 수 있으며, 정책사업부서는 기술개발 성과물로 사업을 고도화함으로써 효율성과 효과성을 향상시킬 수 있다. 그러나 많은 경우 기술개발 부처(부서)와 정책사업 부처(부서)는 각개약진하는 경향이 있다. 각 조직의 핵심 기준과 일하는 방식이 다르기 때문이다. 따라서 기술개발은 기술개발의 형태로만, 정책사업은 정책사업의 형태로만 진행되는 경우가 많다. 이런 상황이 왜 발생하는지, 그리고 이를 극복하기 위해서는 어떤 조직설계가 필요한지에 대해 고민해봐야 한다.

시민사회의 실질적인 참여방식도 논의할 필요가 있다. 다양한 층위의 정책과정과 기술개발과정에 참여하는 시민사회 인사가 시민사회의 대표성을 획득할 수 있는 방안과 더불어 서로 이해관계가 상충할 경우 이를 조정하는 방식도 논의해야 한다. 또한 합의회의 등에서 개발된 방법론, 참여형 정책결정 과정에 대한 방법론을 발전시키는 연구도 수행되어야 한다(이영희, 2013).

(2) 연구개발사업에 최종 사용자가 참여하는 방안

구체적인 기술개발사업인 사회문제 해결형 국가연구개발사업에 시민이 참여하는 방안에 대해서도 검토가 필요하다. 사회문제 해결형 국가연구개발사업에서는 최종 사용자가 참여하는 기획과정, 사업추진 방식, 평가방법에 대한 필요성을 강조하고 있다(미래창조과학부·한국과학기술기획평가원, 2016). 이때 최종 사용자인 시민사회가 지속적이고 안정적으로 참여할 수 있는 방법이 필요하다. 단속적이고 일시적으로 참여하는 경우에는 민원을 제기하는 형태로 의견이 표명될 가능성이 높기 때문이다. 또 사적인 이해를 반영하기 위해 참여하게 될 수도 있으므로 이를 극복하기 위한 참여방법이나 '공공성을 갖는 조직화된 사용자 집단'의 참여를 제도화하는 방안을 강구해야 한다.

더 나아가 사회문제 해결을 위한 참여형 혁신플랫폼을 구축하는 방안도 검토할 필요가 있다. 사업별·사안별로 참여형 과정을 설계하는 것이 아니라 복잡한 사회문제에 대응하기 위한 이해당사자들의 참여 플랫폼을 구축하고 운영하는 방안을 연구해야 한다. 네덜란드의 경우 지속가능한 에너지전환 정책을 추진하면서 혁신 플랫폼을 구축·운영했는데, 이런 방식에 대한 논의가 필요하다(송위진, 2009). 중간조직으로 운영되는 이 플랫폼은 다양한 이해를 조율하고 해결해야 할 문제와 방향을 공동으로 학습할 수 있는 기회를 제공한다(김종선 외, 2015).

3) 사회문제 해결을 위한 혁신생태계 구성

(1) 사회문제 해결을 위한 혁신생태계의 구조

사회문제 해결을 지향하는 혁신생태계 연구도 강조될 필요가 있다. 산업혁신을 위한 혁신생태계나 분야별 혁신체제(sectoral innovation system)에 대한 연구는 상당히 진행되어왔지만(Malerba, 2004) 사회문제 해결을 목표로 하는 혁신생태계에 대한 논의는 최근 들어 시작되고 있다(TEPSIE,

2014).

산업혁신 중심의 혁신활동과 정책이 우세한 한국의 경우에는 사회문제 해결을 위한 혁신생태계에 대한 논의가 거의 없었다고 해도 과언이 아니다. 최근에 와서야 사회적경제에 대한 논의가 활성화되면서 사회혁신 생태계가 이야기되고 있다(장용석 외, 2015; 고동현 외, 2016).

사회문제 해결을 위한 혁신생태계에는 사회문제 해결을 담당하는 비영리조직, 사회적경제 조직, 공공조직, 대학·출연연구기관이 참여한다. 이와 함께 공유가치 창출형 혁신활동을 수행하는 영리조직도 중요한 주체가 된다(Porter and Kramer, 2011; Christensen et al., 2006). 또 이들의 사회문제 해결형 혁신활동을 활성화하기 위한 연구개발, 인력양성, 금융공급, 지식공급, 인프라, 공공구매 시스템 구축도 생태계의 중요한 요소이다(TEPSIE, 2014).

이론적인 차원에서 다양한 혁신주체와 제도에 대한 논의가 이루어지고 있지만 구체적인 작동 메커니즘에 대한 연구는 거의 이루어지지 않고 있다. 이들은 모두 새로운 연구주제가 될 수 있는 영역이다. 사회혁신론에서 검토하고 있는 사회혁신 생태계에 대한 논의는 이를 위한 출발점이 될 수 있다.

(2) 사회적경제 조직의 혁신능력 강화

사회적경제 조직은 사회문제 해결형 혁신생태계에서 사회문제 해결을 주도하는 핵심 주체이다.[10] 산업혁신 생태계에서 영리기업이 수행하는 역할을 사회혁신 생태계에서는 사회적경제 조직이 담당한다. 사회적경제

10 사회적경제에 대한 논의는 김성기 외(2014), 장용석 외(2015)를 참조할 것.

조직은 연구기관과의 협업을 통해 제품·서비스를 개발하기도 하고 영리기업이 개발한 제품을 최종 사용자에게 전달하기도 한다. 이들은 사회적 가치를 유지하면서 제품과 서비스를 제공해 사회문제 해결에 참여한다.

기술 기반 사회혁신을 추진하는 소셜벤처와 사회적기업, 협동조합에 대한 연구는 사회문제 해결형 혁신을 활성화하는 데 매우 중요하다(손호성·이예원·이주성, 2012; 박노윤·이은수, 2015). 이들의 혁신능력과 활동에 영향을 미치는 요인, 이들이 혁신활동과 사회적 가치를 조화시켜나가는 방식이나 사회문제 해결을 효과적으로 추진하는 방식 등은 깊이 있는 분석이 필요한 주제이다. 또 이는 영리기업의 혁신에 천착해온 혁신연구의 폭과 깊이를 확장하는 연구가 될 수 있다. 사회적 가치를 추구하는 활동이 수요자 지향성 때문에 개발된 제품·서비스의 수용능력을 높일 것인지, 아니면 경제적 비용을 발생시켜 혁신에 부담을 줄 것인지에 대한 연구도 필요하다. 그리고 사회적 가치 추구가 혁신능력 향상에 도움을 주는 조건을 분석하는 것도 사회적경제 조직의 혁신활동을 활성화하는 데 매우 중요한 연구 주제라고 할 수 있다.

(3) 공공부문에서 사회문제 해결형 연구개발의 제도화

사회문제 해결을 위해서는 전문성과 현장이 결합된 초학제적 연구가 필요하다. 문제와 거리를 두고 대안을 탐색하는 '1유형 연구'를 넘어 문제 해결을 담당하는 주체와 같이 연구하고 대안을 모색하는 '2유형 연구'가 요청된다(Gibbons et al., 1994). 이를 위해서는 과학기술 분과 간, 과학기술-인문사회 분야 간의 학제적 연구뿐만 아니라, 전문가와 시민사회가 협업하는 초학제적 연구도 필요하다. 초학제적 연구 방법론에 대해 다양한 연구가 이루어지고 있지만 실제로 이를 구현하기란 쉽지 않다(Bergmann et al., 2012; Hadorn et al., 2008). 성공적인 초학제적 연구의 특성과 운영과정도 검토되어야 한다.

사회문제 해결형 연구개발사업을 촉진하기 위한 평가제도도 탐구해야 한다(김왕동 외, 2014). 현재 한국의 평가제도는 논문·특허·기술료 같은 과학적·산업적 성과를 중심으로 운영되고 있어 논문을 많이 쓴 연구자나 기술료를 많이 받을 수 있는 연구를 제안한 연구자가 높게 평가된다. 그러나 사회문제 해결형 연구는 문제 해결에 초점이 맞추어져 있다. 따라서 논문이나 특허보다는 문제 해결 정도가 중요한 평가 기준이다. 그러나 사회문제 해결 정도를 파악하는 평가지표나 분석 틀은 아직 마련되어 있지 않다. 따라서 사회문제 해결형 연구개발사업에 적합한 평가 방안이 필요하다.

사회문제 해결형 연구개발은 문제 해결을 목표로 하기 때문에 연구개발 이외의 다른 활동을 필요로 한다. 개발된 기술이 제품·서비스로 구현되어 문제 해결에 기여해야 하기 때문이다. 이를 위해서는 기술을 제품·서비스로 구현하는 데 필요한 법·제도를 개선하는 방안과 함께 누가 어떤 방식으로 서비스를 구현해 문제를 해결할 것인지를 논의해야 한다. 연구개발활동에 대한 그동안의 연구에서는 이 측면을 거의 논의하지 않았는데 앞으로는 연구개발활동과 이를 보완하는 활동을 통합적으로 수행하는 방안이 논의되어야 한다.

대학의 사회문제 해결형 연구개발과 인력양성에 대해서도 관심이 필요하다. 사회문제 해결형 연구는 개발·실용화 연구에 한정되지 않는다. 사회문제의 원인을 찾고 규명하는 기초·원천연구도 필요하다. 문제 해결을 지향하는 파스퇴르형 기초연구가 그러한 사례가 될 수 있다(Stokes, 1997). 사회문제 해결형 연구가 대학에서 어떤 방식으로 추진되는지, 또 수행되지 않은 과학과 어떤 관련이 있는지도 의미 있는 주제가 될 수 있다. 또 대학에서 리빙랩을 활용한 연구가 많이 진행되고 있는데 이는 문제 해결형 대학(challenge-driven university) 시스템을 구축하는 기반이 될 수 있다. 사회문제 해결형 연구가 대학연구시스템 혁신과 관련해 갖는 의미도 좋은 연구주제가 될 것이다(Mulgan et al., 2016).

4) 사회문제 해결형 혁신과 다른 혁신과의 연계

(1) 사회문제 해결형 혁신과 산업혁신

사회문제 해결형 혁신은 사회문제 해결을 최우선 목표로 하지만 산업혁신과도 연결될 수 있다. 사회문제 해결과정에서 새로운 시장이 창출될 수 있기 때문이다. 사회문제 해결형 혁신이 산업혁신으로 연결되면 경제적 지속가능성이 높아지고 사업이 확장되면서 문제 해결의 영역과 가능성도 더욱 확대될 수 있다. 따라서 사회문제 해결형 혁신과 산업혁신 간 연계는 사회문제 해결을 위해 니치를 확장하는 전략을 개발하는 데 중요한 연구주제이다.

사회문제 해결을 위한 시스템 전환이 이루어지기 위해서는 지속가능성을 지향하는 신산업 창출이 수반되어야 한다(Grin, Rotmans and Schot, 2010). 지속가능한 이동시스템(mobility), 재생가능에너지, 직주근접도시, 공유경제는 시스템 전환이 이루어지기 위해 발전해야 하는 산업영역이기도 하다. 어떤 측면에서 본다면 이 분야는 성숙단계에 도달한 기존 산업을 대체하는 새로운 파괴적 혁신의 영역이 될 수도 있다(Christensen et al., 2005). 따라서 사회문제 해결을 위한 시스템 전환과 새로운 산업 형성을 같은 맥락에서 접근하는 연구도 필요하다.

한편 포터와 크레이머(Porter and Kramer, 2011)는 공유가치 창출 개념을 도입해 비즈니스 혁신의 새로운 돌파구로서 사회문제 해결을 강조하고 있다.[11] 사회문제 해결이 비즈니스 차원에서도 매우 유망한 영역이라는 것이다. 현재 활동하고 있는 소셜벤처들은 이런 논리를 바탕으로 사업을 전개하고 있다. 그러나 이런 상황이 항상 전개되는 것은 아니기 때문에 어떤 조건에서 사회문제 해결을 통해 수익을 확보할 수 있는지, 또 사회문제 해결형 혁신을 추진하는 주체가 어떤 지향을 가져야만 이것이 가능한지에 대한 논의가 필요하다.

한편 국내에서 전개되는 사회문제 해결 혁신활동을 통해 산업을 형성하고 해외로 진출하는 기회를 마련할 수도 있다. 해외시장 개척이나 외국기술 추격에서 시작하는 것이 아니라, 우리 사회의 문제를 해결하기 위해 기술을 개발하고 재조합하는 수요지향적·사용자 지향적 혁신을 바탕으로 새롭고 글로벌한 사업영역을 발굴할 수 있다는 것이다(후지이 다케시, 2016). 이는 고도의 소비사회이면서 복합적인 사회문제가 비등하고 있는 한국사회의 문제를 해결하는 혁신으로서, 우리 사회를 문제를 해결하는 아이디어의 원천과 테스트베드로 활용하는 전략이다. 이런 논리적 연계를 현실에서 어떻게 구현할 것인지도 의미 있는 연구주제가 될 수 있다.

(2) 사회문제 해결과 지역혁신

사회문제 해결형 혁신의 관점에서 지역혁신론을 재해석하는 연구도 필요하다. 지역 산업 육성의 관점이 아니라 지역문제 해결의 관점에서 지역혁신정책의 새로운 근거를 마련할 수 있기 때문이다. 그동안 지역혁신정

11 이들은 기업이 과거에는 사회문제를 발생시키는 주체였다면 이제는 사회문제를 해결하는 주체로 변화할 필요가 있으며 이것이 기업의 경쟁력 확보에도 도움이 된다고 주장한다.

책은 지역 과학기술 활동을 육성하기 위한 인프라 구축과 사업 추진에 초점이 맞추어져왔다. 그러나 지역의 지원을 받은 대학과 연구기관이 지역과 관계없는 국가적 또는 국제적 차원의 혁신활동을 수행하면서 문제 상황에 직면하게 되었다. 지자체가 매칭펀드나 보조금을 지급해서 사업을 지역으로 유치하긴 했지만 각 기관이 수행하는 산업혁신활동이나 연구개발 활동이 지역과는 연계가 없는 상황이 발생한 것이다.

사회문제 해결형 혁신은 이런 공급 중심의 지역혁신정책을 수요 중심으로 전환시키는 계기를 마련할 수 있다. 사회문제 해결형 혁신의 관점에서 보면 지역혁신의 목표는 지역의 사회·경제적 문제를 해결하고 지역의 지속가능성을 높이는 것이다. 지역의 사회문제, 환경문제, 경제문제를 해결하기 위해서는 지역 내·외부의 혁신자원을 조직화해서 문제를 풀고 관련 혁신주체들을 육성해야 한다. 이를 통해 지역의 문제 해결능력이 향상되고 기업도 발전할 수 있다(송위진, 2015b).

도시혁신, 농촌혁신에 관한 논의도 사회문제 해결형 혁신의 관점에서 발전시킬 필요가 있다. 도시문제 해결에서는 U-시티, 스마트 시티를 개발하자는 공급 중심의 관점을 넘어 혁신정책을 기획·추진하는 방안을 검토해야 한다(World Bank, 2015). 농촌혁신도 최첨단 기술시스템 구축에 초점을 맞출 것이 아니라 농촌사회문제 해결을 위해 기술과 서비스를 조직화하는 문제 해결형 혁신 방안을 연구해야 한다(송위진, 2015b).

앞서 논의한 리빙랩에 대한 연구는 이런 작업에 효과적으로 활용될 수 있다. 사용자 참여형 혁신모델인 리빙랩을 활용해서 스마트 도시, 스마트 농촌과 관련된 논의를 다룬다면 지역사회문제 해결을 지향하면서 기술과 사회가 공진화하는 새로운 도시혁신·농촌혁신에 대한 연구가 진행될 수 있을 것이다(성지은·조예진, 2014).

더 나아가 이러한 논의는 글로벌 혁신네트워크를 구축하는 데에도 도움을 줄 수 있다. 지역의 문제 해결 경험을 바탕으로 글로벌한 문제 해결 네트워크를 구축해서 자원과 경험을 공유하고 혁신을 확산시키는 방안을 논의할 필요도 있다.

3. 맺음말

지난 50년간 진행되어온 혁신연구는 이제 성숙단계에 도달했다. 신고전파 경제학 논의를 비판하면서 진화적 접근과 제도주의적 접근을 바탕으로 혁신능력, 혁신체제, 혁신 패턴 같은 개념을 형성하고 실증연구를 발전시켜온 논의들이 이제는 주류 패러다임이 되었다(Tidd, Bessant and Pavitt, 1997; Nelson, 1993). 이제 또 다른 이론의 혁신이 필요하다.

혁신연구자들은 이런 문제의식하에 혁신연구를 발전시키기 위한 새로운 이슈와 이론을 발굴하고 있다. 사회문제 해결형 혁신은 새로운 관점과 이론을 발전시킬 수 있는 하나의 계기가 되고 있다.

혁신연구 50년의 흐름을 정리하고 향후 혁신연구가 도전해야 할 주제를 정리한 마틴(Martin, 2016)은 20여 개의 새로운 이슈를 제시했다. 이 중에서 사회문제 해결형 혁신과 관련된 이슈는 8개에 해당한다. 향후 혁신연구의 이론개발에서 사회문제 해결형 혁신이 주요 영역이 될 것임을 보여주는 것이다. 기존 혁신연구를 정리하고 연구방향을 제시한 파저버그와 마틴, 앤더슨(Fagerberg, Martin and Andersen, 2013), 파저버그(Fagerberg, 2013)의 연구에서도 유사한 논의가 이루어졌다. 사회적 도전과제를 해결하기 위한 혁신이 혁신연구의 주요 주제로 부상하고 있는 것이다.

한국도 유사한 상황에 처해 있다. 추격형 혁신정책과 이론을 개발해오면서 산업 육성에 초점을 둔 과학기술혁신정책의 논의와 제도들이 성숙단계에 도달했으며, 공무원과 정책연구자, 혁신연구자들도 산업혁신 중심의 논의에 익숙해져 있다. 그러나 2000년대를 거치면서 추격형·공급중심·성장 중심의 혁신이론과 정책은 교착상태에 빠졌다. 추격에서 선도로, 퍼스트 무버로의 전환 등 다양한 담론이 제시되었지만 기존의 이론과 정책은 여전히 경로의존성을 지니며 작동하고 있다. 따라서 이를 돌파할 수 있는 새로운 이론과 정책이 필요한 상황이다.

사회문제 해결형 혁신에 대한 연구는 이러한 추격·공급·성장 중심의 경로의존성을 비판하고 새로운 관점의 논의들을 구체화하는 작업이 될 수 있다. 이는 추격형·성장 중심형 혁신이론과 정책의 레짐을 극복하고 새로운 이론과 실천의 니치를 형성하며 이를 발전시키는 이론의 시스템 전환을 수행하는 것이다. 사회문제 해결형 혁신에 대한 이론과 혁신정책을 실험하고 발전시키면서 프레임을 바꿔나가는 것이다.

이는 새로운 이론 개발에만 그치는 것이 아니라 우리 사회의 문제를 실질적으로 해결하는 기회를 제공해줄 것이다. 또 국민들로부터 신뢰를 점점 잃고 있는 과학기술계를 혁신하는 계기가 될 수 있다. 연구를 위한 과학기술, 낙수효과 없이 양극화만 심화시키는 산업혁신을 위한 과학기술은 이제 정당성을 확보할 수 없다. 사회문제 해결형 혁신은 저성장과 양극화가 구조화된 뉴노멀시대에 필요한 과학기술혁신의 새로운 존재양식으로 볼 수 있다.

제3부

과학기술을 활용한 사회혁신활동의 현황과 과제

05

사회적경제 조직의 혁신활동과 과제

송위진

과학기술혁신정책에서는 사회적기업과 협동조합, 소셜벤처 같은 사회적경제 조직에 대한 관심이 형성되고 있다. 과기정통부를 중심으로 '사회문제 해결형 연구개발사업'이 본격적으로 추진되면서 사회적경제를 새로운 혁신주체로 간주하기 시작했기 때문이다. 사회적경제 조직은 개발된 기술을 활용해서 현장에서 사회문제를 해결하는 사회혁신 조직으로서, 사회문제 해결형 기술을 현실에서 구현하는 데 중요한 역할을 수행한다(한국연구재단, 2015; 미래창조과학부·한국과학기술기획평가원, 2016).

사회적경제 조직에서도 과학기술에 대한 관심이 나타나고 있다. 그동안 사회적경제 조직은 암묵지를 활용한 비즈니스 모델 혁신에 초점을 맞추었던 탓에 과학기술을 중요하게 고려하지 않았다. 그러나 사회적경제 조직의 업력이 쌓이고 소셜벤처가 등장하면서 과학기술에 대한 관심이 증대하고 있다. 우선 경영 효율화를 위한 ICT 활용과 새로운 공정과 제품 개발을 검토하는 사회적경제 조직이 등장하고 있다. 또 보급형 보청기를 개발해 취약계층의 난청 문제에 대응하는 딜라이트, 악성댓글을 방지하는 시스템을 개발한 시지온 같은 소셜벤처가 등장해 사회적경제가 새롭게 진화하고 있다(박노윤·이은수, 2015). 또한 디지털 기술을 활용한 사회문제 해결활동이 활성화되면서 디지털 사회혁신이라는 새로운 활동이 각광을 받고 있다. 디지털 사회혁신의 주체는 사회적경제 조직이나 시민사회 조직인 경우가 많다(EU, 2015; 김종선 외, 2016).

이런 변화로 인해 사회적경제의 기술혁신활동과 정책에 대한 논의가 향후 이슈로 부상할 것으로 보인다. 그러나 이들의 혁신활동 현황과 특성에 대한 논의는 초보적인 수준이며, 이들이 기술혁신을 어떤 관점에서 보는지, 혁신활동을 어떻게 수행하는지에 대한 연구도 매우 부족한 실정이다. 따라서 이 장에서는 사회적경제 조직의 혁신과 정책에 대한 논의를 발전시키기 위한 '탐색적 연구'를 수행한다. 이를 위해 포커스 그룹 인터뷰를 통해 사회적경제 조직 혁신활동의 다양한 측면을 검토하고 이와 관련된 이론적·실천적 이슈들을 정리한다. 이는 영리기업의 산업혁신과 차별화되는 사회적경제 조직의 사회문제 해결형 혁신에 대한 이해를 심화시키는 작업이 될 것이다.

1. 사회적경제의 정의와 특성

사회적경제의 정의는 매우 다양하다. 시기별·분야별로 사회적경제의 정의는 변화하고 있다(신명호, 2014). 일반적으로 사회적경제는 시장실패와 정부실패에 대한 대안으로 논의된다. 경제위기를 겪으면서 시장과 국가를 넘어서는 대안적 모델로서 공동체적 자치라는 제3의 모델이 논의되기 시작한 것이다(기획재정부, 2013). 다시 말하면 사회적경제란 자본과 권력을 핵심자원으로 하는 시장과 국가에 대한 대안적 자원배분을 목적으로 하며, 시민사회 또는 지역사회의 이해당사자들이 자신들의 다양한 생활 세계의 필요를 충족하기 위해 실천하는 자발적이고 호혜적인 참여경제방식이다(장원봉, 2006).

그렇다면 시장이나 국가와는 다른 사회적경제의 특성은 무엇인가? EU의 사회적경제 대표기구인 '유럽 사회적경제(Social Economy Europe)'는 사회적경제의 특징을 다음과 같이 정리하고 있다(신명호, 2014).

- 사람과 사회적 목적이 자본보다 우선한다.
- 구성원 자격은 자발적이고 개방적이어야 한다.
- 구성원에 의해 민주적으로 통제되어야 한다.
- 구성원 및 이용자의 이익, 기타 보편적 이익 등을 고루 안배해야 한다.
- 연대와 책임의 원칙은 반드시 준수되고 적용되어야 한다.
- 공공기관으로부터 자율성과 독립성을 유지해야 한다.
- 잉여의 대부분은 지속가능한 발전의 목표, 구성원의 이익과 보편적 이익을 위해 사용되어야 한다.

좀 더 실무적인 측면에서 보면 '사회적경제'란 구성원 상호간의 협력과 연대, 적극적인 자기혁신과 자발적인 참여를 바탕으로 사회서비스 확충, 복지의 증진, 일자리 창출, 지역공동체의 발전, 기타 공익에 대한 기여 등 사회적 가치를 창출하는 모든 경제적 활동을 말한다(새누리당 사회적경제

표 5-1 **우리나라 사회적경제 조직의 유형과 관련 부처**

구분	협동조합	사회적기업	마을기업	자활기업	농어촌 공동체 회사
목적	협동조합 활동 촉진 및 사회통합, 국민경제 균형 발전	취약계층에 대한 일자리·사회서비스 제공, 지역사회 공헌	지역경제 활성화, 일자리 창출, 공동체 활성화	기초생활수급자의 일자리 창출 및 탈빈곤 유도	농어촌 일자리 및 소득 창출, 지역 활력 증진
근거	협동조합기본법	사회적기업 육성법	법적근거 없음 (예산사업)	국민기초생활보장법(제18조)	농업인 삶의 질 향상 및 농어촌 지역개발 촉진에 관한 특별법(제19조의3)
대상	법에 근거해 설립된 (사회적)협동조합	사회적 목적을 추구하면서 영업 활동을 하는 기업	지역단위 소규모 공동체(마을회, 지역NPO 등)	기초생활수급자가 1/3 이상인 기업	향토자원을 활용하는 마을단위 공동사업체
혜택	직접 지원은 없음. 개별 부처 혜택(중기청 소상공인 협업화사업 등)	공공기관 우선구매, 판로개척, 해외연수, 경영 컨설팅 지원, 인건비 지원, 세제 혜택 등	사업비 지원, 전문교육, 경영 컨설팅 지원 등	공공기관 우선 구매, 초기 창업 자금·인건비 지원	제품개발 및 마케팅 지원, 컨설팅 홍보 지원

자료: 기획재정부(2013)를 정리.

기본법 발의안, 2014.4).

우리나라에서 논의되는 사회적경제 조직에는 사회적기업, 협동조합, 마을기업, 자활기업 등이 있다. 이들 조직은 사회적 가치 실현을 우선으로 하는 호혜적 경제 조직이다. 이들은 사회 서비스를 제공하면서 공동체 문제를 해결하고 고용을 창출해 사회 통합과 복지에 기여한다.

사회적경제의 조직특성에 대해서는 현재 다양한 연구가 활발히 진행되고 있다.[1] 그러나 사회적경제의 혁신활동에 대해서는 아직 많은 논의가

1 사회적경제에 대한 전반적인 논의는 김성기 외(2014), 정관영(2013), 주성수(2010)를 참조할 것. 한국 사회적경제에 대한 논의는 서구와는 맥락이 다른 측면이 있다. 서구는 복지국가의 쇠퇴와 함께 이를 보완하기 위한 논의로 사회적경제가 부상했다. 그러나 한국은 복지국

이루어지지 않고 있다. 사회적경제 조직이 본격적으로 정책대상으로 등장한 것이 최근의 일이고 또 혁신정책의 관점에서 접근하는 경우는 거의 없었기 때문이다.[2]

최근 해외 기술집약적 사회적기업의 이론과 사례에 대한 논의(송위진·장영배, 2009)와 더불어 국내에서 성공한 딜라이트 보청기와 같은 기업을 대상으로 한 사례연구들이 일부 이루어졌다(박노윤·이은수, 2015; 손호성·이예원·이주성, 2012). 그러나 이들은 주로 개별 사회적경제 조직의 혁신활동에 초점을 맞추고 있기 때문에 과학기술 관련 조직과의 관계, 혁신정책과의 관계에 대해서는 충분히 논의하고 있지 못하다. 사회적경제 조직도 사회문제 해결형 혁신을 수행하는 혁신체제의 구성요소이기 때문에 연구기관이나 정부 같은 다른 혁신주체와의 관계 속에서 혁신활동을 살펴볼 필요가 있다.

또 지식집약도가 떨어지는 사회적기업, 자활기업 등의 혁신활동에 대한 연구는 거의 없는 실정이다. 이들은 기술활용이나 전문지식의 활용이 효과적으로 이루어진다면 생산성이 향상될 수 있는 조직이지만 이에 대한 논의는 많지 않다.

사회적경제 조직이 주로 수행하는 사회혁신에 대한 논의도 최근 활성화되고 있다(송위진, 2016b; 김병권, 2016). 그러나 이들 논의는 사회혁신의 정체성을 확립하기 위해 산업혁신과 차별화되는 사회혁신의 특성과 사례

가를 형성하지 못했기 때문에 사회적경제에 대한 논의가 복지국가 형성과 동시에 전개되는 특징이 있다(신명호, 2014). 최나래·김의영(2014)은 자본주의 다양성론에 따라 자유시장경제인 영국과 조정시장경제인 스웨덴을 비교하면서 제도적 배열의 차이로 인해 사회적경제가 다양하게 전개된다는 점을 지적하고 있다.

2 사회적기업의 혁신활동에 대해서는 한겨레경제연구소(2013)를 참조할 것. 송위진·장영배(2009), 박노윤·이은수(2015)는 기술집약적 사회적기업의 국내외 사례를 분석하고 있다.

에 초점이 맞추어져 있다. 따라서 사회혁신 과정에서 전개되는 사회적경제 조직과 다른 혁신주체들의 네트워크 형성 및 집합적 혁신활동에 대한 논의는 부족한 실정이다.

2. 사회적경제 조직의 혁신활동에 대한 포커스 그룹 인터뷰

여기서는 포커스 그룹 인터뷰[3]를 통해 사회적경제 조직의 혁신활동 상황을 살펴보기로 한다. 포커스 그룹 인터뷰는 참여자들의 상호작용과 토론을 통해 다양한 관점을 청취하고 의견을 조율해가는 장점이 있다(박희제·안성우, 2005; 안성조·이성근, 2012). 여기서는 인터뷰 내용을 주로 정리하고 필요한 경우 사회적경제 조직의 사례분석을 보조적으로 활용해 사회적경제 조직의 혁신활동 특성을 정리한다.

포커스 그룹 인터뷰는 ① 사회적경제 조직 혁신활동의 일반적 특성, ② 사회적경제 조직의 혁신활동 방식, ③ 과학기술혁신정책의 활용과 전문연구조직과의 협력 방식, ④ 사회문제 해결에 대한 장기전망, 네 가지 주제에 대한 구조화된 질문을 바탕으로 3시간의 토론을 거쳐 이루어졌다.

포커스 그룹 인터뷰는 2014년 8월 21일에 수행했다. 포커스 그룹 참석자는 6명으로, 사회적경제 조직 대표이사 3명, 사회적경제 조직을 지원하는 중간조직의 사무국장 3명으로 구성했다. 기술집약적인 조직(심원테크, 크린원, 경기사회적기업협의회)과 그렇지 않은 조직(온케어, 경기광역자활센

3 포커스 그룹 인터뷰에 대한 일반적 논의와 적용은 박희제·안성우(2005), 안성조·이성근(2012)을 참조할 것.

표 5-2 **포커스 그룹의 참석자 명단**

	조직	직위
사회적경제 조직	크린원(청소, 자활기업)	대표
	온케어(돌봄서비스, 사회서비스 선도기업)	대표
	심원테크(OA기기 및 재활용, 사회적기업)	대표
사회적경제 중간조직	경기광역자활센터	사무국장
	경기사회적기업협의회	사무국장
	충남사회경제네트워크	사회적기업팀장

터, 충남사회경제네트워크)을 포괄해 좀 더 폭넓은 차원에서 사회적경제의 혁신활동에 대해 논의하기 위함이다. 참석자에 대한 정보는 〈표 5-2〉와 같다. 참여자들은 사회적경제의 협회조직인 협동사회경제연대회의로부터 추천받았다. 토론 내용은 녹취했으며 다음의 내용은 이를 바탕으로 정리했다.

1) 사회적경제 조직과 혁신

사회적경제 조직은 매우 다양한 모습을 보여주고 있다. 우선 사회적 가치를 강조하는 조직과 그렇지 않은 사회적경제 조직이 존재한다. 보조금 때문에 사회적경제에 진입한 조직, 사회적 지향성이 약한 조직도 상당수 존재한다. 이들은 명목상으로 사회적경제 조직이지만 일반 영리기업과 큰 차이가 없다.

혁신활동의 수준에서도 차이가 있다. 초기 단계의 사회적경제 조직은 영세 중소기업이나 소상공인 수준의 활동을 수행한다. 자활기업, 마을기업 등이 이에 해당되는데 이들에게는 효율적인 운영시스템을 구축하는

그림 5-1 **사회적 가치와 사회적기업: 심원테크 사례**

기술혁신을 통해 사회적 가치를 창출하는 사회적 기업

2002년 2월에 설립된 주식회사 심원테크는 친환경 재제조 토너카트리지와 PC·모니터를 생산하는 전문OA기기 회사로서, 장애인 직원과 취약계층 직원 등이 함께 일하는 장애인표준사업장입니다.
고용노동부 인증 사회적 기업이며 동시에 서울시 우수사회적 기업입니다.

성능K-마크, 친환경마크, ISO-9001, ISO-14001, 녹색기술, 기술특허를 다수 보유한 벤처기업 및 기술혁신형중소기업(INNOBIZ)입니다.

혁신적 기술개발을 통해 사회적 가치를 담은 최고급 품질의 친환경 디지털 제품을 생산하는 OA 기기전문 사회적 기업으로 성장하겠습니다.

자료: 심원테크 홈페이지, http://www.simwontc.com(2015년 1월 5일 검색).

것이 핵심 과제이다. 물론 제품개발과 공정혁신을 수행하는 지식집약형 사회적경제 조직도 존재한다. 소셜벤처, 업력이 쌓인 자활기업, 기술집약형 사회적기업은 일반 중소기업과 유사한 혁신활동을 수행하고 있다.

조직의 특성에 따라 혁신활동의 양상에는 차이가 있다. 일반적으로 사회적 가치를 중시하는 조직일수록 혁신지향성이 강하다. 이는 사회적 가치를 추구하면서도 경제적으로 생존해야 하기 때문에 나타나는 현상이다. 그렇지만 사회적경제 조직이 혁신활동을 위해 동원할 수 있는 자원과 이를 지원해주는 하부구조는 상당히 취약하다.

사회적경제 조직의 설립은 사회적 가치를 담은 비즈니스 모델을 개발하는 데서 시작한다. 사회적 가치를 핵심 목표로 설정하고 조직운영의 원리로 삼는 데에는 대표이사의 의지가 중요하다. 이 점이 부족하면 일반 영리기업과의 차이가 사라진다. 포커스 그룹 인터뷰에 참여했던 심원테크는 "기술혁신을 통해 사회적 가치를 창출한다"는 소개문을 제시하면서 기업이 지향하는 사회적 가치를 명확히 하고 있다(〈그림 5-1〉 참조).

사회적경제 조직은 현장의 경험을 바탕으로 아이디어를 구상해 비즈니스를 전개한다. 이때 현장에서 축적한 암묵적 지식이 비즈니스와 혁신활동의 기반이 된다. 사회적경제 조직에 연구개발투자와 공식적인 연구개발조직이 없다고 해서 혁신활동이 없는 것은 아니다. 암묵적 지식을 토대로 드러나지 않는 혁신(hidden innovation)이 이루어지기 때문이다.[4]

2) 사회적경제 조직의 혁신활동 방식

(1) 사회적경제 조직의 혁신지향성

사회적경제 조직은 혁신지향성이 강하다. 장애인이나 취약계층을 고용함으로써 비롯되는 생산성 저하를 감수하면서[5] 사회적 가치에 부합하는 사업을 추진하기 위해서는 영리기업과 차별화된 능력을 확보해야 한다. 수익성이 좋지는 않지만 사회적으로 중요한 서비스인 자원순환, 간병 및 돌봄, 환경 개선 분야에서 취약계층을 고용해 시장을 개척하고 고도화하기 때문에 혁신적이어야 한다는 것이다.

또 사회적경제 조직은 영리기업이 소홀히 할 수 있는 노동환경 보장, 친

---

4 혁신활동의 이러한 측면에 대해서는 NESTA(2007)를 참조할 것.

5 장애인·취약계층을 고용하는 경우 영리기업의 생산관리 방식을 도입하기가 어렵다. 장애인이 많은 생산라인에서는 표준화·일관화가 어렵기 때문에 이들에게 적합한 생산라인과 공정이 필요하다.

환경 비즈니스, 공정거래 방식을 취하면서 사업을 영위하기 때문에 혁신적일 수밖에 없다. 이 과정에서 사회서비스 영역을 혁신해 새로운 산업을 형성하는 역할도 수행한다. 비공식영역에 속했던 청소활동, 자원수집·재활용 활동을 전문화하고 친환경적으로 수행함으로써 사회서비스 산업을 고도화하고 지속가능한 시스템으로 전환하는 '전략적 니치(strategic niche)'로서의 역할을 할 수 있다(송위진, 2013b).

현재 사회적경제 조직들이 다양한 혁신활동을 수행하고 있지만 성공모델은 아직 불분명하다. 사회적 가치와 경제적 가치를 통합하는, 기존 산업혁신과 차별화되는 모델을 개발해야 하며 이런 활동을 효과적으로 지원해줄 수 있는 하부구조도 필요하다.

(2) 고부가가치 혁신으로의 진화

사회적 가치를 추구하면서 이를 경제적 가치를 위한 요소로 만들어 고부가 영역으로 진출하는 모델도 있다. 일정 수준의 자원과 능력을 갖춘 사회적경제 조직의 경우 이런 경향을 보이고 있다.

사회적경제 조직이 주로 활동하는 공공시장은 단가가 낮은 경우가 많고 요구하는 서류도 많아 관리비용도 상당히 많이 발생한다. 또 사회적경제 조직들 사이의 경쟁이 심해질 수 있기 때문에 제살 깎아먹기가 될 수도 있다. 이 문제를 해결하기 위해서는 고부가가치를 창출할 수 있는 시장으로 진출하는 전략이 필요하다. 인터뷰에 참여한 크린원 같은 경우는 공공부문·사무실 청소에서 전문실험실 청소, 그리고 동물실험실 청소로 분야를 넓히며 부가가치가 높은 영역으로 진출했다. 전문실험실이나 동물실험실에서는 화학물질이나 청소용제를 사용할 수 없다. 크린원은 물에 전기 스파크를 가해 세척하는, 화학물질을 사용하지 않는 친환경 청소방법을 활용했다. 이처럼 다른 조직과 차별화된 서비스를 제공함으로써 고부가가치 분야에 진입할 수 있었다.

고부가가치 분야로 진출하기 위해서는 기술학습이 필요하다. 크린원 같은 청소 분야 사회적기업의 경우 장비를 가지고 '실행을 통한 학습'을 함으로써 노하우를 축적했다. 노동집약적인 단순 청소로는 고부가 서비스를 제공하기 어렵기 때문에 장비와 기술이 결합된 혁신을 수행한 것이다. 또한 장비를 현장에서 사용함으로써 새로운 장비활용 노하우를 구축할 필요가 있다. 외국에서 도입된 에스컬레이터 청소기의 경우 실행을 통한 학습으로 이 청소기가 주방바닥 청소에 적합하다는 것을 파악하고 이를 주방청소기로 사용하는 혁신을 구현했다.

일정 수준의 혁신활동을 수행하는 심원테크와 크린원 같은 사회적경제 조직은 대표이사가 중심이 되어 혁신활동을 주도한다. 중간관리자가 부족한 상태에서 대표가 인사·조직, 재무, 혁신활동을 모두 담당해서 혁신활동을 수행하기 때문에 이를 체계적으로 지원할 수 있는 기반을 구축해야 한다.

심원테크와 같이 혁신활동을 수행하고 있는 사회적경제 조직은 고졸·대졸 인력의 현장 경험을 바탕으로 새로운 기술과 사용 경험을 축적해서 실천기반 혁신(practice-based innovation)을 수행하고 있다(Melkas and Harmaakorpi, 2012). 석박사 출신의 연구개발인력은 없지만 현장인력을 중심으로 여러 번의 시행착오를 거친 뒤 프린터 카트리지에 남아 있는 폐토너를 재활용할 수 있는 기술을 개발해 녹색기술 인증을 받았다.

(3) 기술활용

인적·물적 기반이 취약한 사회적경제 조직(예를 들면, 자활기업)의 혁신활동은 기술개발보다는 기술활용에 초점을 맞춘다. 자활기업의 경우 기업으로서 생존하기 위해 품질 향상, 생산성 증가, 노동강도 완화를 위한 혁신에 대한 욕구가 높다. 청소·집수리 업종의 경우 장비·제품 등의 분야에서 기술이 필요하며, 재활용업종의 경우 재활용 제품 선별장 공정개선 및 재활용 가능 재료 추출을 위한 기술개발이 시급하다. 또 자활기업은 높은 노동강도로 인해 구성원들이 많은 질병을 호소하고 있어 작업장 환경개선이 필요하다. 또 생산하고 있는 제품의 경우 디자인 및 기술개발 지원이 요청된다.

그러나 자활기업 구성원은 혁신에 대한 의지가 크지 않다. 혁신에 수반되는 새로운 교육·훈련에 적응하기가 쉽지 않기 때문이다. 이에 대응하기 위해 자활기업 중간지원조직인 광역자활센터의 경우 공동사업 추진, 공동브랜드 사용 등을 통해 규모화를 꾀하고 있으며 광역자활기업(자활기업들을 묶은 하나의 기업)의 설립·운영을 지원하고 있다. 이를 통해 청소·집수리 자활기업을 광역기업으로 설립하고 공동물류, 공동마케팅, 공동브랜드, 부가가치 사업 개발 등을 시도하고 있다. 자활기업의 경우에는 자활센터를 통해 기업들이 조직되어 있기 때문에 혁신성과가 나올 경우 확산이 용이하다는 장점이 있다.

사회적경제에 요구되는 기술은 새로운 최첨단 기술이 아니다. 이미 있는 기술을 맥락에 맞게 개선한 기술을 필요로 한다. 그러나 많은 경우 사회적경제 조직들이 기술을 지닌 영리기업, 대학, 연구소와 긴밀한 관계를 맺고 있지 못하기 때문에 기존 기술을 접하고 활용하는 데에는 어려움이 있다.

3) 과학기술혁신정책의 활용과 전문연구조직과의 협력

(1) 과학기술혁신정책에 대한 인식

사회적경제 조직은 과학기술혁신정책을 자신들과 매우 멀리 떨어져 있는 것으로 인식한다. 과학기술혁신정책은 대기업과 어느 정도 규모 있는 중소기업에 대한 지원정책이라서 그들만의 리그로 움직인다고 인식하는 것이다.

혁신지원제도를 활용한 경험도 거의 없다. 국가연구개발사업에 참여할 때 요구되는 규모, 인력, 재무구조 같은 조건 때문에 사업에 참여하는 데 진입장벽이 존재한다. 사회적기업은 고용노동부로부터 혁신활동을 위한 사업개발비를 지원받지만 이를 활용해서 기술을 개발하는 데에는 어려움이 있다. 단기간에 빠른 성과 창출을 요구하는데 이에 대응하기가 쉽지 않기 때문이다. 따라서 이러한 지원금은 제품·공정혁신활동보다 홈페이지 개편 등에 활용되고 있다.

영리기업이 사회적 공헌 차원에서 사회적경제 조직을 지원하는 데에도 한계가 있다. 영리기업이 보유한 능력과 기술을 활용하는 것은 사회적경제 조직의 비즈니스에 즉각적으로 도움이 된다. 사업 추진에 필요한 노하우와 암묵지를 지원받을 수 있기 때문이다. 그러나 현재 영리기업이 수행하는 사회공헌 활동은 홍보의 성격이 강하다. 시스템적 방식의 지원은 아직 이루어지지 않고 있으므로 기업홍보 차원의 지원을 넘어 영리기업과 사회적경제 조직이 실제적으로 협력시스템을 구축할 수 있는 정책적 접근이 필요하다.

사회적경제 조직의 혁신활동 촉진 및 시장 창출에서는 정부 정책이 중요하다. 특히 사회서비스와 관련된 분야에서 정책적으로 개입하는 것은 혁신을 촉진하는 데 도움이 된다. 현재 자원순환과 환경보호, 돌봄서비스 고도화를 위해서는 제품 처리나 서비스 공급에 대한 기준이 필요한데 이러한 기준이 없는 경우가 많다. 프린터 폐카트리지로 인한 환경 파괴 등 여러 사회문제도 정책의제로 부각되지 못해 기준이나 규제 없이 방치된 경우가 많다. 이로 인해 무분별하게 제품이 폐기되거나 저질의 단순 사회서비스 공급이 이루어지고 있다.

사회문제 해결을 위해 기준이나 규제가 만들어지고 공공구매가 이루어지면 환경문제를 해결하고 사회적경제의 혁신활동도 촉진해 사회서비스 영역의 고도화 및 지식집약화를 이룰 수 있다. 이와 함께 사회서비스와 관련된 업무를 표준화·효율화해야 하며, 청소, 주거환경 개선, 자원재활용, 간병 및 돌봄서비스 등 노동집약적인 작업을 표준화하고 효율적으로 수행할 수 있는 방법(표준작업매뉴얼)과 기기를 개발할 필요도 있다. 이는 작업을 좀 더 효과적·전문적으로 수행해 사회서비스 산업을 고도화하는 방안이 될 수 있다.

(2) 전문연구조직과의 협력

사회적경제 조직들은 자원과 혁신능력이 부족하기 때문에 전문연구기관과의 협력을 원하지만 추진과정에 어려움이 있다. 연구인력 보유, 일정 규모 이상의 기업 매출액 등이 전문연구기관과 협력하거나 연구개발사업에 공동으로 참여하는 조건인데, 이런 요건을 만족시키는 사회적경제 조직은 많지 않다. 또 중소기업 지원기관, 전문연구기관들은 사회적경제에 대한 이해가 부족하고 기존 영리기업과의 협력 방식에 익숙한 상태이다. 이들은 인건비와 일정 규모 이상의 연구비가 확보될 수 있는 공동연구사업을 선호한다. 따라서 논문·특허 획득이 어렵고 사업규모도 크지 않은 사회적경제 조직과의 공동사업은 피한다. 이런 이유 때문에 사회적경제 조직이 중소기업 혁신지원제도를 활용하기란 쉽지 않다.

이렇게 전문기관을 통한 지원이 어렵기 때문에 사회적경제 조직은 과학기술전문가들과 네트워크를 구축하고 컨설팅을 받는 방식을 선호(과학기술 프로보노)한다. 이때 전문가들의 사회적경제에 대한 이해가 중요하다. 경영지도사나 컨설팅 기업은 많지만 사회적경제에 대한 이해가 부족해 영리기업을 지원하는 기존의 방식을 취하기 때문에 컨설팅 내용이 적절하지 않은 경우가 많다. 컨설팅을 할 때에는 사회적경제의 특성을 반영해서 기술 및 경영 지원을 해야 한다.

4) 사회문제 해결의 비전

사회적경제 조직은 사회적 가치 창출이 존재 이유임을 항상 강조한다. 그렇지만 최근에는 사회적기업을 목적이 아닌 수단으로 접근하는 경향이 나타나고 있다. 또한 사업을 영위하는 과정에서 사회적 가치 추구 활동이 약화될 수도 있다. 사회적경제 조직을 평가할 때 재무적 성과를 강조하는 경향이 존재하기 때문이다.

이런 상황에 대응하기 위해서는 사회적 가치를 망각하는 사회적경제 조직이 스스로 정리되는 자정시스템을 만드는 것이 필요하다. 사회적 지향을 유지하기 위해서는 대표이사의 마인드가 매우 중요하며 지속적인 교육·훈련 프로그램 운영을 통해 사회적 가치를 점검하는 활동이 필요하다. 협회 차원에서도 교육프로그램을 운영하고 사회적 가치를 구체적으로 보여줄 수 있는 평가지표나 시스템을 도입하는 것이 요청된다.

사회적경제 조직은 사회적 가치 실현을 목표로 하지만 사회문제 해결을 통해 구축하고자 하는 시스템에 대한 전망은 아직 추상적이다. 시스템을 혁신하고자 하는 관점은 존재하지만 아직 구체적이지는 않은 것이다. 즉, 친환경이라는 가치지향은 뚜렷하나 시스템 전환의 비전(예를 들면, 자원순환사회)과 의의, 전환방법에 대한 논의는 충분하지 않다.

특히 초창기의 사회적경제 조직은 지금 당장의 문제를 해결하는 것이 무엇보다 중요하다. 조직을 설립·운영하는 과정에서 다양한 문제가 발생하기 때문에 이를 해결하는 데만 급급하기 쉽다. 이러한 대증적 활동을 넘어서기 위해서는 새로운 시스템에 대한 비전과 현재 수행하는 혁신활동을 연계할 수 있는 관점이 필요하다. 또한 사회적경제 조직의 혁신활동을 개별적이고 단순한 혁신활동이 아닌 새로운 시스템(자원순환사회)을 구축하기 위한 실험으로 파악하는 관점도 필요하다.

3. 사회적경제 조직의 혁신을 활성화하기 위한 과제

사회적경제 조직은 사회적·경제적 목표를 동시에 달성해야 하기 때문에 혁신적이어야 하는데, 가용한 자원과 하부구조는 부족한 상황이다. 이를 극복하기 위해서는 새로운 이론과 전략, 정책수단이 필요하다. 다음에서는 포커스 그룹의 인터뷰 결과를 바탕으로 사회적경제 조직의 혁신을 강화하고 정책을 발전시키기 위한 이론적·정책적 이슈와 이에 접근하는 관점을 제시한다. 포커스 그룹의 인터뷰 논의를 이론적 틀에 입각해서 귀납적으로 정리한 이 절은 향후 심화연구를 위한 연구가설로서 의미가 있다. 여기서는 인터뷰에서 정리한 항목에 맞추어 사회적경제 조직의 혁신활동 특성, 과학기술혁신정책과의 연계, 시스템 전환을 통한 사회적경제 조직의 혁신 측면에서의 정책방안을 다룰 것이다.

1) 사회적경제 조직의 특성을 반영한 혁신모델 구축

(1) 리버스 이노베이션 전략 활용

사회적경제 조직의 혁신활동은 저비용으로 문제를 해결하는 경우가 많다. 소득이 제한된 취약계층을 위한 제품과 서비스를 개발하거나 혁신적인 방법을 도입해 적은 비용으로 사회문제 해결과 관련된 새로운 서비스를 제공하는 것이다. 그러나 사회적경제 혁신제품의 시장 규모가 작고 확장가능성이 없는 경우 경제적 지속가능성이 떨어질 수 있다.[6] 이때에는 혁신제품을 영리시장이나 해외시장으로 확장하는 전략이 필요하다. 즉, 기존 기술을 활용한 저비용 기술, 취약계층의 문제를 해결한 혁신을 주류 경쟁시장으로 진출시키는 리버스 이노베이션(reverse innovation) 전략을 적극적으로 활용할 필요가 있다(고빈다라잔·트림블, 2013).

리버스 이노베이션은 개발도상국이나 사회 기층을 위한 혁신활동의 결과물을 활용해 일반 시장이나 글로벌 시장에 진출하는 혁신전략이다. 선진국이나 주류 시장에서 개발된 기술을 후발국이나 저소득층 시장에 적용하는 전통적인 혁신전략과 반대로 개발도상국·저소득층 시장에서 개발된 기술을 선진국에 적용하는 방식으로, GE차이나가 중국의 보건소에 보급한 염가형·보급형 초음파진단기기를 선진국의 응급의료영역시장에 진출시킨 것이 그 사례이다(Immelt, Govindarajan and Trimble, 2009).

---

6 물론 특정 제품이나 서비스는 공공적 성격이 강하기 때문에 정부가 보조금을 지급하는 방식으로 지원할 필요가 있다.

크리스텐센은 이런 유형의 혁신을 사회서비스 영역에서의 파괴적 혁신(disruptive innovation)이라고 이야기하고 있다(Christensen et al., 2006). 성능은 약간 떨어지지만 적은 비용으로 사회문제를 해결해 과거에는 그 제품과 서비스를 사용하지 않았던 새로운 소비자를 형성하는 혁신활동이기 때문이다. 더 나아가 이런 유형의 혁신은 기존의 사회서비스를 대체하는 파괴적 혁신으로 진화할 수도 있다.

사회적경제의 혁신전략을 개발할 때 이런 점을 반영할 필요가 있다. 다만 우리나라는 후발국과 달리 일정 정도의 사회하부구조가 갖추어져 있기 때문에 요구되는 사회문제 해결형 혁신의 내용이 다르다. 따라서 후발국에서 진행되는 적정기술 중심의 논의와는 다른 접근을 필요로 한다. 구축된 사회하부구조와 축적된 과학기술자산을 효과적으로 활용해서 새로운 서비스와 소비자를 발굴하는 리버스 이노베이션 또는 사회혁신이 요청된다.

(2) 혁신연계조직 활성화

영리조직과 비교할 때 사회적경제 조직이 갖는 강점은 연대와 협력이 용이하다는 것이다. 경쟁관계에 있는 기업과 달리 지역 기반으로 활동하면서 지역 간 네트워크를 형성하는 사회적경제 조직 사이에는 혁신의 결과가 확산되기가 쉽다. 사회적경제 조직은 사회적 목표를 지향하고 각 조직 사이에는 영리기업보다 사회적 자본이 많이 축적되어 있기 때문이다.

사회문제 해결형 혁신활동을 활성화하기 위해서는 사회적경제 조직의 이런 특성을 적극적으로 활용할 필요가 있다. 또한 관련 사회적경제 조직의 집합적 혁신을 촉진하고 혁신의 결과를 널리 공유·활용하는 활동을 강화해야 한다.

이를 위해서는 '혁신연계조직(innovation broker)'을 활성화해야 한다.

혁신연계조직은 혁신주체들의 집합적 니즈 발굴과 비전을 수립하고 혁신 주체들 간의 혁신네트워크를 형성하며 이를 관리하기 위한 다양한 활동을 수행한다(Klerkx and Gildemacher, 2012). 이를 통해 각 혁신주체의 혁신 능력을 강화하고 혁신생태계를 발전시키는 데 도움을 준다. 사회적경제 영역의 혁신연계조직은 일반적인 영리기업의 연계조직보다 네트워크를 형성·확산하는 데서 더 큰 힘을 발휘할 수 있다. 사회적 자본이 영리 영역보다 풍부하기 때문이다.

현재까지 이런 활동을 적극적으로 수행하는 조직은 많지 않지만 향후 사회적경제 조직의 협회와 단체가 이런 역할을 담당할 것으로 보인다. 회원 조직 간의 신뢰와 협력을 이끌어내고 부족한 능력과 자원을 대학이나 출연연구기관 같은 외부 혁신주체와의 네트워크를 통해 보완한다면 공동 혁신을 촉진할 수 있다. 일정 정도 능력이 축적되면 혁신연계조직이 산업기술연구조합과 같이 사회적경제 조직들의 연구개발활동을 기획하고 관리하는 역할을 수행할 수도 있을 것이다(송위진·최지선·김갑수 외, 2005).

한국사회적기업진흥원, 각 지자체의 커뮤니티 비즈니스센터나 사회적경제지원센터같이 정부나 지자체가 지원하는 사회적경제 지원기관들도 혁신연계조직으로서 활동할 수 있다. 현재는 주로 자금 지원과 사업지원, 교육, 컨설팅 등에 초점을 맞추고 있지만 과학기술 전문성을 강화하고 네트워크 형성 기능을 확대해서 혁신연계조직의 기능을 수행할 수도 있다.

2) 과학기술과 사회적경제 실천의 결합

(1) 실천기반 혁신과 과학기반 혁신의 통합

혁신활동은 크게 '과학기반 혁신'과 '실천기반 혁신'으로 구분할 수 있다

(Melkas and Harmaakorpi, 2012). 과학기반 혁신은 과학기술지식을 바탕으로 혁신을 수행하는 것으로, 연구소와 대학에서 수행되는 공식적인 R&D와 고급 과학기술인력의 활동에 기반을 두고 있다. 반면에 실천기반 혁신은 현장에서의 오랜 경험을 통해 축적한 노하우와 암묵지에 기반을 둔 혁신활동이다. 젠슨과 존슨, 룬드밸(Jensen, Johnson and Lundvall, 2007)은 이러한 혁신유형을 STI 방식(science, technology and innovation mode)과 DUI 방식(doing, using and interacting mode)으로 구분하기도 한다.

그동안 실천기반 혁신은 혁신정책에서 주요 관심사항이 아니었다. 근래의 혁신정책은 연구개발 같은 공식적인 활동에 초점을 맞추고 연구개발투자 확대와 연구개발인력 확보를 중요한 이슈로 논의해왔다. 그러나 연구개발투자가 적고 전문 과학기술인력이 부족하다고 해서 혁신활동이 없는 것은 아니다. 현장에서 기술을 사용하고 다른 주체와 상호작용하면서 학습이 가능하기 때문이다. 산업화 초반에 이루어진 한국의 혁신활동은 실천기반 혁신의 특성을 지니고 있었다. 외국에서 도입된 시스템을 운영해 현장에서 다양한 암묵지를 축적하고 점진적 혁신을 수행했던 것이다. 그리고 이렇게 축적된 지식에 공식적인 연구개발활동이 결합되면서 기술추격에 성공할 수 있었다.

사회적경제 조직이 수행하는 혁신활동은 그동안 공식적인 연구개발의 대상에서 벗어나 있던 현장의 암묵지를 기반으로 한 실천기반 혁신인 경우가 많다. 사회서비스 분야에서 보듯 R&D 집중도가 낮은 중·저기술산업의 성격을 띠고 있기 때문에 그러하다. 또 실천기반 혁신에서는 현장지식을 축적하고 공유할 수 있는 네트워크와 사회적 자본을 확보하는 것이 중요한데 이는 사회적경제 조직이 지닌 조직 특성과 부합된다.

한편 사회적경제 조직의 실천기반 혁신활동은 연구개발조직을 운영하거나 대학이나 출연연구기관 같은 전문기관을 활용하기 어렵기 때문에 나타나는 현상이기도 하다. 전문기관의 연구개발능력을 활용할 수 없기 때문에 현장인력의 노력을 바탕으로 혁신활동을 수행하는 것이다. 이로 인해 자력갱생형 적정기술 개발을 지향하는 경우도 있다. 공식적 과학기술 기반에 대한 접근성이 떨어져 자력갱생형 기술개발을 수행하는 것이다. 그러나 이것만으로는 경제적 지속가능성을 확보하기가 매우 어렵다. 또 이런 방식은 이미 한국사회가 축적한 과학기술지식을 효과적으로 활용하지 못하고 남겨두는 것이다.

혁신활동이 활성화되기 위해서는 실천기반 혁신 방식과 과학기반 혁신 방식이 결합되어야 한다. 현장지식과 과학기술지식이 결합되면 문제 해결능력이 향상되기 때문이다. 덴마크나 노르웨이의 중·저기술 분야 혁신활동을 분석한 연구에서는 실천기반 혁신과 과학기반 혁신이 결합되었을 때 높은 성과가 나타난다는 점이 지적되었다(Jensen, Johnson and Lundvall, 2007; Fitjar and Rodriguez-Pose, 2013; Isaksen and Nilsson, 2013). 이론적인 측면에서도 노나카가 주장한 바와 같이 지식이 나선형적으로 공진화하기 위해서는 암묵지와 형식지가 결합되어야 한다(Nonaka, 1994).

이런 관점에서 본다면 사회적경제 조직의 실천기반 혁신을 고도화하기 위해서는 과학기반 혁신과의 결합이 필요하다. 현장에서 쌓은 경험과 공식적인 연구조직에서 축적한 지식과 결합해 새로운 제품과 서비스, 공정을 개발해야 한다. 이 결합은 공식적인 연구개발을 수행하는 전문연구조직에도 도움을 준다. 과학기술자들이 설정한 문제가 아니라 현장에서 실제로 겪는 문제, 그리고 그 문제를 해결하는 현장의 노력이 결합해야만 사회문제 해결을 위한 연구개발을 수행할 수 있기 때문이다. 이를 통해 수요자 지향적·문제 해결 지향적인 혁신활동을 강화할 수 있으며, 사회적경제 현장의 문제 해결활동과 연구개발조직의 공식적 연구개발활동이 공진화하면서 지식기반을 확장할 수 있다.

(2) 사용자 참여형 모델인 리빙랩 활용

과학기술과 현장을 결합하기 위한 새로운 정책수단으로서 리빙랩에 관심을 가질 필요가 있다. 리빙랩은 사용자들이 생활하는 현장의 니즈를 반영해 기술혁신을 수행하는 공간이다. 일반적으로 랩은 비연구자들로부터 격리된 폐쇄된 공간으로서 연구자들이 의사결정을 주도한다. 여기서는 통제된 실험이 행해진다. 리빙랩은 도시지역, 농촌지역, 학교, 양로원, 아파트 같은 실제 생활공간을 실험실로 정하고 사용자와 과학기술전문가가 공동으로 혁신활동을 수행한다.

리빙랩은 시민사회와 과학기술 관련 산학연 혁신주체가 협력해 문제를 해결하는 혁신모델(Public-Private-People-Partnership: PPPP)에 입각하고 있다. 이는 '사용자 주도형 개방형 혁신 모델'로서 시민사회가 지닌 현장의 지식과 혁신주체들이 지닌 공식적 과학기술지식이 결합되는 특성을 보여준다(성지은·송위진·박인용, 2014; 송위진, 2012). 리빙랩을 통해 삶의 현장에서 연구개발활동과 사용자의 문제 해결활동이 결합되는 것이다.

현재 리빙랩 사업은 유럽에서 활발히 진행되고 있다. 2006년 리빙랩 사업이 시작된 이후 유럽리빙랩네트워크(European Network of Living Labs: ENoLL)가 결성되어 현재 약 400개의 랩이 활동하고 있으며, 도시문제 해결, 에너지·환경문제 대응, 행정혁신, 지역개발 등을 위해 운영되고 있다.

리빙랩은 유럽의 특성을 반영한 모델이라고 할 수 있다. 유럽의 경우 시민사회가 발전되어 있어 시민들의 공적활동 참여가 활발하며, 지역공동체가 활성화되어 지역사회에서 전개되는 기술 기반 문제 해결활동에 안정적으로 참여하고 있다. 또한 과학기술주체와 시민사회가 팀이 되어 지역사회에서 실험을 전개할 수 있는 사회적 자본이 구축되어 있다.

우리나라는 시민의 공적활동 참여가 활발하지 않으며 지역 공동체도 급속한 경제발전과정에서 많이 해체된 상태이다. 또한 신뢰와 참여를 위한 사회적 자본이 매우 취약하다. 이런 상황에서 협력과 연대의 원리에 따라 운영되고 사회적 자본을 축적하고 있는 사회적경제 조직은 우리나라에서 리빙랩을 운영할 때 출발점이 될 수 있다. 리빙랩을 통해 과학기술지식과 현장의 지식이 결합되면 사회적경제 조직의 문제 해결능력이 향상되고 사회적경제가 더욱 확대·강화될 수 있다.

예를 들어 '자원순환 리빙랩'을 구축해서 폐기물 배출, 수거, 재활용을 통합적으로 검토하면 지역사회 공동체 형성(마을만들기) 및 사회적경제 활성화, 취약계층 일자리 제공, 폐기물 수거시스템 혁신 등을 수행할 수 있다. 또 태양광을 이용한 다양한 햇빛발전 협동조합이 활성화되고 있는데 이를 리빙랩 방식으로 운영하면 햇빛발전의 효율성·효과성을 높이고 협동조합도 확장하는 활동이 가능하다.

(3) 사회적경제 혁신능력을 향상시키기 위한 연구개발사업 운영

사회적경제 조직들의 혁신활동을 지원하기 위한 사업으로 사회적경제의 특성을 반영한 연구개발 프로그램을 운영할 필요가 있다.

현재 국가연구개발사업의 구조는 사회적경제 조직을 지원하는 데 적합하지 않은 경우가 많다. 연구개발사업의 임계규모가 있기 때문에 기술혁신의 규모가 작거나 기술개발 및 활용조직의 규모가 영세한 경우 사업을 추진하기가 어렵다. 또 기존 연구개발사업의 과제 제안서, 참여주체의 자격, 논문, 특허, 기술료 등에 입각한 연구개발사업 평가방식도 사회적경제 조직 혁신활동에 적합하지 않다.

이런 문제를 탈피하고 사회적경제 조직의 혁신활동을 강화하기 위해 우선 사회적경제 조직을 위한 '마이크로 연구개발사업'을 검토할 필요가 있다. 연구개발조직과 일정 자격을 갖춘 사회적경제 조직이 참여하는 공동연구팀에 소액의 그랜트(grant)를 제공하는 연구개발사업을 추진하는 것이다. 사회적경제 금융 분야에서 전개되는 '마이크로 크레디트'[7]와 유사한 성격의 마이크로 연구개발사업을 운영하는 것이라 할 수 있다. 이는 연구개발조직과 사회적경제 조직의 공동기술개발 활동을 촉진하고 과학기술계와 사회적경제가 네트워크를 형성하는 계기가 될 수 있다. 이렇게 하면 대학이나 출연연구기관도 같은 방식으로 사회적경제 조직 지원프로그램을 형성할 수 있기 때문이다. 현재로서는 사회적경제와 함께하는 연구개발사업 모델이 없어 협업이 활성화되지 않고 있는데 이런 유형의 사업은 새로운 돌파구를 제공해줄 것이다.

이 사업을 추진할 때에는 사회적경제 조직의 조직화된 참여가 필요하다. 개별 조직의 문제를 해결하는 연구개발활동보다는 사회적경제 분과영역에서 공통으로 활용될 수 있는 주제를 발굴해야 한다. 이를 위해서는 사회적경제 조직의 협회 수준에서 과제를 도출하고 관리하는 것이 필요하다. 또한 연구개발을 통해 관련 분야에 공통으로 활용될 수 있는 기술을 개발한 후 네트워크로 연결된 사회적경제 조직들에 확산시키는 전략이 요청된다. 이러한 사업은 소규모 과제로 추진하더라도 그 효과가 상당히 크다.

---

7 마이크로 크레디트(microcredit)는 무담보 소액대출로서 제도권 금융기관에서 소외된 취약계층과 자영업자를 지원하기 위해 실시하는 대출사업이다.

이와 함께 기존 연구개발사업에 사회적경제 조직의 참여를 활성화하는 방안도 고려할 필요가 있다. 사회적경제 조직은 최종 사용자들과 가까이 있고 현장경험이 있기 때문에 현장의 문제를 정의하고 사용자 요구사항을 구성하고 제품·서비스를 실증하며 결과를 피드백하는 데 강점이 있다. 이 때문에 '사회문제 해결형 연구개발사업'은 제품·서비스 개발·실증, 전달체계 구축과정에서 사회적경제를 포함한 사회혁신 조직의 참여를 강조하고 있다(미래창조과학부·한국과학기술기획평가원, 2016). 개발된 기술이 기술로 그치는 것이 아니라 제품·서비스로 실용화되어 사회문제 문제 해결에 활용되는 것을 지향하기 때문이다. 기후변화 대응, 스마트시티 구축, 초미세먼지 대응 등 문제 해결을 지향하는 사업들의 경우에도 현장 조사와 실증이 중요하기 때문에 사회적경제 조직은 민원인이 아니라 공적기능을 갖는 조직화된 사용자로 참여해서 연구개발사업에 도움을 줄 수 있다. 또 산업을 지향하는 연구개발사업에서도 사회적경제 조직이 제품·서비스의 시장 수용성을 높이는 데 일조할 수 있다. 그리고 이런 사업에 참여하는 것은 사회적경제 조직의 혁신능력을 향상시키는 기회를 마련해준다.

3) 시스템 전환과 사회적경제 조직의 혁신

(1) 전환실험

사회문제를 해결하기 위해서는 궁극적으로 사회·기술시스템 전환을 지향하는 관점이 필요하다. 기후변화, 저출산·고령화, 에너지·환경문제, 양극화 같은 사회적 난제는 여러 가지 다양한 요인이 결합된 복잡한 문제로서 개별 제도와 기술의 개선이 아니라 사회·기술시스템 전체의 혁신을 요구한다(송위진, 2009; 송위진, 2013a; Grin, Rotmans and Schot, 2010; Loorbach, 2007).

지속가능한 시스템을 구축하기 위해서는 기술, 제도, 하부구조, 문화 등 '시스템 전체의 혁신'을 이끌어내야 하는데 시스템 전환론은 이를 위한 정책과 방법론이다. 시스템 전환론에서는 20~30년 걸리는 장기적인 시스템 전환을 현재의 중단기형 혁신활동과 연결해 접근한다. 여기서 강조되는 것은 기존 시스템을 혁신해서 새로운 사회·기술시스템으로 전환하기 위한 실험(socio-technical innovation 또는 transition experiment), 즉 전환실험이다. 시스템 전환론에 따르면 시스템 전환에 대한 장기비전을 세우고 다양한 실험을 수행해 새로운 사회·기술시스템의 니치를 확대함으로써 전환의 정당성과 가능성, 전환을 지원하는 네트워크를 확장할 수 있다(송위진, 2009; Van den Bosch, 2010; 사회혁신팀, 2014).

이런 관점에서 본다면 일상적인 사회문제 해결활동으로 파악되는 사회적경제 조직의 혁신활동은 새로운 시스템으로의 전환을 모색하는 전환실험이라고 볼 수 있다. 사회적경제 조직은 현재의 문제 해결활동을 수행하지만 장기적 차원에서 보면 문제를 근원적으로 해결하기 위한 니치가 될 수 있다. 그리고 이 과정을 통해 사회적경제 조직 혁신활동의 사회적 가치를 지속적으로 유지하는 동력을 확보할 수 있다.

시스템 전환의 거시적 측면과 사회적경제 조직의 일상적 혁신활동을 연계하기 위해서는 전환 비전 형성과 거버넌스 구축이 중요하다. 이를 위해서는 사회적경제 조직이 소속되어 있는 당사자 조직(협회) 수준에서 비전이나 미션을 토대로 시스템 혁신에 대한 전망을 구체화해야 한다. 이와 함께 사회적경제 조직의 혁신활동을 확장하고 확산시키기 위한 전략도 고민해야 한다. 개별 조직의 혁신이 아니라 시스템 전체의 변화를 가져오는 니치로서 전략적 관리를 해야 하는 것이다.

이는 사회적경제 조직 혁신활동의 사회적 가치와 전환지향성을 강화할 뿐만 아니라, 관련 분야의 연구개발활동을 수행하는 전문연구조직과 국가연구개발사업에도 사회문제 해결의 비전과 전망을 제시해주는 역할을 할 것이다.

(2) 선도시장전략

선도시장전략(Lead Market Initiative)[8]은 공공적 성격을 지닌 환경·안전·에너지·복지 분야의 사회적 수요에 대응하기 위해 시장 형성을 지원하는 전략이다. 선도시장 전략은 새로운 기술이 실험되고 검증될 수 있는 시장을 창출하기 위해 공공구매, 규제, 표준화 등 수요 관련 정책수단과 기술개발 같은 공급 기반 정책수단을 패키지 형태로 활용하는 통합형 정책이다. 여기서 선도시장은 경쟁력 있는 제품과 서비스를 처음으로 채택해 구현하고 다른 지역과 영역으로 이를 확산시키는 역할을 담당하는 특정 국가나 지역 시장을 지칭한다(European Commission, DG Enterprise, 2010; Edler et al., 2009). 이 전략을 추진하기 위해서는 현재의 사회·기술시스템에 대한 종합적인 분석과 향후 전망이 필요하다.

선도시장전략은 사회적경제의 혁신결과물을 위한 시장과 관련 제도를 동시에 만들어가는 전략이다. 따라서 표준화, 기술적 호환성, 사회적 수

---

8 선도시장전략은 현재 유럽에서 EU 선도시장전략(EU Lead Market Initiative)으로 추진되고 있다. 선도시장전략은 ① 수요지향적인 특성, ② 기존의 혁신정책에서 중요하게 고려되지 않았던 공공구매, 규제, 표준과 같은 새로운 정책수단 활용, ③ 규모는 크지 않지만 치밀하고 영리한 접근, ④ 정책들의 통합, ⑤ 수평적인 정책조정활동 등을 필요로 한다(Edler et al., 2009).

용성, 공공구매 시 구매 여부, 관련 기술개발 등을 종합적으로 검토해 새로운 시장을 형성하고 기술의 수용성을 검증하는 작업을 수행해야 한다. 그래야 사회적경제의 혁신적 제품과 서비스를 위한 시장이 형성되어 경제적 지속가능성을 높일 수 있다. 나아가 새로운 사회·기술시스템의 니치가 확장되어 시스템 전환에 박차를 가할 수 있다(Walz and Kohler, 2014).

06

디지털 사회혁신의 현황과 과제

김종선

2000년대 초반 유럽은 리스본 전략(Lisbon Strategy 2000)을 수립한 바 있다. 이 전략은 기술 경쟁력 관점에서 경제 성장 동력을 고도화하는 것을 목적으로 했다. 리스본 전략에도 불구하고 EU는 구조적인 문제로 인한 경제성장 둔화, 일자리 축소 등의 문제가 심화되었다. 한편 일부 유럽 지역에서는 사회적경제 조직들이 사회문제 해결활동을 통해 자체적으로 일자리를 창출하고 성장을 이끌어내는 현상들이 나타났다. 여기에 주목한 EU는 기존 전략에서 벗어나 사회문제 해결을 주요 전략으로 채택했다. 새롭게 작성된 리스본 전략에서는 디지털 기술을 활용해 사회문제를 해결하는 디지털 사회혁신을 새로운 정책으로 제시하고 있다(EU, 2015).

우리나라에서도 과학기술을 통해 사회문제 해결을 지향하는 움직임이 확대되고 있다. 그리고 우수한 IT 인프라 환경 속에서 사회혁신 조직들을 중심으로 디지털 사회혁신이 다양하게 시도되고 있다. 다음에서는 디지털 사회혁신의 국내 현황을 분석하고 디지털 사회혁신을 활성화하기 위한 정책 과제들을 검토한다.

1. 디지털 사회혁신의 개요

1) 정의

디지털 사회혁신에 대한 정의로는 EU(2015)와 김종선 외(2016)가 있다. EU 보고서(EU, 2015)는 "사회문제와 전 지구적 도전을 해결하기 위해 사람들의 참여를 모으고 협업과 집단 혁신을 촉진하는 데 디지털 기술을 사용해 이전에 상상하기 어려웠던 해결책을 찾아내는 것"으로 이를 정의한다. 이 정의는 IT와 집단혁신을 통해 새로운 방법을 개발하는 것을 강조하고 있다. 반면 김종선 외(2016)는 시민 주도를 통한 시스템 혁신 관점에서 "시민이 디지털 기술을 활용해 주체적으로 사회문제 해결을 위한 니치들을 만들고 이 니치들을 발전 및 확장시켜 궁극적으로 시스템 전환을 이룩하는 것"이라고 디지털 사회혁신을 정의한다. 디지털 사회혁신의 정의는 관점에 따라 다를 수 있으나 궁극적으로 시민들의 집단지성과 디지털 기술을 통해 사회문제를 새롭게 해결하는 활동이라는 데에는 의견이 일치한다. 여기서 시민은 일반 시민, 시민사회 조직과 함께 시민사회로부터 출발한 사회적경제 조직, 소셜벤처 등을 포함한다.

2) 작동 방식

디지털 사회혁신은 기존 디지털 산업의 혁신과 다른 방식으로 작동된다. 즉, 기존 디지털 산업의 혁신 영역은 소수의 기업이나 정부가 톱다운 방식으로 기획하고 상호 간 경쟁 및 경제적 가치에 의해 평가를 받는 시스템이다. 반면, 디지털 사회혁신의 작동방식은 개인, 시민단체 등의 풀뿌리 활동에 기반을 두고 있으며 다양성과 분산된 활동이라는 특성을 가진다. 또한 협력과 사회적 가치를 기반으로 작동한다.

2. 해외 현황

1) 분야 및 사례

EU는 디지털 사회혁신을 6대 분야로 구분하고 있다. 6대 분야는 공유경제, 새로운 방식의 제조, 인지 네트워크, 개방형 민주주의, 개방형 접속, 펀딩 - 액셀러레이션 - 인큐베이션이다(EU, 2015).

① 공유경제(Collective Economy)는 사람들이 기술, 지식, 음식, 의류 등을 공유함으로써 만들어지는 새로운 협동 사회·경제 모델을 뜻한다. 대표적인 예로 남는 물건을 대여 또는 상호 교환할 수 있게 해주는 IT플랫폼 피어바이(Peerby)가 있다.

② 새로운 방식의 제조(New Ways of Making)는 사용자들이 자체적으로 필요한 제품을 생산할 수 있는 개방형 디자인·생산 생태계 시스템을 뜻한다. 대표적인 예로 무료 CAD/CAM, 개방형 디자인 소스, 팹랩 등이 있다.

그림 6-1 **디지털 사회혁신 6대 분야**

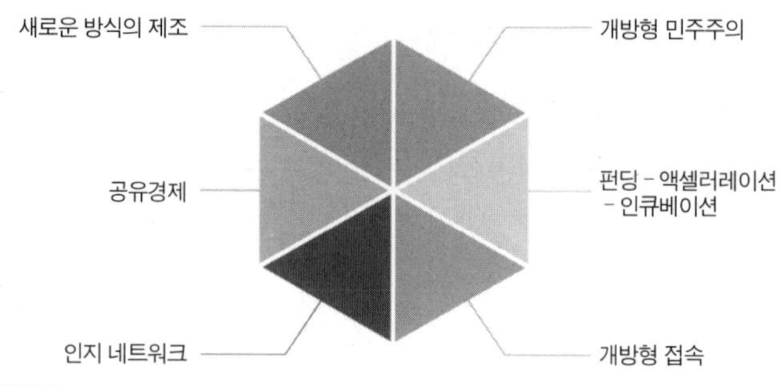

자료: EU(2015).

대표적인 활동 조직으로는 소비자가 자신의 생각을 기반으로 만든 제품을 전시하고 토론하는 메이커 페어(Maker's Fair)가 있다.

③ 인지 네트워크(Awareness Networks)는 시민 또는 시민단체가 새로운 제품·서비스의 생산 또는 시민의 행동 변화를 이끌어내기 위해 주변 환경이나 사람들로부터 정보를 모으고 관리하는 활동을 뜻한다. 인지 네트워크는 주로 환경 이슈 해결이나 지속가능한 생활방식의 강화, 커뮤니티 긴급사항에 대한 집단적 행동 등을 위해 사용된다. 대표적인 예로 일본의 방사능 수치 지도를 가시화한 세이프캐스트(Safecast)가 있다.

④ 개방형 민주주의(Open Democracy)는 현재 소수에 의해 주도되고 있는 정책결정 과정을 직접 민주주의로 전환시키는 것을 목표로 한다. 세부적으로는 정책결정, 집단적 의견 제시, 집단행동 등에서 시민 참여를 이끌어내는 것을 목표로 한다. 대표적인 사례로는 영국 정부의 세금 사용 정보를 분야별로 제공하는 오픈 스펜딩(Open Spending)이 있다.

⑤ 개방형 접속(Open Access)은 소수의 대기업 등에 의해 침해되는 개인의 권리를 시민이 되찾는 데 목적을 두고 있다. 세부적으로는 인터넷 콘텐츠에 대한 개방적 접근, 개방된 표준, 개방된 라이선스, 공통 지식 및 디

표 6-1 **유럽 디지털 사회혁신의 분야별 대표적 사례**

분야	추진 성과
공유경제	• 사례: 피어바이 • 내용: 내가 필요한 제품을 이웃에게 빌려 사용할 수 있는 인터넷 플랫폼 제공
새로운 방식의 제조	• 사례: 메이커 페어 • 내용: 소비자가 직접 제품을 만들고 이를 전시해 미래 트렌드를 모색하는 새로운 형태의 네트워크 이벤트
개방형 민주주의	• 사례: 오픈 스펜딩 • 내용: 정부와 기업의 금융거래를 추적하고 관련 데이터를 유용하게 표현해 공공자금이 어떻게 활용되고 있는지를 시각화해 보여줌
인지 네트워크	• 사례: 세이프캐스트 • 내용: 후쿠시마 사고 이후 일본 정부가 정확한 방사능 수치 발표를 하지 않자 시민단체가 오픈 하드웨어를 기반으로 한 방사능 측정 장치 보급 및 데이터 확보를 통해 일본의 방사능 지도를 제작한 사례

자료: EU(2015)를 기반으로 저자가 재정리.

지털 권리 제공을 통해 시민을 지원하고 시민의 참여를 독려하기 위해 활동하고 있다. 대표적인 조직으로는 CCC(Chaos Computer Club)가 있으며, 인터넷을 통한 사생활 침해, 데이터 보안 등의 사회적 이슈를 제기하고 알리는 역할을 하고 있다.

⑥ 펀딩 - 액셀러레이션 - 인큐베이션 분야는 디지털 사회혁신을 위해 공공 또는 민간의 투자자들로 이루어진 영역을 뜻한다. 이들은 초기 자금과 더불어 사회혁신조직들의 공동작업 장소 제공, 비즈니스 지원 및 컨설팅 등을 지원하고 있다.

2) 현황 분석

(1) 시민 중심의 사회문제 정의

사회문제는 사람, 문화, 가치관 등에 따라 주관적으로 결정되는 경우가 많다. 이 때문에 모든 사람이 인정하고 정부 예산을 투입할 정도로 중요한 사회문제를 도출하기란 쉽지 않다. 이에 EU는 시민으로부터 사회문제에 대한 정보들을 확보·분석해 해결해야 할 사회문제를 정의하고 이를 해결하는 데 많은 노력을 기울이고 있다.

유럽 차원에서 진행되는 활동으로는 CAPS(Collective Awareness Platforms for Sustainability & Social Innovation) 프로젝트가 있다. 이 프로젝트는 시민 참여를 기반으로 문제 해결을 위한 플랫폼을 제공하고 있다. 이 플랫폼은 세부적으로는 시민들의 참여를 모으고 이들 의견을 기반으로 환경 문제 정의, 해결 프로세스 및 실천 방법 등의 결정을 지원한다. CAPS 프로젝트는 시민들의 활동을 지원하기 위한 가장 중요한 수단으로 지역의 지식 활용을 강조한다. 또한 지역 사회와 상호 신뢰를 기반으로 한 오픈 데이터를 통해 사회문제를 정의하는 것을 매우 중요하게 다룬다. CAPS 프로젝트는 시민들의 의견을 기반으로 정책을 만드는 플랫폼을 제공하는 디센트(D-cent), 시민들이 자신들의 문제 해결을 위해 공공 서비스를 디자인하는 오픈포시티즌즈(Open4citizens) 등 다양한 사업을 진행하고 있다. 대표적인 성공사례로는 시민들의 힘을 모아서 일본의 방사능 수치 지도를 작성한 세이프캐스트 프로젝트가 있다.

CAPS 프로젝트 외에 영국에서 진행 중인 픽스마이스트리트(Fixmystreet) 사례를 구체적으로 살펴보면 이해하기가 더욱 쉬울 것이다. 픽스마이스트리트는 지역 시민이 자기 마을의 문제를 핸드폰 사진으로 찍고 위치 정보와 함께 이를 웹사이트에 올리는 활동을 일컫는다. 이러한 활동들은 궁극적으로 지역문제들을 지도로 표현해 보여준다. 그리고 제기된 지역문제들은 지역별로 정리되어 지역정부에 제공된다. 마지막으로 문제 해결 결과는 지역단위 보고서 형태로 웹페이지에 업데이트된다. 픽스마이스트리트는 지역주민들을 통해 지역의 사회문제를 정의하게 하고 지역정부가 이를 해결하도록 촉구하는 역할을 한다.

(2) 지역 기반의 디지털 사회혁신 사업

EU는 시민 중심으로 얻은 사회문제들을 기반으로 유럽 차원에서 풀어야 할 중요한 사회문제들을 정의한다. 그리고 이를 해결하기 위한 사업을 유럽 전체 차원에서 경쟁사업 형식으로 공모한다. 여기서 재미있는 점은 하나의 사회문제를 풀기 위해 연구 수행대상을 복수로 선정해 다양한 해법 개발을 추구한다는 점이다. 또한 협력 및 지식 전파를 강조하기 때문에 다양한 기관 및 도시가 연합해 사업을 지원하는 것을 선호한다.

EU 차원에서 사업을 공모하면 유럽의 각 도시나 단체들은 사업을 따기 위해 노력한다. 암스테르담의 경우 EU의 경쟁 사업을 획득하기 위해 전담 공무원까지 채용하고 있다. 이 전담 공무원은 EU에서 공모하는 사회문제 해결 사업을 따기 위해 자신의 도시 내에 문제 해결을 위한 사업팀을 구성한다. 여기서 시 공무원은 도시 내부의 중간지원조직 및 관련 시민단체, 그리고 필요한 경우에는 기업, 연구개발 조직 등을 엮어 팀을 구성한다. 또한 EU는 다른 도시와의 협력 및 지식 공유를 사업 선정의 중요한 부분으로 생각하기 때문에 다른 도시와 연계한 컨소시엄을 구성해 사업을 기획하고 응모한다. 이때 동일한 도시와 지속적으로 연계해서 사업을 지원하는 경우에는 낮은 점수를 받기 때문에 협력 대상을 바꿔가면서 사업에 지원해야 한다.

(3) 디지털 사회혁신활동을 지원하기 위한 혁신 생태계

유럽은 디지털 사회혁신활동을 확산하기 위해 혁신 생태계[1] 조성에도 많은 노력을 기울이고 있다. 여기에서는 투자시스템, 중간지원조직, 기술

적 지원 등에 대해 간략하게 살펴보겠다.

① 투자시스템

영국의 경우 디지털 사회혁신 기업의 성장을 위해 정부 차원에서 액셀러레이션에 많은 투자를 하고 있다. 특히 이 기업들의 성장단계에 따라 각 단계에 적합한 투자가 이루어진다. 예를 들어 스타트업 시기에는 웨이라(Wayra)가, 초기 단계에는 베스널 그린 벤처(Bethnal Green Ventures)가, 성장 단계에는 빅포텐셜(Big Potential), 빅벤처(Big Venture) 등이, 그리고 성장 및 안정화 단계에서는 다른 조직의 투자를 받는다. 또한 초기에는 주로 지원금 형태로 투자되며, 성장단계가 높아짐에 따라 주식이나 대출 형식으로 바뀐다. 최근에는 기업의 성장단계에 따른 투자 프로그램 사이의 연계가 약해 디지털 사회혁신 기업들이 어려움을 겪는 사례가 다수 등장했다. 이를 보완하기 위해 특정 프로그램을 졸업하는 단계에서 우수한 기업으로 평가된 기업에 대해서는 다음 투자 단계에 도달할 때까지 한시적으로 자금을 지원하는 프로그램도 개발되고 있다.

② 중간지원조직

유럽에는 지역 시민단체와 정부 사업을 연결하는 다양한 중간지원조직이 존재한다. 이 조직들은 정부, 연구소, 시민단체 등 다양한 그룹과 관계를 맺고 있으며 정부 또는 EU의 사업에 대해 조력자 역할을 수행하고 있다. 대표적인 중간지원조직으로는 영국의 NESTA, 영국 맨체스터의 퓨처

---

1 혁신 생태계는 자금, 기술, 인력, 시장, 제도 등 혁신활동을 둘러싼 다양한 환경을 뜻한다. 모든 국가가 동일한 혁신 생태계를 구축하고 있는 것은 아니며 자국의 특성에 맞게 혁신 생태계를 구성·발전시키고 있다.

에브리싱(Future Everything), 네덜란드의 바그 소사이어티(Waag Society) 등이 있다.

이 조직들은 상대적으로 소수의 직원으로 운영되고 있다. 영국 퓨처 에브리싱의 경우 맨체스터시의 다양한 사업을 진행하고 있음에도 운영인력은 8명에 불과하다. 바그 소사이어티도 200개가 넘는 다양한 사업을 추진해왔음에도 전체 인원은 60명에 불과하다. 이 인력들은 지역 내 다양한 커뮤니티, 전문가, 공무원 등과의 긴밀한 관계를 기반으로 문제들을 해결하고 있다.

또한 이 조직들은 중간지원조직의 인력을 양성하는 기능도 수행하고 있다. 실제로 조력자는 다양한 학문적 배경과 정부 및 사업에 대한 지식을 보유하고 지역 사회의 커뮤니티 및 전문가들과 연계되어 있어야 한다. 따라서 학교에서는 조력자가 육성되기 어렵다. 또한 유럽에는 조력자 육성에 대한 특별 교육 프로그램도 거의 존재하지 않는다. 대신 중간지원조직은 관심 있는 학생들을 다양한 사업에 참여시킴으로써 현장 지식과 인적 네트워크 등을 체득한 우수 인력을 양성하고 있다.

③ 기술적 지원

디지털 사회혁신을 위해 EU는 다양한 방식으로 기술들을 개발 및 보급하고 있다. 분야별로는 크라우드 펀딩, 오픈소스 콘텐츠 공유, 오픈 하드웨어, 센서 네트워크, 시민과학, 자유로운 배움(learn for free), 오픈소스 코드 셰어링, 빅데이터, 실험공간, 크라우드 매핑, 크라우드 소싱 등 11개로 구분될 수 있다. 그리고 전체적으로 이들은 지원 기능에 따라 다시 세 가지 분야로 그룹화될 수 있다. 첫째는 공유 또는 개방을 통해 사용자가 쉽게 디지털 기술을 활용할 수 있도록 도와주는 분야로서, 주로 개방형 소프

표 6-2 **디지털 사회혁신을 위한 기술적 지원 분야**

구 분	기술적 지원 기능 사례
기술 활용에 쉽게 접근하게 만드는 지원	오픈소스 콘텐츠 셰어링, 오픈소스 코드 셰어링, 자유로운 배움, 오픈 하드웨어
사회문제 인식 및 정의에 대한 지원	오픈 데이터, 센서 네트워크, 크라우드 매핑 등
디지털 사회혁신활동 역량에 대한 지원	크라우드 소싱, 크라우드 펀딩, 시민과학, 실험공간

자료: 영국 NESTA 홈페이지를 기반으로 저자가 재정리.

그림 6-2 **유럽의 디지털 사회혁신 작동 방식**

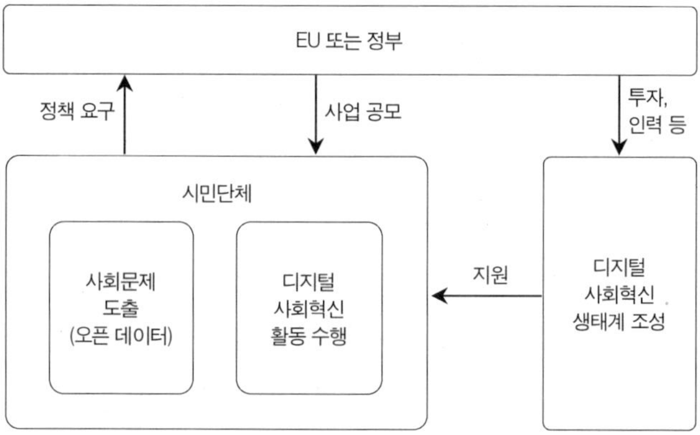

트웨어, 개방형 하드웨어를 제공한다. 둘째는 사회문제 인식 및 정의를 위한 분야로서, 측정, 데이터, 크라우드 매핑 등이 있다. 마지막은 디지털 사회혁신의 활동 역량과 관련된 분야로서, 시민과학, 실험공간, 크라우드 펀딩, 크라우드 소싱 등이 있다.

정리해보면, EU는 시민을 중심으로 사회문제를 발굴하고 이를 기반으로 사회문제 해결 사업을 기획한다. 그리고 기획된 사업은 지역 맥락 속에서 사용자나 시민들이 직접 해결 방안을 개발하고 수행한다. 이때 지역 정부, 지역 내 조력자인 중간지원조직, 그리고 관련 그룹들이 연합해 사회문제 해결 사업에 동참한다. 그리고 다양한 기술적 지원 기능이 활용되어 디지털 사회혁신활동을 지원한다.

3. 국내 현황

1) 국내 사례

국내에서도 다양한 분야에서 디지털 사회혁신 사례가 등장하고 있다. 유럽의 6개 분야 기준으로 살펴보면, 공유경제 분야에서는 루트에너지를 들 수 있다. 루트에너지는 디지털 기술을 활용해 태양광 발전을 위한 공간인 개인 주택 옥상과 투자자를 연계하는 것으로, 태양광 사업을 활성화해 에너지 문제를 해결하고자 노력하고 있다. 새로운 방식의 제조 분야로는 기존 고가 의수를 모듈 및 표준화해 저가의 제작 시스템을 구축한 만드로가 있다. 인지 네트워크 분야로는 커뮤니티 매핑을 통해 사회문제를 구체화하는 커뮤니티 매핑센터가 있으며, 개방형 민주주의 분야로는 정부의 세출 세입 정보를 제공하는 코드나무가 있다. 그리고 크라우드 펀딩 분야로는 공공 크라우드 펀딩 플랫폼을 제공하는 오마이 컴퍼니가, 인큐베이팅 등에는 비영리IT지원센터, 언더독스 등이 있다.

2) 현황 분석

(1) 정부 중심의 사업 발굴 및 진행

시민사회의 경우 대부분 사회문제를 잘 인식하고 있으며, 이를 해결하

표 6-3 **국내 디지털 사회혁신 사례**

기관명	목표 및 활동
커뮤니티 매핑센터	• 목표: 커뮤니티 구성원과 함께 지역 이슈 정보를 수집하고 이를 지도로 만들어 공유 • 내용: 크라우드 매핑으로 도출된 사회문제 지도를 통해 지역 내 다양한 사회문제 확인
만드로	• 목표: 장애인을 위한 3D프린팅 전자의수의 나눔 확산 • 내용: 저가의 전자의수를 제작할 수 있는 제조 생태계 구축
루트에너지	• 목표: 태양광 사업을 통한 에너지 자립 문제 해결 • 내용: 태양광 발전소를 건설하기 위한 공간(옥상)과 태양광 사업 투자자를 연결해주는 플랫폼 제공
비영리IT 지원센터	• 목표: 중간지원조직 및 비영리 조직들의 디지털 사회혁신 역량 강화 지원 • 내용: 비영리 단체의 컴퓨터 관련 교육 및 지원, 디지털 대기업의 사회적 공헌 자산을 비영리 단체에 제공 등 주로 비영리 단체의 디지털 사회혁신 역량을 강화하는 활동 수행
오마이 컴퍼니	• 목표: 디지털 사회혁신을 위한 공공 크라우드 소싱 플랫폼 • 내용: 공공 크라우드 소싱 플랫폼 개발을 통해 크라우드 펀딩과 크라우드 소싱을 동시에 진행
코드나무	• 목표: 정부 정보를 시민에게 제공 • 내용: 중앙정부의 세출 정보 제공, 해커톤 및 코드포서울 등의 시민 참여 활동 지원

기 위해 디지털 사회혁신활동을 하고 있다. 대표적인 예로 루트에너지는 에너지 공유를 통한 미래 에너지 문제 해결을 목표로 활동한다. 반면, 이러한 시민사회의 사회문제 의식과 정보들은 중앙정부의 사회문제 관련 사업과는 연계성이 떨어진다. 최근 출범한 문재인 정부도 시민의 정책 참여를 위해 광화문 1번가 등 다양한 노력을 기울이고 있으나 아직까지 시민 참여를 통해 사회문제를 해결하는 정책 시스템은 없는 실정이다. 서울시는 시민으로부터 직접 사회문제 및 해결 방안을 파악해 이를 정책화하려는 다양한 노력을 이미 오래전부터 기울이고 있다. 이러한 노력으로는 해커톤 대회나, 천만상상오아시스 플랫폼, 시민창안온라인 플랫폼 오프너, 위키 서울 등이 있다. 그러나 큰 성과는 나타나지 않고 있다. 예를 들어 2013년 천만상상오아시스의 경우 시민들의 제안 채택률이 1.43%에 불과했다. 지방정부의 경우도 유사해 지자체가 문제를 정의하고 해결하는

수준에 머물러 있다. 광화문 1번지 프로젝트 수행, 천만상상오아시스 개편 등 시민 참여 프로그램을 새롭게 도입하고 있으나 아직까지 전문가 기반으로 사업을 기획하고 수행하는 공급자 중심 방식이 주를 이루고 있다(한주희 외, 2015).

(2) 디지털 사회혁신을 위한 생태계 미비

디지털 사회혁신 생태계는 유럽 사례와 유사하게 자금, 중간지원조직, 인력을 중심으로 살펴보겠다. 우선, 자금의 경우 사회혁신을 위해 정부에서 지원하는 사업은 거의 없으며, 지원하는 경우에도 규모가 크지 않다. 정부지원의 대표적 사례인 'K-ICT 내가 만드는 마을'은 지자체에, 'ICT를 통한 착한 상상프로젝트'는 디지털 사회혁신 기업에 지원되었다(한국정보화진흥원, 2015, 2016). 그러나 이들 사업의 전체 예산은 수억 원 수준이며 10개 이내의 사업에 한정되어 있다. 대기업을 중심으로 한 사회적 기금, 시민단체를 통한 크라우드 펀딩으로 자금이 지원되고 있지만 많은 디지털 사회적기업은 여전히 자금 부족으로 어려움을 겪고 있다.[2] 또 성장 단계별 지원 시스템은 전혀 없다고 할 수 있다.

다음은 중간지원조직을 살펴보자. 앞서 이야기한 것처럼 디지털 사회혁신을 위해서는 정부 사업과 디지털 사회혁신 기업, 지역단체, 연구소 등을 연계 및 조력해주는 역량 있는 중간지원조직이 필요하다. 현재 여러 중간지원조직이 네트워크 연계 등을 통해 자체적으로 지원활동을 하고 있으나 이 조직들은 대부분 개인의 역량에 기반을 두고 있어 디지털 사회혁

2 크라우드 펀딩을 통해 얻은 투자액은 오마이컴퍼니의 경우 아이템 1개당 400만 원에 불과하다.

표 6-4 **중간지원조직의 주요 사례**

기관명	기능
비영리IT지원센터	시니어, 비영리기관 등의 IT 교육, 비영리기관에 하드웨어 및 소프트웨어 보급, 창업 인큐베이팅, 디지털 사회혁신정책 연구
오마이컴퍼니	크라우드 펀딩, 펀딩 컨설팅, 자금 지원 등
언더독스	인력양성 및 벤처 인큐베이팅
소풍	소셜벤처 투자 인큐베이팅
르호봇	공간 제공을 통한 인큐베이팅

신 기업의 성장에 맞는 네트워크 연계 및 지원을 하기에는 한계가 있다. 이러한 현상은 정부가 사업수행 기관으로 중간지원조직을 활용한 반면, 이들의 역량을 키우는 지원을 하거나 환경을 조성하지 않으면서 생긴 결과로 보인다.[3]

사회혁신을 위한 인력육성과 관련된 정부 정책은 별로 없는 편이다. 대신 사회적경제 조직을 통해 경영컨설팅을 지원함으로써 인력 역량을 키우는 사업이 존재하는데, 대표적인 예로 한국사회적기업진흥원의 컨설팅 지원 사업을 들 수 있다.

반면 시민단체에서는 주로 펀드나 액셀러레이션을 담당하는 그룹에서 인력양성을 수행하고 있는 것으로 나타났다. 대부분의 액셀러레이션 그룹에서는 창업자 육성을 위한 교육과 창업 이후 컨설팅을 중심으로 인력양성이 이루어지고 있었다. 창업 이전의 인력양성 사례로는 언더독스의 언더독스 사관학교, 비영리IT지원센터의 IT 관련 교육 등이 있다. 전체적

3 대부분의 중간지원조직은 정부에서 부여받은 자신의 사업을 수행하는 데 힘쓰고 인력, 경험 부족 등으로 자신이 잘하는 분야를 중심으로 활동하고 있기 때문에 자신이 잘 모르는 분야에 대해서는 연계 및 조력 활동이 매우 부족했다. 이러한 상황은 김종선 외(2015) 및 관련 조직·인터뷰를 통해 확인할 수 있다.

으로 디지털 사회혁신 인력양성은 창업에 맞춰져 있으며, 시민사회의 IT 활용 역량 강화는 미흡한 것으로 보인다.[4] 또한 소수의 기관만 인력양성 사업을 벌이고 있어 디지털 사회혁신의 인력이 부족하다.[5] 실제로 오마이 컴퍼니, 루트에너지, 마블러스 등 소셜벤처의 경우 인력을 확보하기가 어렵다고 한다. 따라서 향후 인력양성 프로그램을 양적으로 확장할 필요가 있다.

이 외에 디지털 사회혁신의 수요를 확대하는 정책도 눈에 띄지 않는다. 유럽의 경우 디지털 사회혁신의 수요를 확대하기 위해 공공 구매 등에서의 정책 개선을 고려하고 있음(EU, 2015)을 감안할 때 수요를 확대하기 위한 제도 보완이 더 필요할 것으로 보인다.[6]

(3) 기술지원 미비

디지털 사회혁신에서는 디지털 기술을 기반으로 사회문제를 해결하기 때문에 해당 조직이 디지털 기술을 활용 및 응용하는 역량이 매우 중요하다. 그러나 정부 차원에서 디지털 사회혁신 분야에 직접적으로 기술지원을 하고 있지는 않다. 대신 지방정부나 중앙정부 차원에서 진행되고 있는 간접적 지원 사업으로는 팹랩, 무한상상실 등이 있다. 이 사업들은 기술을 직접적으로 제공하기보다는 시민들이 자신의 아이디어로 물건을 만들 수

---

4 창업이 아닌 일반 시민에 대한 교육은 비영리IT지원센터만 수행하고 있다.

5 2016년 말 기준으로 언더독스의 경우 4기까지 63명에 불과하며, 소풍도 1기팀이 5개 기업에 불과하다. H-온드림의 경우 2016년 4월까지 4년간 400여 개 창업팀을 지원해 활동이 가장 활발했다. 그러나 1년 단위로 살펴보면 언더독스가 100여 명, 소풍이 10여 개 팀, H-온드림이 30여 개 팀에 불과해 상대적으로 소수의 인력이 육성되었다.

6 2017년 10월 현재 공공부문의 사회적기업 제품 구매를 촉진하기 위한 '공공기관 판로 지원법'이 제정 중이다.

그림 6-3 **국내 디지털 사회혁신 생태계 개요**

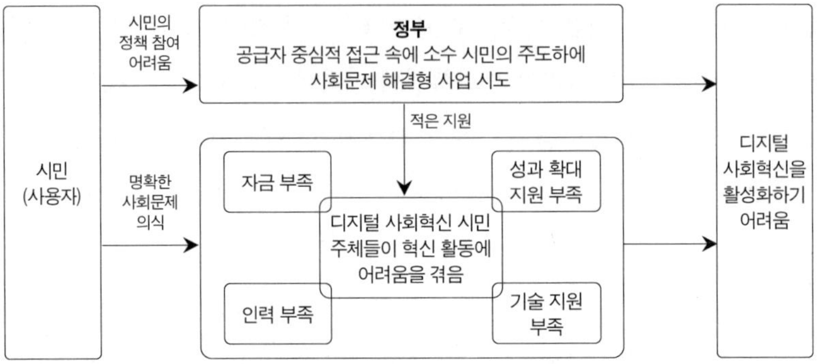

있는 공간을 마련하는 수준에서 진행되고 있다. 시민단체의 경우, 특히 기술을 통해 창업한 소셜벤처의 경우 기술지원을 받을 수 있는 기관과 사람 등에 대한 정보를 거의 가지고 있지 않으며(김종선 외, 2015), 대부분 사회문제 해결형 기술을 개발하기 위해 자체적으로 뛰고 있다. 따라서 디지털 사회혁신과 관련된 기술을 지원하는 플랫폼이 필요하다. 특히 EU와 같이 시민단체의 기술 접근성을 지원하는 분야, 사회문제 정의와 관련된 분야, 디지털 사회혁신 기업들의 혁신 역량을 강화하는 분야 등에 대해 체계적인 지원 시스템을 구축할 필요가 있다.

디지털 사회혁신 생태계의 상황을 요약하면 정부는 시민의 참여를 활성화하기 위해 노력하고 있으나 전체적으로 공급자 중심적인 관점에서 사업이 진행되고 있다. 이로 인해 정부 자체가 사회문제 해결 방안을 효과적으로 기획하기도 쉽지 않다. 이러한 상황하에서 시민단체와 소셜벤처를 중심으로 디지털 사회혁신활동이 다양하게 시도되고 있다. 이들은 사회문제에 대한 명확한 인식을 기반으로 활동하고 있으나, 상대적으로 낮은 역량, 디지털 사회혁신 기업의 성장단계에 따른 자금 및 육성 시스템 부재, 필요한 기술 확보의 어려움, 디지털 사회혁신에 대한 수요확대 정책의 부재 등으로 혁신활동에 어려움을 겪고 있는 것으로 나타났다.

4. 디지털 사회혁신을 활성화하기 위한 정책 및 과제

지금까지 국내외 사례를 통해 우리나라 디지털 사회혁신활동의 현황 및 문제점 등을 살펴보았다. EU에서는 디지털 기술과 시민들의 대중 지성을 활용해 새롭게 사회문제를 해결하려는 노력이 확대되고 있다. 그리고 이러한 노력은 디지털 사회혁신의 확대와 관련 혁신 생태계 구축으로 나타나고 있다. 반면 우리나라는 시민사회가 주도하는 사회혁신활동이 미약한 상태이고 혁신 생태계도 잘 조성되어 있지 않은 것으로 나타났다.

현황 분석을 기반으로 국내 디지털 사회혁신의 활성화 방안을 크게 세 가지 방향에서 제안한다. 우선 첫째 방향은 시민의 정책 참여 확대이다. 이를 위해서는 우선 시민이 주도해서 사회문제 데이터를 생산해야 한다. 이들 데이터는 유럽과 같이 시민단체를 활용해 얻을 수 있으며,[7] 향후 정부 차원에서 수집된 사회문제 정보[8]와 통합해 국가의 사회문제 데이터베이스를 구축하는 데 사용해야 한다. 그리고 정부의 사회문제 해결 사업에

7 시민단체를 통해 얻은 사회문제 데이터는 정부가 인지하기 어려운 사회문제와 관련된 정보를 제공한다. 예를 들어, 장애인 단체가 작성한 사회문제 지도는 정부가 파악할 수 없는 정보를 제공한다. 그리고 시민 참여를 통해 일본의 방사능지도를 제작한 세이프캐스트 사례에서 보듯 많은 예산을 투입하지 않고도 대규모 데이터를 얻을 수 있는 장점도 있다.

8 대표적인 사례로 교통 문제, 범죄 문제에 대한 정보 등이 있다.

서는 시민이 지속적으로 정책에 참여할 수 있는 거버넌스가 구축되어야 한다. 세부적으로는 시민들이 사회문제를 정의하고 관련 사업을 자체적으로 기획해 정부에 이를 제시하는 시민 참여 플랫폼을 구축해야 하며,[9] 관련 정부사업의 기획과 수행, 그리고 결과 평가에 시민 참여를 확대해야 한다.

둘째 방향은 디지털 사회혁신을 활성화하기 위한 혁신 생태계 구축이다. 이를 위해서는 우선 디지털 사회혁신에 대한 명확한 정의를 제시해야 한다. 이를 기반으로 정책의 범위 및 대상, 혁신 생태계 하부 시스템의 구성 및 역할 등을 규정하고 혁신생태계를 구축해야 한다. 이를 위해 우수 중간지원조직 육성, 인력양성, 성장 단계별 인큐베이팅 강화, 기술 지원 등을 수행해야 한다. 우수 중간지원조직 육성의 경우 중간지원조직의 역량 강화 지원, 관련 전문가 네트워크와의 연계 확대, 사업 수행에서 얻은 노하우를 확산하기 위한 중간지원조직의 네트워크 강화 등이 필요하다. 인력양성의 경우 대학이나 우수한 중간지원조직을 통한 맞춤형 교육 개발, 관련 네트워크 구축을 통한 노하우 확산 등을 고려할 수 있다. 인큐베이팅의 경우 사회적 가치를 중시하는 투자자금 마련, 디지털 사회혁신 기업들의 성장 단계에 따른 액셀러레이팅 시스템 구축, 관련 전문 인력육성 등을 고려할 수 있다. 마지막으로 기술 지원의 경우 정부 연구소의 기술 자산 및 노하우가 사회혁신 영역으로 전달될 수 있는 시스템 구축, 시민들의 IT 접근 역량을 강화하기 위한 개방형 하드웨어 및 소프트웨어의 개발과 보급 등을 고려할 수 있다.

셋째 방향은 디지털 사회혁신과 관련된 정책 또는 제도의 연계 및 확장

9 유럽에서는 이미 유사한 목적으로 디센트라는 플랫폼을 제작하고 있다.

표 6-5 **디지털 사회혁신을 활성화하기 위한 방안**

주요 방향	방안	주요 내용
시민의 정책 참여 확대	시민 주도로 사회문제 관련 데이터 확보	시민단체나 중간지원조직을 활용해서 데이터 확보
	시민 참여 거버넌스 구축	시민 참여 플랫폼 구축, 정부 정책의 기획 및 평가에 시민단체와 중간지원조직의 참여 확대, 사회문제 해결사업에 시민의 참여 확대 등
디지털 사회혁신 생태계 구축	사회혁신 생태계 시스템의 명확화	디지털 사회혁신 생태계의 정의 도출 및 대상 구체화, 관련 하부 시스템의 정의·역할·기능 명확화 등
	우수 중간지원조직 육성	중간지원조직 내 인력양성 교육 지원, 관련 전문가 네트워크와의 연계 시스템 구축, 노하우 공유를 위한 중간지원조직 네트워크 강화 등
	액셀러레이팅 강화	기업성장 단계별 액셀러레이팅 시스템 구축, 정부의 펀드 조성, 관련 인력양성
	인력양성	디지털 사회혁신 역량에 따른 맞춤형 교육프로그램 개발 및 지원, 관련 네트워크 구축을 통한 노하우 공유
	기술지원 확대	쉽게 사용할 수 있는 디지털 사회혁신의 기술개발 및 지원, 정부 연구소의 기술지원 확대 등
정책과 제도의 연계 및 확장	기존 사회문제 해결형 사업의 참여 확대	시민단체 주도의 사회문제 해결형 사업 신설, 사업 역량을 보완하기 위한 지원 제도 신설
	다양한 정부 리빙랩 사업과 연계 강화	정부의 리빙랩 사업에 디지털 사회혁신 기업의 참여 확대
	사회문제 관련 제도 개선	사회문제 해결활동을 어렵게 하는 제도 개선 및 해결활동 확장에 도움이 되는 제도 보완

이다. 구체적으로는 정부의 사회문제 해결형 사업에 디지털 사회혁신 기업들의 참여를 확대하고 사회혁신활동에 영향을 미치는 다양한 제도를 지속적으로 개선·보완하는 작업이 병행되어야 한다.[10]

10 공공구매 부문에 사회적 가치를 도입해 사회혁신 시장을 확대하는 것도 좋은 방안이 될 수 있다.

07

사회혁신 생태계의 현황과 과제

강민정

사회혁신 생태계에 대한 이해는 사회혁신에 접근하는 학문적 배경과 실천의 영역에 따라 그 내용과 경계가 다르게 나타날 수 있다. 먼저 과학기술학 분야에서 사회혁신에 대한 논의는 '사회문제 해결형 기술개발' 활동과 관련된 것으로서, 인간의 삶의 질과 지속가능성을 향상시키기 위한 기술 기반 사회혁신의 의미로 소통되고 있다(송위진·성지은, 2013a). STEPI의 사회기술혁신연구단이 주축이 되어 국내에 소개한 사회·기술시스템 전환 연구가 그 중요한 흐름이며, 이들은 대개 산업이나 국가 단위의 구조적 측면에 초점을 맞추고 있다. 그리고 시스템 차원에서의 변화를 목표로 한 집단적 실험인 리빙랩에 관심을 둔다. 이들 논의는 '무엇을 위한 혁신인가'라는 근본적인 질문을 던지고 과학기술 기반으로 사회문제를 해결하는 방안을 모색하고 있다.

사회혁신을 논의하는 또 다른 흐름은 사회문제 해결과정에서 기존의 정책이나 시장의 실패를 뛰어넘는 개인과 조직 단위의 혁신적 행위와 실천에 초점을 맞춘 '사회혁신론'을 들 수 있다. 이는 유럽을 중심으로 발달해온 사회적경제와 미국을 중심으로 발달해온 비영리조직 등의 사회적기업가정신과 관련이 있다. 영국의 영파운데이션과 NESTA 등을 통해 확산된 사회혁신 담론은 사회문제 해결을 목표로 하는 사회혁신기업[1]에 사상적·실천적 정당성을 부여하고 있다. 여기서의 사회혁신은 기술혁신을 포함한 다양한 형태의 혁신적 방법이 사용될 수 있다는 점에서 과학기술학에서 진행해온 사회혁신 논의보다 분석의 단위와 관심의 영역이 넓고 다양하다.

한편 현실 사회혁신 생태계에서는 사회혁신기업과 사회문제 해결형 과학기술이 별개로 존재하는 듯하다. 과학기술 분야에서 접근하는 사회혁신은 그 학문적 논거와 실천적 문제의식에도 불구하고 사회적경제 조직과 구체적인 협력 사례를 많이 내지 못하고 있으며, 거꾸로 사회적경제 조직에서 사회문제 해결형 과학기술을 직접적으로 활용한 사례도 많지 않다.[2]

---

1 사회혁신기업에 대한 정의는 통일되어 있지 않다. 이 장에서 사회혁신기업은 기업으로서 사회적 가치와 경제적 가치를 동시에 추구하면서도 사회적 가치 창출을 최우선으로 하는 기업을 뜻한다. 따라서 경제적 가치를 최우선하는 일반 영리기업은 포함하지 않는다. 이 글에서는 일반 기업이 사회적 가치를 창출하는 형태를 공유가치 창출이라는 차원에서 다루고 있다. 사회적기업과 관련된 연구자 및 실천가들은 제도적 차원에서 인증된 사회적기업은 '사회적기업'으로, 일반적 의미에서 사회적 가치 창출을 최우선으로 하는 기업은 '사회적 기업'으로 다르게 쓰기도 한다.

2 사회혁신기업 중에는 기술혁신을 통해 사회문제를 해결하는 기업이 존재하는데, 특히 적정기술을 통한 사회문제 해결에서 그들의 역할이 두드러진다. 이 글에서는 이러한 사회혁신기업들이 사회문제 해결형 과학기술 계획을 수립하고 연구하는 과정에 제대로 참여하지 못하고 있음을 지적했다.

이 장은 과학기술학 분야에서 사회혁신에 접근하는 연구자와 실천가들에게 현실 사회혁신 생태계에 대한 이해를 높여 양자의 상호작용을 활성화하는 것을 목적으로 하고 있다. 이를 위해 사회혁신기업을 둘러싼 정부정책과 법제도적 환경과 함께 일반 기업의 공유가치 창출 활동, 사회혁신 중간지원조직의 현황 등을 논의할 것이다. 또한 과학기술정책의 이론적 기반인 혁신연구를 바탕으로 사회혁신을 논의하고 있는 TEPSIE의 분석틀을 활용해 사회혁신 생태계를 분석할 것이다(TEPSIE, 2014).

1. 사회혁신 생태계에 대한 이론적 논의

1) 사회혁신론

사회혁신은 "사회적 가치를 최우선으로 하는 조직을 통해 개발되고 확산되는 혁신적 행위와 실천"이자 "전략과 조직화된 행위를 통해 나타나는 사회변동의 과정들"이다(Mulgan, 2011). 기대수명 향상으로 인해 초래되는 문제들(연금, 주거, 노인 돌봄 등), 기후 변화에 따른 탄소배출을 감소시키기 위해 필요한 사회 재조직 이슈(산업, 교통, 환경 등), 국가와 도시 단위에서 급증하는 다문화성과 관련된 이슈(언어교육, 정체성, 주거 등), 불평등의 심화로 인해 발생하는 폭력, 정신질환 등의 사회적 병폐, 풍요함에서 비롯된 비만, 알코올 및 약물중독, 도박 등 다양한 사회문제가 사회혁신의 대상이 될 수 있다. 영국의 영파운데이션은 세계를 움직인 사회혁신을 선정했는데 그 내용은 〈표 7-1〉과 같다.

사회혁신의 특성을 살펴보면, 먼저 사회혁신은 '과정'을 통해 일어난다.

표 7-1 **영국의 영파운데이션이 선정한 세계를 움직인 사회혁신**

사회혁신 주제	사회혁신 내용
개방대학	1971년 영국에서 처음 설립됨. 대학교육을 받지 못한 성인 대상 프로그램으로, 혁신적 모델로 인정받아 전 세계로 확산
공정무역	1940~1980년대에 영국과 미국에서 시작되어 전 세계적으로 성장하고 있는 생산자 보호를 위한 공정무역 운동
그라민은행	방글라데시의 마이크로크레디트 기반의 빈곤퇴치 사업으로서 전 세계적으로 급격하게 전파됨
옥스팜	1942년 영국에서 시작된 지역사회 단위의 빈곤퇴치 운동으로 현재 전 세계 98개국에서 활성화됨
리눅스	리눅스, 위키피디아, 오마이뉴스 등 다양한 분야를 변화시킨 오픈 소스 방식
암네스티 인터내셔널	인권 보호와 성장을 위한 다양한 운동 조직체
국민건강상담 서비스	영국의 국민건강청(National Health Service)이 제공하는 24시간 건강 상담서비스로 전화, 스마트폰, 웹 등 다양한 매체를 통해 접속 가능
빅이슈	영국에서 시작되어 전 세계적으로 퍼져나가고 있는 모델로, 노숙자의 자활을 돕고 사회구성원과의 소통을 돕는 잡지 사업. 일반인은 ≪빅이슈≫를 구입하거나 잡지 콘텐츠에 재능을 기부함으로써 노숙자를 도와줌. '홈리스 월드컵'과 같은 모델을 파생시킴

자료: Young Foundation(2006).

지역사회, 시민운동조직, 개인 또는 기업 등 다양한 주체가 개방적으로 아이디어를 구하고 네트워크의 형성과 협력을 통해 사회문제를 해결하는 과정이 사회혁신이다.

둘째, 사회혁신은 사회문제 해결뿐만 아니라 경제활동도 포괄한다. 사회혁신은 공공영역과 시민사회에서 발달해온 조직을 통해 수행되지만 지속가능성을 위해 수익창출 활동도 사회혁신에 포함된다. 또 기업의 사회적 가치 창출에 대한 논의가 공유가치론을 중심으로 활성화되면서 일반기업이 비즈니스 과정에서 사회혁신에 참여하는 양상도 나타나고 있다.

사회혁신의 셋째 특징은 복제 가능한 모델과 프로그램이라는 점이다. 성공적인 사회혁신은 사회구조에 영향력을 미치며, 이 과정에서 끊임없는 모방과 확산이 일어난다. 영국에서 노숙자의 자활을 지원하는 잡지로

표 7-2 **사회혁신기업의 사례**

기업	국가	혁신 내용
엘비스 앤 크레스(Elvis & Kresse)	영국	재활용품을 활용한 패션사업으로 재활용품에 대한 인식 전환을 꾀하고 수익의 50%를 기부한다. 2007년 영국에서 설립한 회사로서 산업 폐기물을 재활용(연간 약 150톤)해 패션 핸드백, 노트북 케이스, 키홀더 등을 생산한다.
기브 섬싱 백(Give Something Back)	미국	B2B 시장에서 사무용품 판매로 얻은 수익을 비영리기관에 기부하는데, 고객들은 GSB로부터 사무용품을 구매하고 기부 기관 선정에 참여한다. 이를 통해 지역사회의 비영리조직이 각종 사회문제 해결을 위해 진행하는 활동을 기업들이 간접 지원하는 혁신적 가치사슬 모델을 구현한다. 설립 초기인 1999~2001년간 미국에서 가장 빠르게 성장한 50개 기업에 선정되었으며, 2011년까지 총 500만 달러를 기부했다. 2011년 캘리포니아 최대의 사무용품 제공업체로 성장했다.
킥스타트(KickStart)	미국, 케냐	저비용 기술을 활용한 기계를 발명·판매해 저개발국 농부들의 수입 창출을 돕는다. 미국의 마틴 피셔(Martin Fisher)가 케냐에서 1995년에 설립한 회사로서 소규모 농부들을 위해 펌프나 농기계를 저가로 판매해 수익창출을 도와 삶의 질을 향상시키는 데 기여했다.
우주	한국	청년주거 문제를 해결하기 위해 2013년 시작된 셰어하우스 공급 회사로서 오래된 집을 개조해 합리적인 가격으로 재임대하는 방식을 사용한다. 2017년 현재 57개 주택을 확보해 300여 명의 청년에게 주거공간을 제공했다.

자료: 강민정(2015a; 60)을 일부 수정.

성공한 ≪빅이슈≫가 2010년 한국에서 ≪빅이슈 코리아≫로 재탄생한 것이 그 사례이다. 기업은 타 기업과의 경쟁에서 우위를 확보하기 위해 가능한 한 확산을 기피하는데, 사회혁신기업은 오히려 확산을 활용한다. 사회혁신 모델을 확장해서 사회적 효과를 강화시키기 위해서이다. 성공적인 사회혁신기업은 사회적 프랜차이즈 사업,[3] 사업 컨설팅[4] 등을 통해 사업

3 사회적 프랜차이즈 사업의 사례로는 노인요양 서비스의 품질을 획기적으로 높인 부산의 사회혁신기업 안심생활을 들 수 있다. 안심생활은 프랜차이즈 사업을 통해 브랜드 가치를 공유하고 노하우를 전수해 품질 높은 노인요양 서비스 모델을 확산하고 있다.

4 사업 컨설팅 기업의 사례로는 토닥토닥을 들 수 있다. 사회혁신기업 토닥토닥은 대구를 기반으로 한 심리상담 카페인데, 심리상담의 벽을 낮추어 일반인들의 접근성을 높이고 상담 인력에게는 상담의 채널을 넓혀주는 성공적인 모델을 일구었다. 토닥토닥의 사업 노하우에 대한 문의와 견학 요구가 많아지자 컨설팅을 공식적인 사업 영역으로 진행함으로써 토닥토닥의 사업모델을 확산 중이다.

모델을 적극적으로 확산하고 있다.

2) 사회혁신기업의 가치혁신과 일반 기업의 공유가치 창출

(1) 사회혁신기업의 가치혁신

인류가 당면한 사회문제를 혁신적인 방법으로 해결하면서 이 문제를 비즈니스와 결합한 조직을 사회혁신기업이라고 한다. 이들 기업은 사회적기업, 소셜벤처 등 다양한 명칭으로 불린다. 사회혁신기업은 어려운 사회문제를 해결하면서도 기업으로서 경제적인 지속가능성을 유지해야 하므로 사회적 가치와 경제적 가치를 동시에 창출해야 한다. 이를 위해 사회혁신기업은 혁신적인 비즈니스 모형을 개발하거나, 공공시장을 비롯한 신시장 개척, 차별화된 제품과 서비스 개발, 생산 과정의 지속적 개선을 통한 비용 절감 및 품질 향상 활동을 수행한다. 라준영(2013)은 사회혁신기업이 소셜 미션을 달성하기 위해 사회적 가치와 경제적 가치의 상충관계를 해소하고 제품 및 서비스의 가치와 비용 구조를 근본적으로 변화시키는 아이디어를 사회혁신엔진이라 칭한다.

(2) 일반 기업의 공유가치 창출

사회혁신기업이 가치혁신을 이루어내는 방식은 일반 기업의 사회적 참여 방식으로 새롭게 등장한 '공유가치 창출'과 방법론상 맞닿아 있다. 마이클 포터는 기업의 사회적 가치 창출이 지닌 의미를 역설하고 사회적 가치와 경제적 가치를 통합해 공유가치 창출 개념을 제시하면서 기업에 대한 사회의 요구를 비즈니스상에서 실천하는 방법을 설명하고 있다. 공유가치 창출은 사회공동체의 사회·경제적 환경을 발전시키는 동시에 기업 경쟁력을 강화하는 정책과 경영방식을 의미한다. 여기서 공유가치는 기업이 이미 창출한 이익을 재분배해 함께 나누자는 개념이 아니라, 경제적·사회적 가치의 총량을 확대하자는 개념이다. 이는 기업과 사회의 관계에 대한 새로운 시각을 제시함으로써 기존의 사회책임경영(Corporate Social Responsibility: CSR) 패러다임을 전환하고 있다.

포터가 제시한 방법론을 보면, 기업의 경쟁우위는 가치 사슬, 즉 원료 조달, 제품과 서비스 개발 및 생산, 판매, 출하, 지원 등의 활동을 어떻게 조직하느냐에 좌우된다. 가치 사슬의 각 단계별 활동이 사회와 환경에 미치는 긍정적 또는 부정적 효과를 고려함으로써 기업은 사회에 긍정적인 영향을 미치는 동시에 새로운 사업 기회와 가치혁신의 계기를 만들어나갈 수 있다. 특히 기업의 특정 가치사슬과 관련 있는 사회문제를 해결하는 과정에서 새로운 기술 및 운영 방법의 발견, 경영 전략의 쇄신 등 다양한 차원의 혁신을 경험할 수 있는데, 이러한 혁신 속에서 생산성이 향상되고 시장이 확대되는 것이다. 즉, '사회공동체의 이해'를 반영해나가는 과정에서 기업은 새로운 수요를 창출하고 가치사슬을 재편하면서 경쟁 우위를 확보하는 효과를 누릴 수 있게 된다(Porter and Kramer, 2011).

일반 기업의 공유가치 창출 활동에서 제시된 방법론은 사회혁신기업의 가치혁신활동에서 활용될 수 있다. 그런 점에서 공유가치 창출은 일반 기업과 사회혁신기업이 만날 수 있는 지점이기도 하다. 사회혁신기업은 공유가치 창출 방법론을 활용해 가치혁신을 이루어낼 수 있다. 한편 일반 기업의 경우 공유가치 창출을 내부적으로도 추구할 수 있지만 사회적 가치 창출을 위해 가치혁신을 지향하는 사회혁신기업과의 '협력'을 통해 보다 효과적으로 사회적 가치 창출에 다가설 수 있다(강민정, 2015b).

그러나 일반 기업은 여전히 경제적 가치를 최우선으로 하며 공유가치 창출은 사업전략상에서 부분적으로 지향한다. 반면 사회혁신기업은 사회적 가치를 최우선으로 하며 경제적 가치를 동시에 추구하기 위한 방법으로서 가치혁신활동을 한다. 즉, 사회혁신기업이 방법론상 공유가치 창출에서 제시된 내용을 적극 활용한다 하더라도 일반 기업과는 출발점이 다르다.

3) 사회혁신 클러스터와 임팩트투자

사회혁신기업의 전형적인 형태라 할 수 있는 소셜벤처는 2000년대 초반 미국의 실리콘밸리를 중심으로 등장했다. 이들 소셜벤처는 실리콘밸리의 비즈니스 혁신을 가능케 한 벤처 클러스터를 기반으로 조성된 사회혁신 클러스터(Social Innovation Cluster)와 함께 성장했다.

타니모토와 도이(Tanimoto and Doi, 2007)는 샌프란시스코 베이 지역에 조성된 사회혁신 클러스터의 존재에 주목한다. 사회혁신 클러스터는 소셜벤처와 지원조직, 투자기관, 연구기관 등을 포괄하는 조직적 축적이며, 소셜벤처의 성장을 위해 중요한 요소이다. 한편 실리콘밸리에서 성장해온 신세대 기업가들의 기업가정신과 이들의 강력한 자금력이 결합한 벤처형 자선[5]은 사회혁신 클러스터의 중심축을 이루는데, 기업이 사회적 가치를

---

5 임팩트투자의 초기 형태로서 실리콘밸리를 중심으로 발달한 벤처형 자선은 소셜벤처가 혁신성과 시장성을 기반으로 사회적 가치를 추구하는 것과 기업으로서 지속가능한 경제적 자립기반을 마련하는 것을 전폭적으로 지원한다(Bugg-Levine and Emerson, 2011). 벤처형 자선기관(Venture Philanthropists)은 벤처투자와 같은 방식으로 자선활동을 전개하는데, 자선가로서 기부금을 내는 것이 아니라 투자자로서 소셜벤처가 안고 있는 리스크를 인식하고 이를 극복하기 위한 문제 해결에 적극적으로 관여한다. 한편 사회적 영향을 달성하는 것을 목표로 하므로 투자이득은 취하지 않는다. 실리콘밸리의 REDF를 대표로 하는 벤처형 자선은 다음과 같은 특징을 보여준다. 첫째, 리스크를 긍정적으로 받아들이고 명확한 사회적

추구하는 방식으로 사회공동체와 연대한다. 소셜벤처 네트워크(Social Venture Network: SVN)는 실리콘밸리를 기반으로 1987년 설립된 기업, 비영리기관, 투자자들의 커뮤니티로서 2014년 현재 600여 개의 기관이 회원으로 활동하고 있으며, 내부의 네트워킹 파워를 통해 구매, 투자지원 등의 방식으로 소셜벤처를 지원한다.

실리콘밸리의 벤처형 자선은 임팩트투자의 초기 형태를 보여주고 있는데, 다른 한편으로 자선보다 투자에 가까운 형태인 자선형 투자자도 존재한다. 자선형 투자자는 펀드에 투자한 투자자가 투자 수익을 가져가지는 않지만 펀드 자체는 지속가능한 운영을 위해 일정 정도의 투자 수익을 거둬들인다(Bishop and Green, 2008). 오미디르 네트워크(Omidyar Network), 어큐먼 펀드(Acumen Fund)[6] 등이 여기에 해당하는데 이들은 비영리 벤처투자회사(non-profit venture capital firm)로 잘 알려져 있다(강민정, 2012).

임팩트투자의 등장으로 사회혁신 클러스터는 사회혁신 생태계로 성장

성과를 요구한다. 둘째, 사회적 투자회수율(Social Return on Investment: SROI)을 통해 성과를 측정하고 장기적인 성장을 추구하며 보상을 실시한다. 셋째, 투자 대상자와 밀접한 관계를 형성해 CEO를 선임하는 이사회에 참여하고 사업전략에 대해 공동으로 논의한다. 넷째, 사회적 벤처를 직접 선정해 투자하고, 필요한 경우 투자 이후 발생하는 비용을 부담한다. 다섯째, 사업이 진행되는 상당 기간 동안 이사회에 참여한다. 여섯째, 사회적 벤처가 목표한 성과를 달성하면 합병이나 기업 공개를 통해 투자를 종료한다.

6 어큐먼 펀드는 임팩트투자의 전형이라고 할 수 있다. 2001년 설립된 비영리 벤처투자회사로서, 아프리카, 인도, 파키스탄 등 저개발국의 사회기저층(Bottom of Pyramid: BoP)을 대상으로 사업을 전개하는 사회혁신기업에 투자한다. 어큐먼 펀드는 비영리기관들에 주로 투자하다가 최근 사회적 목적을 추구하는 영리기업이 늘어나면서 투자 대상을 영리기업으로 넓혀가고 있다. 2010년 현재 50개 사회혁신기업에 5000만 달러를 투자했으며, 주 투자자는 록펠러재단, 시스코, 빌게이츠재단, 구글, 스콜재단 등의 재단과 민간기업, 일반 투자자들이다. 장기 대출, 대출 보증, 소수 지분 취득 등의 방식으로 7~10년에 걸친 장기 투자를 수행한다. 또한 투자와 함께 전문가를 파견해 사업모델에 대한 컨설팅을 수행하며 각종 경영 교육 등을 제공한다.

하는 계기를 맞았다. 소셜벤처가 영역을 넓혀가면서 실질적인 수익을 창출하게 되었으며, 이들이 창출하는 사회적 가치뿐만 아니라 경제적 수익에도 관심을 갖는 투자 활동이 나타나게 된 것이다. 투자자는 대개 20%의 수익률을, 소셜벤처 측은 5% 정도의 수익률을 적정 수준으로 보고 있다는 것이 업계의 평가이다. 세계적인 수준에서 임팩트투자의 규모는 2015년 기준 최소 105억 달러(JP Morgan and GIIN, 2015)에서 최대 2500억 달러(Clark et al., 2015)에 이를 것으로 추산된다. 이는 임팩트투자가 상대적으로 새로운 개념이므로 아직 그 정의와 범위가 분명히 합의되지 않은 상황이라서 조사기관마다 수치가 다르게 나타나기 때문이다. 이러한 가운데 임팩트투자자와 중간지원조직들의 국제적 파트너십 기관인 GIIN(Global Impact Investors Network)이 2017년 실시한 조사에서는 전 세계적으로 임팩트투자 규모가 1140억 달러로 추산되었다(http://www.thegiin.org/).[7]

4) 사회혁신 생태계의 정의와 구성요소

사회혁신 클러스터나 임팩트투자가 사회혁신기업에 영향을 미치는 조직들에 관한 논의라면, 사회혁신기업의 성장과 발전에 대해 보다 통합적이고 구조적인 이해를 가능하게 하는 관점이 '사회혁신 생태계'이다. TEPSIE(the theoretical, empirical and policy foundation for building social innovation in Europe)는 EU가 추진한 프로젝트로서, 그동안 다양한 방식

---

7 대표적인 임팩트투자자로는 굿캐피털(Good Capital), 그래이 매터스 캐피털(Gray Matters Capital), KL 펠리시타스재단(KL Felicitas Foundation), 인베스터즈 서클(Investors' Circle), 인텔레캡(Intellecap), 브리지스 벤처스(Bridges Ventures), 도이체 방크 아이 펀드(Deutsche Bank Eye Fund) 등이 있다(Bornstein and Davis, 2010).

그림 7-1 **TEPSIE의 사회혁신 생태계 구성 요소**

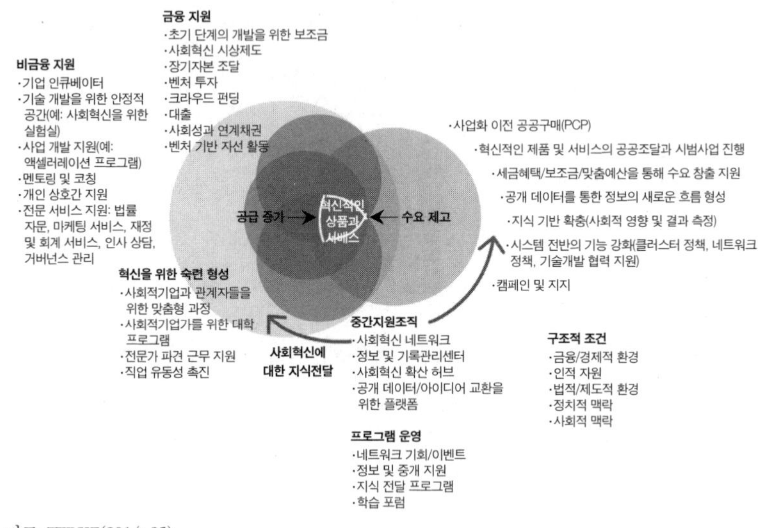

자료: TEPSIE(2014: 25)

으로 실천되어온 사회혁신에 대한 이론화 작업으로 추진되었다.

TEPSIE가 정의한 사회혁신은 사회적 니즈에 대응하기 위한 새로운 접근으로서 그 목표와 수단이 사회적이다. 사회혁신의 수혜자는 시민사회로서, 이들이 혁신 활동에 참여하는 과정에서 시민사회의 자원에 대한 접근성과 영향력이 향상되는데, 이러한 변화는 궁극적으로 사회관계를 변화시킨다. 사회혁신은 "새로운 사회적 니즈를 구체화하고 기존에 인지되지 않았던 니즈를 발굴하는 데 도움을 준다"(TEPSIE, 2014: 14). 이러한 사회혁신은 〈그림 7-1〉과 같은 사회혁신 생태계를 필요로 한다.

다음 절에서는 〈그림 7-1〉에 나타난 것처럼 TEPSIE의 사회혁신 생태계 구성 요소의 핵심적 내용인 구조적 조건, 중간지원조직, 공급 측면(재무적 지원, 비재무적 지원, 혁신을 위한 교육), 수요 측면(시스템 강화, 수요자, 지식

기반 확충 등)에 대해 살펴보면서 한국 사회혁신 생태계의 현황과 문제점에 대해 논의하기로 한다.

2. 한국 사회혁신 생태계의 현황과 문제점

1) 구조적 조건

(1) 정치적·사회적 맥락

한국사회에서 사회혁신 담론이 본격화된 것은 사회적경제와 사회적기업이 제도적 힘을 얻게 되면서부터이다. 2003년 참여정부는 IMF 외환위기 이후 실업 대책으로 나온 공공근로사업의 일회성을 극복하고 지속가능성을 확보하기 위한 방법으로 '사회적 일자리' 사업을 전개했는데, 이 과정에서 유럽의 사회적경제 모델과 그 구성요소인 사회적기업에 주목했다(김혜원, 2009). 또한 국민의 복지수준을 향상시키기 위해 사회 서비스를 확충하고자 하는 정책적 목표에 따라 사회적 일자리를 결합하는 전략을 동원했다. 이에 노동부를 중심으로 한 사회적 일자리 사업이 사회적기업의 형태로 등장했다. '사회적기업육성법'은 2006년 말 국회를 통과해 2007년에 본격적으로 시행되었는데, 사회서비스 확충과 일자리 공급이 주 내용을 이루면서 혁신을 통한 사회문제 해결, 즉 사회혁신 논의는 담아내지 못했다. 2007년 이후 설립된 초기 사회적기업은 대다수가 일자리 사업의 성격을 벗어나지 못했다. 사회혁신을 추구하는 기업은 사회적기업으로 인정받기 위해 무리한 고용모델을 도입하거나 제도 밖에서 소셜벤처 또는 사회혁신기업으로 존재했다.

한국에 사회혁신 담론이 확산되고 사회혁신 생태계가 본격적으로 조성된 데에는 사회혁신가이자 소셜디자이너임을 자처한 박원순 시장이 이끄는 서울시가 중요한 역할을 했다. 박원순 시장은 시민운동가 시절, 희망제작소를 통해 활발하게 사회혁신 프로그램을 실행하고 담론을 확산하면서 의미 있는 결과들을 만들었다. 서울시장이 되고 나서는 서울을 세계적인 '사회혁신 수도(Social Innovation Capital)'로 만들겠다는 정책기조를 공공연히 표방했다. 서울시는 기존의 취약계층 일자리 창출의 흐름을 '시민 주도의 사회혁신'과 '사회적경제 활성화'로 바꾸고 도시재생, 청년 주거 등 서울시의 핵심 과제를 해결하는 데 사회혁신을 적극적으로 활용하는 정책을 펼쳤다(사회혁신센터, 2016). 이 과정에서 청년 사회혁신가들이 참여하는 실험의 장이 다양한 방식으로 열리게 되었다.

새로 출범한 문재인 정부는 사회적경제 활성화를 위해 '사회적경제기본법' 등을 마련하기로 하고 정책 조정과 시행을 전담할 조직으로 가칭 '사회적경제발전위원회'를 구성하기로 했다. 이에 따라 그동안 사회적경제계에서 꾸준히 제기되었던 사회적경제 조직을 위한 판로개척과 공공조달, 자금 및 세제, 인재양성 등 초기 지원을 강화하기 위한 사회적경제 활성화 방안이 마련될 것으로 보인다. 또 사회서비스는 물론 문화예술, 도시재생 등 우리 사회의 오랜 문제를 혁신적으로 해결하는 데 사회적경제 조직이 진출하면서 자연스럽게 사회혁신의 담론과 방법론이 사회적경제와 결합될 것으로 보인다.

(2) 법·제도적 환경

① 한국의 사회혁신 생태계 발전과 법·제도적 환경

한국의 사회혁신 생태계를 이해하기 위해서는 제도적 정의로서의 사회적기업이 사회혁신 생태계와 맥락을 달리하며 성장해온 점이 고려되어야 한다.

한국의 사회적기업은 2007년 '사회적기업육성법' 시행으로 인증제가 도입된 이후 양적으로는 지속적으로 성장해왔다. 그러나 사회적기업과 그 생태계의 지속성에 대해 꾸준히 우려가 제기되어왔고, 영업손실 기업의 증가, 연평균 매출과 당기순이익의 감소 등 경영상의 효율성이나 생존가능성에 대한 지적이 끊이지 않았다(사회적기업진흥원, 2013, 2014). 2007년 이후 매년 100~300개 정도의 사회적기업이 정부로부터 인증을 받고 있으며, 2015년 12월 기준 정부의 인증을 받은 국내 사회적기업 수는 1640개에 이른다. 이러한 양적 성장에도 불구하고 현실의 대다수 사회적기업은 사업 규모가 영세하고 정부 재정지원에 대한 의존도가 높아 어려움을 겪고 있으며 사회적 가치 창출에서도 영향력을 찾기 힘든 경우가 많다.[8]

그런데 사회적기업의 약 77%가 영업손실을 내고 있음에도 2015년 사회적기업의 3년 생존율(2012년 인증)은 96.5%로 일반 기업의 3년 생존율 38.2%에 비해 월등히 높은 편이다.[9] 이는 사회적기업이 기업가의 헌신성을 기반으로 운영되므로 열악한 경영환경에서도 사업을 지속해나가기 때문인 것으로 해석할 수 있다.

한편 인증을 받지 않고 혁신적인 방법으로 사회적 가치를 추구하는 소

---

8 국내 사회적기업은 수익성이 여전히 좋지 않은 상태이지만 초기에 비해 많이 나아지고 있다. 2015년 기준 매출액이 50억 원 이상인 경우는 4%, 30억 원 이상인 경우는 5%이다. 평균 매출액은 13.5억 원이며, 영업이익을 내는 사회적기업의 비중은 23%, 1억 원 이상의 영업이익을 내는 사회적기업은 전체 6%에 불과하다. 1억 원 이상의 영업손실을 기록한 사회적기업이 전체 29%를 차지한다(한국노동연구원, 2015).

9 우리나라 기업의 3년 생존율은 스웨덴 75%, 영국 59%, 미국 58%, 프랑스 54% 등보다 크게 낮아 OECD 26개 국가 중 25위에 해당한다. 한편 4년 생존율은 32%, 5년 생존율은 29%이다(대한상공회의소, 2017).

셜벤처 방식의 사회혁신기업들이 점차 증가하고 있으며,[10] 이들을 지원하는 민간조직 중심으로 형성된 생태계가 점점 영향력을 확대하고 있다.

② 바람직한 사회혁신기업의 법적 지위와 제도

사회혁신기업의 조직 형태는 사회적 목적을 수행하는 조직임을 명확히 밝히면서도 동시에 경제적 가치를 추구하는 데 제한이 없어야 하며, 자본조달 과정에서 투자자의 경제적 자유 추구가 보호되는 동시에 사회적 목적 추구가 제한받지 말아야 한다(Bugg-Levine and Emerson, 2011: 124). 비영리조직이 사회혁신기업을 설립할 경우 자본시장에서 자본을 조달할 수 있도록 하는 한편, 회사 형태를 도입한 사회혁신기업도 혼합가치(Blended Values)를 추구하는 기업으로서의 특수성을 반영한 법적 지위를 부여받을 수 있도록 해야 한다.

우리나라에서는 특정한 기준에 따른 '인증'을 통해 사회적기업에 법적 지위가 부여되는데, 이와 달리 영국과 미국은 각각 CIC, L3C를 도입함으로써 사회적 목적을 가진 기업들이 스스로 활동의 편의나 투자 유치를 위해 법적 장치를 선택하도록 하고 있다.[11] 이러한 조직 형태를 취함으로써

---

10 인증된 사회적기업에 대한 통계가 명확한 것과 달리 이러한 종류의 사회혁신기업은 정확한 수를 집계하기 힘들다. 다만, 국내 임팩트투자기관이 2015년까지 투자한 건수는 184건 정도로 나타나고 있는데, 사회적 가치와 경제적 가치를 동시에 창출해내는 기업으로서 임팩트투자자들에게 인정을 받았다는 점에서 사회혁신기업의 규모를 가늠해볼 수 있는 수치이다.

11 영국의 CIC(Community Interest Company)는 2005년 회사법 내에 도입되어 사회혁신기업의 법적 지위를 마련했다. CIC는 공동체 이익 시험(Community Interest Test)을 통과하도록 하고 해산 시에는 자산분배를 금지했으며, 주식 배당에 대해서는 자본금의 20%로 상한선을 두었다. 또한 차입 시 성과변동형 이자를 10% 한도에서 지급하도록 하고, 배당 가능 이익의 35% 이내에서 이익을 배당하도록 하고 있다. 미국의 경우 사회혁신기업이나 소셜벤처가 취하는 일반적인 법적 형태는 유한책임회사(Limited Liability Company: LLC)인데, 점차 사회혁신기업으로서의 특수성을 표방하는 형태로 진화 중이다. 즉, 사회적 목적을 가진 회사에

사회적 목적을 달성하는 동시에 수익모델을 추구하고 있다. 또한 투자 유치에 도움이 된다고 판단하면 자발적으로 간단한 절차를 통해 신고하면 된다. 국내의 경우도 혼합가치를 추구하는 기업이라면 새로운 법적 장치를 마련할 필요가 있다.

한편 현행 사회적기업 인증제는 취약계층 고용 비율, 사회서비스 비율에 기준을 두고 있는데, 이는 혁신형 사업모델을 지닌 소셜벤처에는 진입장벽으로 작용할 수 있으며 소셜벤처의 양적·질적 성장을 가로막을 수도 있다. 따라서 현행 인증 요건을 완화해 이러한 조직들을 포괄해가거나 자율적 등록제로 전환할 필요가 있다. 또한 이익의 2/3를 재투자해야 하는 요건을 두고 있는데, 기업이 규모를 키워나가고 임팩트투자의 투자처로서 작동하기 위해서는 이러한 요건이 보다 유연해져야 한다. 사회혁신기업은 투자자에게 매력 있는 투자처가 되어야 투자를 계기로 성장해 사회혁신을 확대할 수 있다.

요컨대 영국의 CIC와 같이 특정한 법적 지위를 부여하되 사회적기업의 정의를 보다 광범하게 재정의함으로써 비즈니스 방식으로 사회문제를 해결하고자 하는 다양한 주체가 사회적 기업이라는 정체성을 대내외에 명확히 알리고 사회적 기업이 세제혜택, 공공구매 우선혜택 등을 누릴 수 있도록 해야 한다. 다른 한편으로는 사회적 가치 창출과 경제적 지속가능성을 동시에 추구하는 다양한 주체를 지원하는 민간 차원의 창의적이고 자유로운 투자 플랫폼을 마련해야 한다. 또한 초기 자본시장을 활성화하기 위한 임팩트투자기관을 설립하고 투자 활성화를 위한 세제 지원 등 제도

대해 저수익 유한책임회사라는 법적지위를 부여하고 있다. L3C는 기존 유한책임회사와 차별화된 사회적 목적의 영리기업임을 표방함으로써 투자자가 투자 시에 저수익 회사임을 인식하도록 하는 장치이기도 하다.

적 인프라를 갖춰야 한다.

2) 중간지원조직

(1) 중간지원조직의 특성

중간지원조직은 사회혁신기업에 필요한 자본, 유·무형의 자원, 전문성, 네트워크, 시장 등을 연계하는 조직으로서, 사회혁신 생태계의 촉매제 역할을 수행한다. 중간지원조직에는 네트워크전문 중간조직, 혁신전문 중간조직, 마케팅전문 중간조직, 성과평가전문 중간조직, 금융전문 중간조직 등 다양한 형태가 있다(Shanmugalingam et al., 2011).

국내에는 함께 일하는 재단, 희망제작소, 하자센터 등과 사회적기업 진흥원에서 지정하는 전국의 권역별 중간지원조직들이 있으나 정부 주도로 추진되다 보니 정부정책을 전달하는 체계의 성격이 짙어 사회혁신기업 전반의 자원을 연계하는 허브로서의 역할이 미흡해 보인다. 또한 이 조직들은 대부분 사회적기업 인증과 맞물려 교육과 지원을 실시하고 있어 사회혁신생태계의 중간지원조직으로서 전문성을 가지고 충분한 역할을 담당한다고 보기는 어렵다.

(2) 임팩트투자 활성화를 위한 금융 중간지원조직

금융 중간지원조직(finance intermediaries)은 임팩트투자의 인프라이자 투자 연계 등의 활동을 종합적으로 수행하는 플랫폼이다. 사회혁신기업은 창업 초기에 자금지원이나 경영지원 등 정책적 지원을 받지만 이들이 성장 단계에 이르면 사회적 목적과 경제적 목적을 동시에 추구하는 일반 투자자들도 자유롭게 투자할 수 있어야 한다. 이를 위해 투자자가 사회혁신기업에 대한 관심을 갖고 실질적인 투자 행위를 할 수 있도록 투자자와 사회혁신기업을 연계해야 하며 인프라도 조성해야 한다. 임팩트투자를 활성화하기 위해서는 사회혁신기업에 대한 성과평가체계와 세무와 회계 등이 투명성을 확보해야 하고 투자자에게 사회혁신기업에 대한 정보를 제공해야 하는데, 금융 중간지원조직이 이러한 기능을 할 수 있다.

국내에서 민간을 중심으로 시작된 임팩트투자는 사회혁신기업을 발굴해왔으며 자금지원과 경영컨설팅도 수행해왔다. 이들은 아직 소수에 불과하지만 사회적 가치 창출 기업이 좁은 의미의 사회적기업에 머물지 않고 사회혁신기업으로 성장해나가는 데 중요한 역할을 해오고 있다. 국내 최초의 임팩트투자기관으로 2008년에 설립된 소풍(SOPOONG)은 사회혁신기업에 대한 인큐베이팅·투자 회사로, 아이디어 단계부터 창업교육, 비즈니스 컨설팅, 투자 등을 진행한다. 크레비스(Crevisse Partners)와 D3 쥬블리(D3 Jubliee)도 국내 임팩트투자가 형성되던 초기부터 사회혁신기업에 투자와 컨설팅을 제공해온 투자회사로서, 민간 중심 임팩트투자자의 모범적인 형태이다. 또한 대기업 사회공헌 재단인 SK 행복나눔재단은 2013년부터 임팩트투자 대상 기업 발굴·육성·투자의 전 과정을 진행해오고 있다. 루트임팩트는 성수동 소셜 밸리 생태계를 조성하는 과정에서 사회혁신 생태계의 대표적인 임팩트투자기관으로 자리매김했고, MYSC는 프랑스의 그룹SOS(Group SOS)와 KPMG 등과의 파트너십을 활용해 조성된 국내의 대표적 임팩트투자 기관이라고 할 수 있다. 2015년에 설립된 KAIST 청년창업투자지주는 소셜벤처와 기술벤처에 대한 투자를 진행하고 있다.

(3) 서울시 중간지원조직과 혁신 공간: 서울혁신파크와 아스피린센터

서울시는 사회혁신도시를 실현하는 조직으로 사회적경제센터를 설립해 활동해왔는데, 그중 하나인 서울혁신파크는 청년 사회혁신가들의 실험의 장인 동시에 중간지원조직으로서 지역기반 생태계를 형성했다. 서울혁신파크는 서울시가 은평구에 조성한 공간으로, 2013년부터 청년허브와 사회적경제지원센터가 입주했다. 이곳은 3만여 평 부지에 32개의 건물 전체가 사회혁신의 대표적인 상징이 되도록 사회혁신기업과 관련 지원조직에 공간을 제공하고 있다. 서울혁신파크 내의 사회혁신리서치랩은 사회혁신 관련 연구를 수행해 사회혁신과 관련한 담론을 꾸준히 생산하고 있으며, 시민과 함께 사회혁신 확산을 위해 필요한 연구를 수행하기도 한다. 한편 노원구에 위치한 아스피린센터도 사회혁신에 기반을 둔 청년들의 창업 활동을 돕는 공간으로 다양한 프로그램을 제공 중이다.

(4) 민간 중심 중간지원조직과 혁신 공간: 루트임팩트와 성수동 소셜 밸리

성수동 소셜 밸리는 실리콘밸리의 사회혁신 클러스터를 연상케 하는 공간이다. 성수동은 1980~1990년대 수제화 산업의 중심지였던 준공업지대로서 산업이 쇠퇴하면서 낙후된 주거환경과 생활기반시설이 이어져오다가 2010년대 들어 예술인들과 청년 사회혁신기업가들이 유입되었다. 다양한 분야의 사회혁신기업이 공간을 공유하는 과정에서 생태계가 활성화되었으며, 새로운 사업기회를 발견하고 협력할 수 있는 기회가 만들어졌다.

성수동 소셜 밸리는 국내 자생적 사회혁신 생태계의 전형으로, 단기간에 성장하는 과정에서 민간 중간지원조직인 루트임팩트가 중심적인 역할을 했다. 루트임팩트는 성수동에 공간을 조성하고 청년 사회혁신기업가들을 초청했다. 2013년 1월에는 임팩트스퀘어, 딜라이트 및 엔스파이어와 함께 더 허브가 옮겨왔고, 2014년 공동주거공간인 디웰하우스[12]가 문을 연 이후 MYSC, 크레비스 파트너스 등 임팩트투자기관이 합류했다. 루트임팩트가 2017년 6월 문을 연 헤이그라운드는 500명이 함께 일할 수 있는 셰어오피스로서 다양한 분야의 사회혁신기업가들이 모여들고 있다.

루트임팩트를 비롯한 중간지원조직은 사회혁신기업에 대한 투자와 공간 제공, 경영 서비스의 지원과 연계를 통해 사회혁신기업가들의 활동과 성장과정을 돕는다. 그중에서 임팩트스퀘어는 SEAM센터를 설립해 기독교적인 배경을 가진 사회혁신기업가들을 위한 공동주거공간과 업무공간을 제공하고 있다. SEAM센터에서는 정기적 모임과 오픈비즈니스데이 같은 프로그램을 통해 센터 내 입주조직 및 외부 관계자들과의 교류를 지원하고 있다. 크레비스는 투자 대상 소셜벤처와 공동업무공간에서 일하면서 이들을 밀착 지원하고 있으며, 소풍은 투자 활동을 하면서 카우앤독이라는 코워킹 스페이스를 제공한다. 그밖에 성동구와 문화예술 비영리단체인 아르콘, 롯데면세점이 공동 협약을 통해 서울숲 진입로에 조성한 언더스탠드애비뉴는 공익공간이라는 콘셉트로 사회혁신기업가 및 예술가들을 위한 마케팅 채널과 팝업 공간을 제공하고 있다.

(5) 민간 중심 중간지원조직: SK행복나눔재단의 사회혁신 생태계 조성

SK행복나눔재단은 2009년 이래로 사회문제를 해결하는 사회혁신기업을 대상으로 설립, 지원, 투자 활동을 꾸준히 진행해왔으며, 일회적인 자

---

12 루트임팩트가 설립한 디웰하우스는 소셜벤처가나 사회적경제 분야에 종사하는 이들이 거주하는 셰어하우스 형태의 생활공간이다. 2016년 기준 거주 중인 입주민은 1호점 11명, 2호점 8명이다.

선활동을 넘어 국내 사회혁신 생태계를 조성하기 위해 다양한 프로그램을 운영하고 있다. 또한 사회혁신기업가를 위한 교육 프로그램을 제공하고 있고, KAIST와의 협력을 통해 사회적기업가 MBA 프로그램을 개설했으며, 국내 대학에 관련 인재육성을 위한 석사과정을 개설할 경우 장학금을 제공하고 있다. '세상 콘테스트'와 '세상 임팩트투자 공모전'을 통해 사회혁신기업가도 발굴하고 있는데, 2010년부터 2016년 사이에 69개의 기업을 선정해 지원금과 경영지원 서비스를 제공했다. 한편 행복나눔재단이 임팩트투자 활동을 통해 투자한 성장기 사회혁신기업 수는 2016년 말까지 총 18개 기업이며, 투자 규모는 38.5억 원에 이른다.

3) 공급 측면

(1) 재무적 지원

국내의 임팩트투자 현황을 살펴보면, 정부 중심으로 이루어지는 청년 실업 문제 해결을 위한 창업 또는 사회적기업 창업 지원은 대개 창업의 수를 늘리는 데 맞춰져 있으며 창업 이후 지원 체계가 부족하다. 사회혁신기업의 경우 특히 다양한 기관에서 상금을 주고 있지만 그것이 육성으로 이어지지 않는가 하면, 청년 창업가들이 불안한 자금사정을 각종 경진대회의 상금을 통해 해결하는 양상도 나타나고 있다.

현재 정부를 중심으로 조성된 자금은 정부 정책의 초점인 사회적기업을 주 대상으로 하고 있다. 노동부가 조성한 모태펀드(사회적기업 투자조합)는 2011~2015년 사이에 4개의 조합이 결성되어 운용 중이며, 규모는 총 182억 원(정부 100억 원, 민간 82억 원)에 이른다. 또한 2016년 초부터 가능해진 크라우드 펀딩은 사회혁신기업의 자금조달 방식으로 활성화되고 있다. 미소금융중앙재단에서 진행하는 대부사업은 서울과 경기 지역에서 2016년 9.5억 원 규모로 운영되었는데, 2008~2015년 기간 동안에는 264억 원이 사용되었다. 한편 중소기업진흥공단의 직접 대출 또는 공단 심사 후 금융회사의 신용·담보부 대출로 중소기업정책자금이 사용된 바 있다.

민간 주도로 진행되는 투자주체로는 사회연대은행이 있다. 사회연대은행은 2003년 발족된 우리나라의 대표적 마이크로크레디트 기관으로서 2013년까지 저소득층, 자활공동체, 사회적기업 등 총 1800여 개 업체에 380여억 원을 지원해왔다. 사회연대은행은 기존의 저소득층을 위한 마이크로크레디트 사업에서 진화해 사회적기업과 사회혁신기업에 대한 투자와 지원으로 영역을 넓혀나가고 있다.

사회성과연계채권은 사회혁신기업이 기업의 사회적 영향력에도 불구하고 경제적 수익성이 높지 않은 점을 고려해 사회문제 해결에 책임이 있는 정부가 채권을 발행해 민간자본을 조달해주는 방식으로, 서울시와 경기도에서 각각 11억 원, 18.7억 원 규모로 2016년에 시범사업을 시작했다. 또한 2016년 초부터는 크라우드 펀딩 방식이 가능해졌는데 이는 사회혁신기업의 자금 조달 방식으로 활발하게 이용되고 있다.

국내에서 활동하고 있는 임팩트투자기관은 2016년 현재 모두 11개 기관으로 조사되었다.[13] 이 11개 기관의 총 자산 규모는 539.2억 원인데, 그 중에서 한국사회투자의 359억 원(서울시 투자기금 운용), 미래에셋의 42억 원(정부 모태펀드)을 빼면 기타 기관은 평균 22억 원 수준의 자금을 운용하고 있는 것으로 나타났다. 그간 국내 투자 프로젝트 건수는 총 184건, 건

13 국내 임팩트 투자 현황에 대한 조사 내용은 라준영 외(2016)를 참고했다. 11개 기관은 한국사회투자, SK행복나눔재단, 루트임팩트, 소풍, 크레비스, D3 쥬블리, MYSC, KAIST 청년창업투자지주, 쿨리지 인베스트, 포스코 기술투자, 미래에셋이다.

당 투자 규모는 2.9억 원 수준이다. 정부를 중심으로 한 투자는 초기 창업 자금에 집중되어 있어 성장을 위한 투자로 자연스럽게 연결되기 위해서는 성장 자본이 필요한데 민간의 임팩트투자기관이 일정 정도 이 간격을 메워주고 있다. 그러나 전반적으로 성장 자본은 부족한 상황이다.

(2) 비재무적 지원

① 혁신 창출 시스템

사회혁신기업은 대부분 규모가 작고 자본이나 기술력이 취약해 흔히 소셜벤처라 불린다. 따라서 이들이 혁신적 비즈니스 모델이나 사업 아이템을 개발해 경쟁력을 가지도록 하기 위해서는 특별한 혁신 창출 시스템이 필요하다.

소규모 주체들 간의 협력이 자발적으로 이루어지기 힘든 상황에서 혁신적인 협업 아이디어를 모집하고, 공동 프로젝트로 이를 수행하면서 조직 간 협력 시스템을 구축해 제품과 서비스를 개발해 상품화하며, 이를 사업화해 성과를 배분하는, 일련의 혁신 창출 과정을 만들어낼 필요가 있다. 서울혁신파크나 성수동 소셜 밸리에서는 이와 같은 활동이 실험적으로 이루어지고 있으나 이러한 혁신 창출 과정이 지역단위와 조직단위에서 보다 광범하게 이루어질 필요가 있다.

예를 들어 사회문제 해결형 과학기술이 사회혁신 과정에서 사회적경제 조직을 통해 또는 사회혁신기업가를 통해 구현되기 위해서는 실천적 차원에서 구체적인 협력이 이루어져야 한다. 사회혁신기업이 정부 정책에 의해 개발된 과학기술 자원을 활용할 수 있어야 하며, 사회문제 해결형 과학기술 개발에 대한 계획이 수립되고 연구가 진행되고 연구 결과에 대한 배분이 이루어지는 과정에서 사회적경제 조직과 협력하고 네트워킹해야 한다. 그러나 현실의 사회혁신 생태계에서는 사회혁신기업과 사회문제 해결형 과학기술이 별개로 존재하고 있는 듯하다. 과학기술학에서 접근하는 사회혁신은 학문적 우수성과 실천적 문제의식에도 불구하고 사회적경제 조직과 구체적인 협력 사례를 내지 못하고 있으며, 사회적경제 조직에서 사회문제 해결형 과학기술을 직접적으로 활용한 사례도 드물다.

과학기술 분야에서 소셜벤처를 위한 기술사업화를 조직적으로 지원한다면 사회혁신 생태계에 절대적으로 부족한 혁신 창출 시스템을 구축할 수 있으며 그 과정에서 과학 기술 분야와의 협력 프로그램을 만들 수 있을 것이다. 과학기술계의 혁신내용은 사회혁신기업가의 창업과 경영활동을 통해 실현되어야 한다. 이는 연구개발의 산출물이 사회혁신기업가에 의해 활용되는 과정에서 혁신의 내용을 사회적으로 실현에 옮기는 것이기도 하다. 이러한 선순환은 궁극적으로 사회혁신 생태계에 지속적인 혁신을 낳는 새로운 사회혁신엔진으로 작용할 것이다.

② 사회혁신 경진대회

사회혁신 생태계가 발전하려면 사회혁신기업가를 지향하는 유능한 인재들이 지속적으로 배출되어야 한다. 한국에서는 이들이 정부의 각종 지원 사업이나 정부나 민간이 주최하는 경진대회 등을 통해 첫걸음을 떼는 경우가 많다. 소셜벤처 경연대회는 2009년부터 민간 중심으로 치러졌는데, 2014년 들어 사회적기업진흥원이 지원하면서 정부가 혁신적인 사회적기업가를 발굴하는 장으로 적극적으로 활용하고 있다. 2012년 615개 팀, 2013년 1119개 팀, 2014년 1294개 팀이 참여했으며, 2014년까지 이 중 97개 팀이 기관으로부터 지원을 받았다. SK행복나눔재단의 '세상 콘테스트', '세상 임팩트투자 공모전', 현대자동차가 주최하는 'H-온드림 오디션', 동그라미재단의 '로컬 챌린지 프로젝트' 등도 국내 사회혁신기업가를 발굴하고 지원하는 데 커다란 역할을 해온 프로그램이다.

한편 서울시는 2018년까지 130억 원을 투자해 공공문제 해결에 청년들이 참여하도록 하는 청년 프로젝트 공모전을 연다. 이는 저성장에 접어든 한국사회에서 다양한 사회문제를 청년들이 해결하도록 하는 프로젝트로, 선정된 20개 팀에는 최대 10억 원이 지급되며, 프로젝트 수행인력 중 50% 이상을 19~39세 사이 청년으로 고용하고 사업이 끝날 때까지 고용 상태를 유지하도록 하고 있다. 이는 사회혁신 분야에서 공공·민간이 공동으로 운영하는 사업으로는 최대 규모인데, 민간에 새로운 사업기회를 제공하고 청년들을 교육하는 효과가 있다.

(3) 사회혁신기업가 육성

사회적기업과 관련된 사업이 정부 주도로 시작되면서 사회적기업가를 육성하는 활동도 정부 중심으로 이루어져왔다. 창업가를 중심으로 하는 '창업 준비 상설 아카데미'와 기존 사회적기업 경영자를 대상으로 하는 맞춤형 사회적기업가 교육 프로그램이 사회적기업진흥원에서 선정한 지원기관들을 중심으로 전국적으로 진행되고 있다.

한편 민간 차원에서 이루어진 교육 프로그램들은 청년 사회혁신가의 저변을 넓히고 사회혁신 생태계의 리더로 성장하도록 만드는 통로가 되고 있다. SK행복나눔재단은 2009년부터 2012년까지 '세상 스쿨'이라는 교육 프로그램을 통해 사회혁신기업가를 육성하기 위한 기초 경영교육을 제공한 바 있다. 대학의 경우 KAIST가 2008년부터 사회적기업가 아카데미 프로그램을 운영해왔고, 2013년 KAIST-SK의 협력으로 '사회적기업가 MBA'가 출범하면서 사회혁신기업가 배출이 본격화되었다. 사회적기업가

MBA는 사회혁신기업가를 양성하기 위해 만들어진 과정으로 SK행복나눔재단이 장학금을 지급하고 과정개발과 관련 연구를 지원한다.[14] 한편 가천대학교(2009), 한신대학교(2014), 부산대학교(2015), 한양대학교(2015)에 사회적기업과 관련된 석사과정이 개설되었고, 2017년 들어 이화여대와 숭실대에 석사과정이 새로 개설되었다.

사회혁신 생태계를 활성화하기 위해서는 교육기관의 양적 확대 및 제도적 발전과 함께 교육과정의 내용도 더욱 구체화하고 다양화할 필요가 있다. 또한 교재와 내용, 교과과정, 교수법 등의 세부적인 교육 프로그램도 함께 지속적으로 변화 발전해야 한다.

4) 수요 측면

(1) 사회혁신에 대한 수요

사회혁신에 대한 수요는 일반 소비자의 윤리적 소비 경향, 정부의 민간위탁을 통한 각종 사업 수행, 일반 기업의 공유가치 창출 실현의 방법으로서 사회혁신기업과의 협력 양상, 사회적 가치 측정 도구를 비롯한 지식 기반 구축 등의 관점에서 살펴볼 수 있다. 여기서는 공유가치 창출 추구에 따른 일반 기업과 사회혁신기업 간의 협력 가능성 및 지식기반 구축의 관점에서 관련 내용을 살펴보기로 한다.

공유가치 창출을 통해서 사회문제를 해결하고 장기적으로 기업 경쟁력을 확보한 사례는 전 세계적으로 발견되고 있다. GE는 에코매니지네이션(Ecomagination)이라는 비전을 통해 인류가 당면한 사회문제를 사업 기회

---

14 KAIST 사회적기업가 MBA의 교육과정 설계와 운영에 대해서는 강민정(2017)을 참조할 것.

로 삼았고, 환경과 의료 분야의 R&D 투자 확충 및 신제품 출시로 사업적 성공을 거두면서 인류의 삶에 기여하는 대표적 기업으로 자리매김했다.

네슬레는 네스프레소를 출시하면서 양질의 커피 원두를 안정적으로 확보하기 위해 조달체계를 정비했는데, 커피재배지에 농업기술, 재무, 물류 기능을 수행할 업체를 설립해 현지에서 생산된 커피의 품질을 관리하도록 했다. 그 과정에서 농부들에게 선진농작법을 전수하고 은행대출을 보증했으며, 모종 작물과 살충제, 비료 등을 안정적으로 보급했다. 이를 통해 농지당 생산량이 증가해 농가수입이 증대하고 환경오염이 감소했다. 또한 네슬레는 고품질의 원두를 안정적으로 확보할 수 있었다(강민정, 2015b).

국내 기업 중에서는 CJ가 '즐거운 동행'이라는 협력사와의 상생프로그램을 통해 중소기업인 협력업체의 성장과 경쟁력 확보를 돕고 있다. 이를 통해 지역 전통식품 보존 및 육성이라는 사회적 가치와 자사의 사업 포트폴리오 확장과 매출 성장이라는 경제적 가치를 함께 창출하고 있다. 또한 CJ대한통운은 실버택배를 운영함으로써 노인일자리 문제를 해결하는 동시에 사업효율성을 제고하고 있다(유창조·이형일, 2016).

SK텔레콤은 2012년 '전통시장 스마트화' 사업을 추진했는데 전통시장의 시설노후화, 주차공간 부족, 카드결제 시스템 미비 등의 문제점에 주목하고 이를 ICT 솔루션을 통해 해결할 수 있는 방안을 모색했다. SK텔레콤은 고객 DB를 구축해 신규 고객을 유입시키고, 태블릿 PC와 스마트폰을 이용한 POS시스템을 시장 내 각 점포에 적용해 결제수단을 다양화했다. 이로써 SK텔레콤은 전통시장 활성화라는 사회적 가치를 창출하면서도 B2B 시장에서 ICT 솔루션 판매를 위한 신규 고객을 확보할 수 있었다(이정기·이장우, 2016).

유한킴벌리는 고령화 사회로의 이행에 주목하고 '액티브 시니어' 사업을 통해 시니어의 일자리를 창출하는 한편, 시니어를 새로운 고객으로 확장해나가는 성과를 거두고 있다. 유한킴벌리는 시니어 산업 관련 소기업들과 협력 네트워크를 구축해 비즈니스 파트너를 육성하는가 하면 시니어 일자리를 창출하기 위해 55세 이상의 노인세대를 고용하고 있다.

이렇듯 기업들은 공유가치 창출을 추구하는 과정에서 다양한 사회혁신을 이루어나가면서 사회혁신 생태계를 풍부하게 만들고 있다. 또 공유가치 창출 과정에서 생태계의 다른 파트너, 즉 사회혁신기업을 지원하고 이들과 협력함으로써 생태계 발전을 지원하는 역할을 하고 있다.

(2) 지식기반 구축

① 사회적 가치 측정

• IRIS(Impact Reporting and Investment Standards): 기업이 창출한 사회적 가치를 측정하는 것은 사회적 가치 창출 기업의 성과를 보여주는 동시에, 자본시장에는 올바른 정보를, 기업가에게는 전략적 판단의 근거를 제공한다. 기업이 창출하는 사회적 가치를 측정하는 방법으로는 GIIN[15]이 개발한 IRIS를 주목할 만하다. IRIS는 사회적 가치를 창출하는 방법을 지식의 생산과 개발, 제품 개발과 판매, 기술 등 역량 개발, 인프라 개발, 정책 개발 같은 카테고리로 분류하고 각각의 접근 방법이 가져올 수 있는 사회적 임팩트에 대한 측정 지표를 개발해서 정리해놓고 있다.

• SROI(Social Return on Investment, 사회적 투자 회수율): SROI는 사회적

15 GIIN(Global Impact Investors Network)은 임팩트 투자자와 중간전문조직이 중심이 되어 만든 대표적인 국제적 파트너십 기관이다(http://www.thegiin.org/).

가치를 일자리 창출로 단순화한다는 단점은 있지만 그동안 가장 일반적인 사회적 가치 측정 방법으로 사용되어왔으며, 실리콘밸리의 대표적 벤처형 자선기관인 REDF(Roberts Enterprise Development Funds)[16]에서 개발되었다. REDF는 투자의사를 결정할 때 사회적 가치 창출의 목표와 이를 달성할 수 있는 역량을 평가하는데, 수익과 사회적 기여 부분을 SROI를 통해 평가한다. 사회적 투자회수율은 오늘날 사회적 가치 평가의 주요 도구로 활용되고 있다.[17]

- SPC(Social Progress Credit)[18]: SPC는 SK가 사회혁신기업을 대상으로 사회적 가치를 측정해서 인센티브를 제공하는 실험적 프로그램이다. 궁극적으로 기업이 창출해내는 사회적 가치에 대해 기업 가치의 일부로 인식되도록 하는 것을 목표로 한다. 이를 위해 사회적 가치를 측정할 수 있는 도구를 개발하는 한편, 이 프로그램에 참여하는 사회혁신기업가들에게 인센티브를 제공하고 있다. 2015년에 시작해 2016년까지 101개의 사회혁신기업이 201억 원의 사회적 가치를 창출한 것으로 측정되었고, SK는 사회적 가치 창출에 따라 약속된 인센티브를 제공했다. SPC를 통해 개발된 사회적 가치 측정 방법은 세부사항이 아직 개발 중이어서 외부로 알

---

16 REDF는 자본 투자와 더불어 투자된 자본금이 효율적으로 쓰일 수 있도록 경영 컨설팅을 통해 소셜벤처를 지원하고 있다. 매년 20만~30만 달러 정도를 투자금으로 운용하며 3~5년간 지원하는 것이 일반적이다. REDF의 투자 대상은 연간 100만 달러 이상을 집행하는 비영리단체이면서 재무적으로 건전하고 운영효율성이 높은 곳이다. REDF는 전통적 방식의 기부에서 벗어나 투자 형태로 지원하는 벤처캐피털 형태의 접근법을 도입한 만큼 투자처의 성과 평가가 중요한 업무이다. REDF는 1997년 이래로 소셜벤처의 성과를 정량적 방법으로 측정하는 SROI 프로젝트를 추진해왔다.

17 사회적 투자회수율은 [미래 창출 가치(재무적 가치+사회적 가치−부채)÷투자]로 측정한다.

18 SPC의 기본 아이디어를 비롯해 사회적 가치 측정과 평가기준에 관한 자세한 논의는 최태원(2014)을 참조할 것.

려지지는 않았으나, 사회문제 해결이 갖는 사회적 가치를 측정하고 이를 결과로 축적해나간다는 면에서 중요한 의의를 갖고 있다.

② 지식 인프라

사회혁신기업이 실업문제 해결과 사회복지의 정책 수단을 넘어, 사회문제에 대한 혁신적인 해결방안을 제공하는 건실한 기업으로 진화하기 위해서는, 기업의 성장을 유·무형으로 지원해줄 수 있는 다양한 지식과 노하우를 축적하고 공급할 필요가 있다.

이를 위해 정책연구소, 민간 싱크탱크 조직, 인큐베이팅 센터, 대학, 전문교육기관, 지역혁신센터 등이 역할을 해야 하며, 이들 간의 활발한 상호작용을 통해 사회문제 해결을 위한 아이디어와 지식을 사회혁신 생태계에 지속적으로 공급하고 다양한 사업화 활동을 조직화할 필요가 있다. 사회혁신과 관련해 공공, 시민, 연구 조직 등이 실천적인 지식과 새로운 아이디어를 창출하고 이를 지속적으로 공급해야 하는데, 이를 위한 지식 인프라는 아직 미약하다. 사회혁신기업에 대해 관심을 가진 학자들은 개별 학문영역에서 연구 결과를 내는 경우가 많은데, 아직 독자적인 학문체계를 갖추고 있다고 보기는 어렵다. 한편 사회적기업학회는 2014년 설립되었으며, 2016년 학술연구재단에 등재된 학술지 ≪사회적기업연구≫가 전문 학술지로는 유일하다.

앞으로는 사회혁신기업의 혁신적 비즈니스 모델 수립과 관련한 방법론 등을 비롯해 사회혁신기업에 특화된 마케팅, 기술경영, 디자인, IT 활용, 인사 및 조직 관리 등 다양한 경영 이슈에 대한 사례를 연구해야 하며, 이를 기반으로 이론적 토대를 정립하는 수준까지 진행해야 한다. 이를 통해 사회혁신기업이 안고 있는 경영 이슈에 해답을 제공하는 실질적인 지적

인프라를 구축할 수 있을 것이며, 이와 동시에 사회혁신기업에 대한 연구가 독자적인 학문체계로서 모습을 갖춰나갈 수 있을 것이다.

3. 결론

지금까지 한국의 사회혁신 생태계를 TEPSIE의 분석틀을 활용해 살펴보았다. 국내의 정치·사회적 맥락하에 사회적 일자리 사업에서 출발한 사회적기업은 사회혁신 생태계의 한계와 현실을 이해하는 중요한 배경이 되고 있다. 혁신을 통해 사회문제를 해결하고자 하는 사회혁신기업은 인증제에 기반을 둔 사회적기업과 스스로를 차별화해나가는 동시에, 현실의 사회적기업이 일자리에만 머물지 않고 사회혁신의 주체로 나서도록 변화를 추동하고 있다. 정부의 사회적기업 지원 체계와는 별개로 민간을 중심으로 등장한 중간지원조직은 사회혁신기업의 창업과 성장을 돕고 있으며, 사회혁신기업에 대한 임팩트투자도 형성 중이다. 성수동 소셜 밸리는 이러한 양상이 지역적으로 형성된 독특하고 흥미로운 곳으로, 사회혁신기업과 이들을 지원하는 임팩트투자자들이 모여 있으며, 그 자체로 사회혁신 생태계를 이루어나가고 있다. SK 또한 사회혁신기업에 대한 창업과 투자, 인력육성, 사회적 가치 측정 도구 개발과 인센티브 제공 등의 프로그램을 통해 사회혁신 생태계 전반에 의미 있는 영향을 미치는 활동을 전개해나가고 있다. 국내의 사회혁신 생태계는 아직 공급 중심으로, 일반 소비자와 기업, 정부 모두에서 충분한 수요를 창출하고 있는 상태는 아니다. 하지만 일반 기업의 공유가치 창출을 통한 사회적 가치 추구 활동이 경영 활동의 영역으로 인식되면서 수요 측면에서 사회혁신 생태계의 성장을 추동하고 있다는 점은 주목할 만하다. 한편 사회적 가치를 측정하는 도구가 개발되는 등 지식 기반이 확충되고 이를 기반으로 사회혁신기업의 지속가능성이 확장되면서 장기적으로 수요가 확대될 것으로 보인다.

끝으로 사회혁신 생태계의 발전을 위해 다음과 같이 제언한다.

첫째, 사회혁신기업을 둘러싼 개념과 법적 지위가 보다 개방적인 형태로 정의되어야 한다. 사회적기업의 실천 방식은 이미 현실에서 법적 정의를 뛰어넘고 있다. 이러한 상황에서는 사회적기업의 발전을 위한 생산적인 논의의 전개와 정책 수립, 실천상에서 발생할 수 있는 혼선 방지 등을 위해 사회혁신기업에 대한 개념을 정의 및 합의하는 것이 중요하다. 현실에서는 사회혁신 생태계가 사회적기업에 대한 정부의 정의와 별개로 존재하므로 사회적기업에 대한 인증제와 지원 방식을 새로 정의함으로써 현실 사회혁신기업을 포함해나가는 것이 하나의 방법이 될 수 있다. 이를 위해 협소한 사회적기업이 아닌 사회혁신기업으로 용어와 내용을 재정의할 것을 제안한다. 또 하나의 방법은, 사회혁신기업에 영국의 CIC 같은 특정한 법적 지위를 부여하고 자율적으로 법적 지위를 선택하게 함으로써 비즈니스 방식으로 사회문제를 해결하고자 하는 다양한 주체와 명확히 소통할 수 있게 하고 세제 혜택, 공공구매 우선혜택 등 다양한 혜택을 누리도록 하는 것이다.

둘째, 사회혁신기업가들이 개인적 차원에서 진행하고 있는 혁신의 과정을 조직 차원, 사회시스템 차원에서 고민하고 확장할 수 있도록 해야 한다. 이를 위해 먼저, 과학기술을 계획·개발·실현하는 단계에서 과학기술계와 사회혁신기업가의 협력을 효과적으로 조직할 필요가 있다. 다음으로는, 일반 기업의 공유가치 창출 활동에서 사회혁신기업과의 협력을 촉진해 기업의 혁신 인프라를 사회혁신기업이 활용할 수 있도록 해야 한다.

사회혁신 생태계에 혁신 창출 시스템을 구축한다는 것은 그동안 사회혁신과 별도로 존재하던 영역에 대해 과학기술과 일반 기업이 사회혁신을 위한 사업화를 지원하고 사회혁신이 과학기술과 기업의 발전을 추동할 수 있도록 통합적인 시스템을 구축함을 의미한다. 이를 통해 사회혁신 생태계의 공급 측면을 시스템적으로 보완해나갈 수 있다.

셋째, 사회혁신 생태계가 지속가능한 발전을 하려면 민간이 광범하게 참여해야 하며 사회혁신기업에 대한 관심과 투자가 창의적이고 자유로운 환경에서 일어날 수 있도록 자본시장이 조성되어야 한다. 이를 위해서는 금융 중간지원조직 등 투자 플랫폼이 마련되어야 하며, 투자 활성화를 위한 세제 혜택 등 제도적 인프라를 갖춰야 한다. 민간 투자가 확대되려면 사회적 가치 측정이 선행되어야 하는데, 사회적 가치 측정을 위한 지금까지의 노력을 표준화해 사회혁신기업이 창출해내는 사회적·재무적 가치를 통합적으로 측정할 수 있어야 한다. 이를 통해 사회혁신기업의 기업 가치에 사회적 가치를 포함시켜야 하며 이를 통일된 언어로 소통할 수 있어야 한다.

넷째, 사회혁신기업가에 대한 비전과 역량을 가진 인력이 육성되도록 사회혁신기업가 교육을 활성화해야 한다. 이를 위해 새로운 교육 과정을 만드는 것에서부터 기존 교육에 사회혁신기업가를 청년 커리어의 대안으로 고려하는 방안까지 다양한 방법을 고안하고 실험해야 한다.

다섯째, 사회혁신기업의 지속가능성을 지원하는 지적 인프라를 구축해야 한다. 다양한 형태의 사회혁신기업이 자생력과 지속가능성을 갖춰나가기 위해서는 사회경제적·환경적 요소와 경영요소에 대한 연구가 뒷받침되어야 한다. 사회혁신기업에 특화된 경영전략, 제품과 서비스 개발, 마케팅, 인사와 교육 등에 대한 학문적 연구를 진행해 사회혁신기업의 성장과 경영 이슈 해결을 지원해야 한다.

여섯째, 시민사회의 저력 및 다양한 분야의 시민단체의 역량을 사회혁신기업과 연결시켜 사회혁신기업이 지속가능한 전환의 주체로 자리 잡을 수 있도록 해야 한다.

제4부

리빙랩과 문제 해결

08

리빙랩과 공공연구개발의 사업화

송위진

공공연구개발의 성과가 사업화되기는 쉽지 않다. 대학·출연연구기관 연구실에서의 연구, 기업에서의 제품·서비스 개발, 최종 사용자의 활용과 욕구 충족이 각기 다른 세계에서 다른 논리로 작동되는 활동이기 때문이다. 연구개발성과가 실용화되려면 다른 세계로 넘어가는 몇 개의 계곡을 넘어야 한다(박종복, 2016). 하지만 상당수의 공공연구개발 성과가 그 계곡을 넘지 못하고 사업화에 실패하고 만다.

그동안 공공연구개발의 사업화가 부진한 이유를 찾고 이를 해결하기 위한 다양한 활동이 진행되어왔다. 기술공급자 측면에서는 개발한 기술의 완성도가 미흡하고 연구자의 기업가적 마인드가 부족한 문제가 지적되었으며, 기술수요자인 기업의 측면에는 기술적용 능력의 문제, 사업화 전문인력 부족 문제 등이 지적되어왔다. 또 기술중개자 측면에서는 전문성과 조직의 안정성 부족이 항상 지적되는 문제였다(박종복, 2016: 제4장; 최치호, 2011; 한국전자통신연구원 사업화본부, 2016).

이런 문제를 해결하기 위해 여러 가지 정책적 노력을 기울여왔으며, 기술공급 중심에서 시장지향 또는 기술수요자 중심의 기술사업화를 지향하면서 다양한 계획과 정책이 제출되어왔다. 이처럼 수요자 중심의 기술사업화 정책이 추진되고 있으나 기업이 개발한 제품과 서비스를 사용해 특정한 문제를 해결하는 최종 사용자는 기술사업화 논의에서 빠져 있는 경우가 많다. 수요는 '기업이 파악하는' 최종 사용자의 수요이며 최종 사용자는 기업이 개발한 제품·서비스를 그대로 사용하는 수동적 주체로 받아들여졌다. 공공연구개발 기술사업화의 최종 지점을 기업으로 파악하고 있었던 것이다.

이러한 현상이 나타난 것은 추격형 혁신모델의 프레임 때문이었다. 추격형 혁신에서는 이미 존재하고 있는 최종 사용자의 니즈와 시장을 대상으로 가격이 저렴하고 기능이 확대된 제품을 개발·공급하면 되었으며, 최종 사용자의 니즈와 시장은 기업이 적절한 노력만 기울이면 파악할 수 있었다. 그러나 탈추격(post catch-up) 혁신에서는 다른 상황이 전개되고 있다. 사전에 알 수 없는 최종 사용자의 니즈를 구체화하고 새로운 시장을 형성하는 혁신활동이 필요하기 때문이다(김영배, 2008). 탈추격 혁신에서는 기술사용자인 기업이 최종 사용자의 잠재적인 수요를 모르는 경우가 많다. 그리고 수요와 그 수요를 충족시키는 기술은 유동적이고 계속 변화한다. 사업화를 위해서는 연구개발을 수행하는 공공연구기관과, 사업화를 추진하는 기업 및 최종 사용자가 공동학습과 실험을 통해 수요를 구체화하고 제품·서비스를 그에 맞게 진화시키는 활동이 요구된다. 기술공급자, 기술사용자, 최종 사용자의 공동창조 활동이 필요한 것이다. 탈추격 혁신에서는 최종 사용자의 니즈에서 시작해 그 니즈가 기술·제품·서비스의 발전과정에 반영되고 같이 진화할 수 있는 '최종 수요지향적 프레임'에 입각한 기술사업화 모델이 필요하다.

이 장에서는 탈추격 혁신을 위한 공공부문 연구의 기술사업화 모델 가운데 하나로 리빙랩 방식을 제안한다.[1] 리빙랩은 최종 사용자가 살고 있는 공간을 실험실로 설정해서 최종 사용자와 기업, 연구기관, 공공기관이 공동으로 기술을 개발하고 실험·실증하는 모델이자, 불확실하고 애매모호한 최종 수요를 구체화하고 이를 만족시키는 대안을 반복적 실험을 통해 구현하는 민·산·학·연 생태계 모델이다. 즉, 최종 수요를 잘 모르는 상황에서 그 수요를 구체화하고 제품·서비스의 사용자 지향성을 높일 수 있는 방법론이다.

1. 기술사업화와 리빙랩

1) 기술사업화

기술사업화는 R&D 결과물을 이전·양도해 제품화·서비스화함으로써

1 민간기업도 실용화를 위해 리빙랩을 활용할 수 있다. 최종 사용자의 참여를 통해 제품·서비스를 구체화하는 방식은 민간기업에도 유용하기 때문이다. 그러나 이 글에서는 공공연구의 기술사업화에 한정해서 리빙랩을 논의한다. 민간기업의 기술 실용화에서 리빙랩의 기능과 역할은 또 다른 연구를 필요로 한다. 한편 리빙랩 방식은 공공연구기관의 기술사업화에서 특히 의미가 있다. 리빙랩 방식을 통해 공공연구기관이 직접적으로 최종 사용자와 상호관계를 맺을 수 있기 때문이다. 기존 사업화 모델에서는 기업을 매개로 해서 최종 사용자의 수요를 간접적으로 접하지만 리빙랩에서는 공공기관 연구자가 최종 사용자와 직접 만난다. 이처럼 리빙랩 방식은 공공연구기관의 기술사업화에 새로운 프레임을 제시한다.

그림 8-1 **기술사업화 모델**

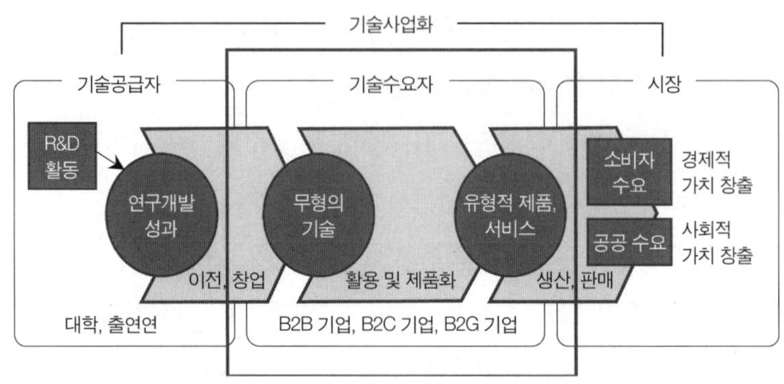

자료: 한정민·박철민·구본철(2015)을 수정.

새로운 가치를 창출하는 과정이다(한국전자통신연구원 사업화본부, 2016; 한정민·박철민·구본철, 2015).

기술사업화는 쉬운 일이 아니다. 기술사업화는 성공률이 상당히 낮으며 소요 시간이 길고 비용도 많이 든다. 기업의 경우 3000개의 초기 아이디어에서 1개 정도가 사업화된다고 보고되고 있다. 또 기술사업화 소요비용은 R&D 비용의 10배에서 100배까지 달하고, 막대한 이익 창출이 가능한 돌파형 기술사업화는 예상보다 긴 시간(평균 20년)이 소요된다(박종복, 2016).

기술사업화 논의의 최종 종착점은 기술수요자인 기업이다. R&D의 결과가 기업에 이전·활용되어 상업화되는 것이 기술사업화의 목표이다. 기술사업화가 원활하게 이루어지기 위해서는 사업화 각 단계의 연결고리와 제도를 보완하고 취약한 주체들의 능력을 향상시키는 것이 중요하다(최치호, 2011; 한국전자통신연구원 사업화본부, 2016).

2) 기술사업화와 리빙랩

(1) 사용자 참여형 혁신모델로서의 리빙랩

기술혁신 환경이 크게 변화하고 ICT에 기반을 둔 의사소통이 활발해지면서 최종 사용자가 참여하는 개방형 혁신이 새로운 혁신 패턴으로 등장하고 있다. EU에서는 이런 변화를 '개방형 혁신 2.0'으로 정의하고 있다(Curley and Salmelin, 2013). 개방형 혁신 2.0은 사업화 성과를 확산하고 활용도를 높이기 위해 초기 아이디어 상태에서 빠른 프로토타입 제작 및 실시간 피드백이 가능한 플랫폼의 필요성을 강조한다. 또 산학연 같은 기술공급 주체들 사이에 이루어지는 개방형 혁신을 넘어 최종 사용자가 주도하는 혁신모델을 탐색한다. 리빙랩은 개방형 혁신 2.0을 현실에서 구현한 모델로 주목받고 있다(송위진, 2012, 2016; 성지은·송위진·박인용, 2014; European Commission, 2014, 2015, 2016).

리빙랩은 실제 생활 현장에서 사용자와 생산자가 공동으로 혁신을 만들어가는 실험실이자 테스트 베드로서(Ballon, Pierson and Delaere, 2005; Følstad, 2008; Patrycja, 2015), 사용자가 설계 및 개발 과정부터 참여할 수 있어 아이디어 구체화, 개발 후 실용화 시간을 줄여 혁신활동을 가속시킨다. 이를 통해 기술적·시장적 불확실성이 감소되며 사업화가 효과적으로 진행될 수 있다. 리빙랩은 사용자 주도형 개방형 혁신모델로서 정부-기업-시민 간의 파트너십(Public-Private-People Partnerships: 4Ps)에 기반을 둔 거버넌스를 통해 작동한다. 리빙랩이 진행되면서 공동학습에 참여하는 주체와 최종 사용자는 나선형 방식으로 점점 확대된다.

또 리빙랩은 사용자 네트워크와 실증 기반을 바탕으로 다양한 주체의 참여를 이끌어내는 '자석형 조직'의 역할을 수행한다(Meijer, Nicholson and

Priester, 2016). 기술개발에 따른 제품·서비스의 수요처를 형성하고 갈등을 조정하며 사회적 수용성을 높이는 실험공간을 제공해 혁신주체들의 참여를 이끌어낸다. 기업은 리빙랩을 적은 비용으로 최종 사용자 기반의 실험·실증을 수행하는 공간으로 활용할 수 있으며, 연구기관의 경우에는 기술이 사용되는 현장의 맥락을 이해하는 경험을 얻을 수 있다.

(2) 기술사업화에서의 리빙랩의 특성

리빙랩은 기술사업화 과정에서 최종 사용자와 함께 기술개발과 사업화까지 각 단계의 캐즘을 줄이기 위해 민·산·학·연 주체 간 상호학습에 초점을 맞춘다. 생활현장 기반의 테스트를 반복적으로 수행하고 제품을 보완하면서 기술의 수용성과 사업화 가능성을 향상시킨다. 최종 사용자의 니즈에 대한 정보를 획득하고 그들과 함께 제품·서비스를 검증 및 실증하는 리빙랩은 혁신활동의 핵심 인프라가 될 수 있다. 리빙랩의 적용범위는 신제품 및 서비스를 창출하는 분야에서부터 사회문제 해결형 연구개발사업에 이르기까지 다양하다. 특히 B2C나 B2G 등 개방형 혁신 및 현장 기반의 실험·실증이 강조되거나 민관 협력이 요구되는 분야에 더욱 적합하다.

리빙랩은 새로운 혁신환경에 부합하는 기술사업화 방식이다. 전통적인 사업화 방식에서는 기업이 최종 수요를 잘 알고 있다는 가정 아래 기업에 사업화를 전적으로 위임하는 선형적 접근이 이루어졌다. 그러나 최근 강조되고 있는 탈추격 혁신활동이나 사회문제 해결형 혁신은 새로운 접근을 요구하고 있다. 이들 혁신은 기존 수요와 기술을 넘어 새로운 수요를 발굴·형성하고 새로운 수요를 만족시키는 기술궤적을 탐색한다. 이 때문에 수요의 내용이 무엇인지, 개발된 기술이 그 수요에 부합할지는 기획·

분석을 통해 사전에 파악하기 어려우며 실험을 통한 학습으로 진화적으로 구성해가야 한다. 이 과정은 많은 시간과 비용이 소요되며 기술적 측면뿐만 아니라 제품·서비스가 사회에 안착하기 위한 법·제도적 측면까지 다루어야 한다. 대기업은 자체 자원으로 이런 활동을 감당할 수 있지만 웬만한 중소기업은 혼자 힘으로 이를 수행해야 하므로 어려움이 많다.[2] 리빙랩은 이런 활동을 지원하기 위한 하부구조라고 할 수 있으며, 탈추격 혁신과 사회문제 해결형 혁신의 사업화 과정에서 나타나는 기술적·시장적 불확실성을 낮춰준다. 이런 점에서 기업이 전담하는 기존의 기술사업화 방식과 다르다.

또 리빙랩은 기술의 사업화 가능성을 검토하고 보완하는 실증사업보다 더 포괄적이고 상호작용적이다. 따라서 기술개발의 하류 단계뿐만 아니라 기술개발 초기부터 적용될 수 있다. 제품·서비스의 개념을 사용자와 공동으로 형성하고 개발된 프로토타입을 실험·평가하며 시제품을 실증·평가하는 모든 과정에 리빙랩이 적용될 수 있다. 한편 리빙랩에서는 최종사용자와 기술공급 주체 간의 반복적인 상호작용을 통해 개발된 개념과 제품·서비스가 진화하는 양상을 보인다. 이미 전문가나 기업을 중심으로 어느 정도 방향성이 정해진 기술시스템에 대해서는 사용자 의견을 반영해서 개선 작업을 하는 공급자 주도의 실증 방식보다 나선형적 상호작용이 활발히 진행된다.

---

2 ENoLL(2015)은 중소기업의 기술사업화를 지원하기 위한 리빙랩의 역할과 사례를 잘 정리하고 있다. 특히 여기서는 리빙랩 국제 네트워크를 활용해서 해외에 중소기업 진출을 지원하는 역할을 강조하고 있다. 리빙랩 국제 네트워크는 중소기업들이 자국과 규제와 문화, 소비행태가 다른 나라에 진출할 때 보완해야 할 제품·서비스의 내용을 해당 국가 리빙랩에서 실험하고 검증할 수 있는 서비스를 제공한다.

2. 사업화 리빙랩의 유형과 모델

이 절에서는 공공연구부문에서 사용할 수 있는 리빙랩 기반 사업화 모델을 검토하고자 한다. 이를 위해 우선 리빙랩 운영 시스템을 전반적으로 살펴보고 공공연구 성과를 사업화하는 리빙랩을 운영할 때 갖추어야 할 요소들을 정리한다. 다음에는 기술사업화에 활용될 수 있는 리빙랩 모델을 검토한다. 여기에는 연구개발의 성격에 따라 다른 접근이 필요하기 때문에 세 가지 유형으로 나누어 모델을 검토한다. 그리고 각 유형을 구현하고 있는 실제 사례를 제시해 모델의 구체적인 형태를 점검한다.

1) 리빙랩 운영

(1) 리빙랩 준비

리빙랩을 운영하기 위해서는 먼저 리빙랩 방식을 적용할 연구 주제와 제품·서비스, 비즈니스 모델에 대한 전망이 필요하다. 목적은 무엇인지, 어떤 문제를 해결하고자 하는지, 어떤 제품·서비스를 개발하고자 하는지를 점검해야 한다.

또한 리빙랩에 참여하는 조직을 설정하고 리빙랩의 범위와 규모·일정을 정해야 한다. 이와 함께 리빙랩을 수행하는 데 필요한 하부구조를 구성해야 한다. 와이파이망이나 공공정보 데이터 같은 기술하부구조, 임상시험 및 안전성 평가와 관련된 기반, 지식재산권 관리 방안 등 기술을 실험·실증하는 데 필요한 요건과 제도적 기반을 확보하는 것이 요구된다(성지은·한규영·박인용, 2016).

가장 중요한 것은 리빙랩에 참여하는 최종 사용자 집단을 조직화하는 것이다. 리빙랩을 효과적으로 추진하기 위해서는 해당 문제에 대해 공공적 관점에서 진지하게 접근해야 하고 현장 기반 전문성을 가진 조직화된 최종 사용자 그룹 또는 매개 사용자(비영리조직, 사회적경제 중간지원조직, 공단 등)가 참여해야 한다. 관심이 없거나 공공성이 부족한 일반 사용자는 문제 해결에 대해 대중적인 접근을 하거나 민원 수준의 문제제기를 할 가능성이 높기 때문이다(성지은·송위진·박인용, 2013, 2014). 기존의 참여형 모델은 일반인들의 의견 청취에 초점을 맞추었기 때문에 이런 시행착오를 많이 겪었다.

이와 함께 조직화된 최종 사용자들의 의견을 효과적으로 취합할 수 있는 방법론을 준비해야 한다. 단순 의견조사가 아니라 관련 정보를 제공하고 지속적인 상호작용을 하면서 의견을 반영하고 제품·서비스 개선에 참여할 수 있는 기회를 제공해야 하는 것이다. 설문, 현장 인터뷰, 포커스 그룹 인터뷰, 온라인을 통해(스마트폰이나 툴킷을 활용한 실시간 사용 평가) 사용자의 의견을 정확하고 신속하게 수집할 수 있는 방법론을 개발 및 적용해야 한다. 최종 사용자의 참여를 활성화하기 위한 참여형 설계 교육프로그램도 필요하다. 전문가인 산학연 주체들도 최종 사용자와 공동작업을 수행하는 방법론과 커뮤니케이션 방식을 학습해야 한다.

(2) 리빙랩 진행과정

리빙랩은 기술개발 단계별로 다른 방식으로 운영해야 한다(Schuurman, Marez and Ballon, 2016). 아이마인즈(iMinds, 2015)와 제스퍼슨(Jespersen, 2008)은 6단계 기술개발 과정에 따라 리빙랩 운영을 탐색(exploration) → 실험(experiment) → 평가(evaluation) 3단계로 구분했다. 각 단계는 전문가와 사용자의 공동학습과 공동창조 과정을 거친다. 전체 과정을 전부 운영

표 8-1 **기술개발 단계별 사업화 리빙랩 운영과정**

<table>
<tr><td>기술개발 단계</td><td>아이디어 발굴</td><td>개념화</td><td>시제품 개발</td><td>출시 전</td><td>출시</td><td>출시 후</td></tr>
<tr><td>리빙랩 단계</td><td colspan="2">A. 탐색</td><td>B. 실험</td><td colspan="3">C. 평가</td></tr>
<tr><td rowspan="2">리빙랩 수행</td><td colspan="2">사용자 행태 분석 및 개념 설계</td><td>프로토타입 개발 및 구현</td><td colspan="3">제품·서비스 개발 및 실증</td></tr>
<tr><td colspan="2">① 문제 관련 사용자 행태 분석
- 일반 사용자 행태 분석
- 핵심 사용자 행태 분석
② 문제 해결을 위한 제품·서비스 개념 설계
- 사용자와 협업을 통한 공동 설계</td><td>① 프로토타입 개발
- 공동작업을 통한 프로토타입 개발
② 프로토타입 실험 및 사용자 피드백
- 프로토타입 설치 및 피드백
- 참여관찰, 참여자 만족도 조사</td><td colspan="3">① 제품·서비스 개발
- 프로토타입 결과를 바탕으로 시제품 개발
② 제품·서비스 실증 및 피드백
- 확장된 사용자를 대상으로 피드백</td></tr>
</table>

<table>
<tr><td>리빙랩 사전 준비</td><td>• 리빙랩 추진체계 설계
- 연구주제 설정
- 참여 조직 및 추진체제
- 인프라 구축: 임상실험 및 실증, 장소 선정, 관련 기술하부구조
- 지적재산권 관리 규정
• 최종 사용자 조직화
- 최종 사용자집단 구성 방안
- 사용자 참여 동기부여 방안
- 사용자 의견 수집 방안(현장 방문, 포커스 그룹 인터뷰, 설문조사)
- 사용자 및 과학기술자 교육프로그램 구성</td></tr>
</table>

자료: ENoLL(2015: 14); 성지은 외(2015); 송위진(2016)을 통합해 재정리.

하는 리빙랩도 있지만 이 중 일부 단계만 거치는 리빙랩도 많다. 이미 활용되고 있는 제품의 개선을 목표로 하는 경우 평가 단계에 초점을 맞춘 리빙랩을 운영하면 된다.[3]

3 2016년 산업부가 실행한 '에너지 기술 수용성 제고 및 사업화 촉진사업'이 이에 해당된다. 이 사업에서는 개발된 에너지 기술시스템이 확산되지 않는 이유를 평가하고 그 개선방안을 리빙랩 방식을 통해 도출했다.

① 탐색: 사용자 행태 분석 및 개념 설계

이 단계에서는 해결해야 할 문제에 대한 사용자들의 행태를 분석한다. 사용자들의 행태를 면밀히 관찰·분석해 문제가 발생하는 원인이나 충족되지 않은 니즈를 구체화한다. 예를 들어 에너지 문제를 해결하기 위해 사용자 가정의 에너지 사용 행태를 분석하거나, 복지전달체계를 개선하기 위해 고령자나 장애인들의 복지시스템 활용 행태 등을 관찰·분석하는 것이다. 참여관찰, 로그분석, 서베이, 인터뷰 등 다양한 방법을 활용할 수 있으며 수집된 데이터를 통해 문제 원인을 분석하거나 제품·서비스 기본 개념을 설계할 수 있다.

② 실험: 프로토타입 설계 및 구현

이 단계에서는 리빙랩을 대상으로 기본 개념을 구현한 프로토타입의 설계와 설치를 실시한다. 프로토타입 제품과 서비스를 일정 공간에서 구현한 뒤 문제 관련 행동의 변화 정도, 새로운 문제의 발생 여부, 변화한 상황에 대한 사용자의 의미 부여, 제품 사용 시 제도와 상충하는 문제 등 프로토타입에 대한 피드백을 다각도로 수집 및 분석한다.

③ 평가: 제품·서비스 개발 및 실증

마지막으로 제품·서비스 개발 및 실증을 통해 최종 평가단계를 거친다. 리빙랩에서의 피드백 정보를 바탕으로 제품을 보완하는 작업을 반복 실행한다. 현장에서의 실증을 통한 문제 해결 효과, 제품·서비스 개선사항 및 보완사항뿐 아니라 사회적 수용성을 높이기 위한 제도 개선 사항 등을 도출한다. 또한 인증 및 평가를 통해 문제를 도출하고 해결방안을 모색함으로써 실용화 전략을 강구한다.

2) 공공연구기관 사업화 리빙랩의 유형과 모델

앞서 살펴보았듯이 리빙랩의 유형에 관한 논의는 매우 다양하다. 논의의 맥락과 리빙랩 활용 목적에 따라 적절한 변수를 도입해 유형화할 수 있기 때문이다. 리빙랩은 운영 주체를 중심으로 분류할 수도 있고(Kleibrink and Schmidt, 2015; Leminen, Westerlund and Nyström, 2012), 최종 사용자의 참여방식에 따라 유형을 나눌 수도 있다(Dell'Era and Landoni, 2014). 리빙랩의 운영목적이나 규모도 유형화에서 사용할 수 있는 변수이다.

이 장에서는 공공연구 성과의 기술사업화와 관련해서 리빙랩을 다루므로 출연연구기관이나 대학 같은 공공연구기관이 주도하는 리빙랩을 대상으로 한다. 기업, 지자체, 시민사회 등 다양한 주체가 참여하지만 지식을 창출하는 공공연구기관이 이끌어가는 리빙랩에 초점을 맞춘다.[4] 또 리빙랩을 활용해서 기술사업화를 추진하기 때문에 연구개발성과의 사업화 방식을 중심으로 유형화 작업을 수행한다.

과학기술 분야에 대한 전문성과 안정성을 바탕으로 운영되는 공공연구기관의 경우 리빙랩은 두 가지 방식으로 추진될 수 있다. 첫째는 리빙랩이 추진되는 일반적인 방식인 프로젝트 방식으로, 기관 내외부의 연구과제를 수행하면서 추진체제로 리빙랩 방식을 도입해 사업화하는 것이다. 둘

---

4 Leminen, Westerlund and Nyström(2012)에 따르면, 지자체나 시민사회가 주도하는 리빙랩의 경우 지역사회문제를 해결하는 데 초점을 맞추며 지역 기반 공동체가 사용자로서 중요한 역할을 한다. 또 리빙랩의 운영이 장기간 지속되거나 주제를 바꿔 계속 추진되는 경향이 있다. 이에 반해 기업이 주도하는 리빙랩은 특정 주제를 대상으로 진행되고 짧은 기간 진행된 후 해체되는 모습을 보이며, 제품개발 프로젝트의 성격을 지니고 있다. 한편 공공연구기관이 추진하는 리빙랩은 연구개발 전 주기를 포괄하며 제도적 안정성을 지니고 있기 때문에 장기간 지속되는 경향이 있다.

째는 조직적 안정성을 기반으로 다수의 리빙랩 프로젝트를 운영할 수 있는 리빙랩 플랫폼을 구축하는 방식이다. 기업이나 지자체 등과 비교할 때 출연연구기관이나 대학은 상당한 자원과 인력, 하부구조를 보유하고 있기 때문에 일회적인 프로젝트가 아닌 지속적으로 리빙랩 방식의 혁신활동을 수행할 수 있다. 리빙랩 플랫폼은 이런 조직적 안정성을 기반으로 한 운영 방식이다. 리빙랩 플랫폼은 리빙랩 프로젝트를 추진하면서 능력과 자산이 지속적으로 축적되어 만들어진다.

한편 공공연구개발 성과를 사업화하는 방식의 측면에서 보면 리빙랩은 보유한 기초·원천기술을 통해 최종 사용자인 고객의 니즈를 탐색해나가는 수요탐색형 방식과, 공공문제에 대응하기 위해 기술 융합 및 사업화를 진행하는 문제해결형 방식으로 나눌 수 있다. 전자가 기술개발에서 시작해 수요를 구체화하는 방식이라면 후자는 구체적인 문제 및 수요에서 출발해 기술을 통합함으로써 사업화를 추진하는 방식이다. 두 가지 유형의 리빙랩은 운영 절차가 비슷하지만 사업화 과정에서 몇 가지 차이점이 있다. 기초·원천기술 기반으로 수요영역을 구성해야 하는 수요탐색형은 시장 불확실성이 상대적으로 높다. 또한 조직화된 사용자를 발굴하기가 어려워 비즈니스 모델을 개발하는 과정도 쉽지 않다. 반면 문제해결형 리빙랩은 공공구매 및 신수요 형성 활동에서 출발하기 때문에 시장 불확실성이 상대적으로 낮다. 또한 특정 영역에 구체화된 문제해결형은 조직화된 사용자를 발굴하고 비즈니스 모델을 개발하기가 비교적 용이하다. 이러한 특성으로 인해 수요탐색형에서는 탐색활동을 통한 사용자 발굴과 비즈니스 모델 구성이, 문제해결형에서는 기술시스템 구축을 위한 실험과 피드백이 가장 중요한 요소이다.

이런 논의를 종합하면 공공연구기관의 사업화 리빙랩은 운영되는 방식

표 8-2 **공공연구기관 사업화 리빙랩의 유형**

	수요탐색형	문제해결형
프로젝트형	I 유형	II 유형
조직기반 플랫폼형	III 유형	

에 따라 프로젝트형과 조직기반 플랫폼형으로 구분되고, 사업화 방식에 따라 수요탐색형과 문제해결형으로 구분되므로 총 네 가지 유형으로 나눌 수 있다. 그러나 리빙랩 플랫폼이 형성되면 플랫폼 내에서는 다양한 유형의 리빙랩 프로젝트를 운영하기 때문에 수요탐색형과 문제해결형을 굳이 구분할 필요는 없다. 따라서 공공연구기관 사업화 리빙랩은 프로젝트 기반의 수요탐색형 리빙랩과 문제해결형 리빙랩, 리빙랩 플랫폼, 세 가지 유형으로 제시할 수 있다.

다음에서는 이 세 가지 유형의 리빙랩이 지닌 특성을 정리하고 관련된 사례를 검토한다. 사례는 현재 국내외에서 리빙랩 방식으로 추진되고 있는 사업이며, 국내 사례는 해당 과제에 대한 멘토링과 현장 참여관찰을 통해 작성되었다(성지은 외, 2016a).

(1) 프로젝트 방식의 수요탐색형 리빙랩(I 유형)

① 정의

프로젝트 방식의 수요탐색형 리빙랩은 개발된 기초·원천기술을 바탕으로 최종 사용자의 수요영역을 탐색해 사업화를 진행시키는 프로젝트 기반 리빙랩이다. 이때 기술수요자인 기업을 넘어 제품·서비스의 최종 사용자 니즈를 찾아 비즈니스 모델 개발, 기술보완과 실험 및 실증을 수행한다. 이를 통해 불명확한 수요를 구체화하면 참여하는 혁신주체들의 공통된 비전과 협업을 이끌어내는 수단으로 활용할 수 있다. 또한 기술 실험과 실증을 반복하면서 최종 수요자의 피드백을 통해 기술을 업그레이드한다. 결국 불명확한 수요와 비즈니스 모델을 최종 사용자가 참여하는 리빙랩을 통해 구체화하면서 기술의 성숙도를 높여가는 활동이 진행된다.

수요탐색형 리빙랩은 일반 최종 사용자의 수요를 충족시키기 위한 제품과 서비스를 모색하는 데 걸맞으며 주로 B2C나 B2B2C 영역에 활용할 수 있다. 딥러닝 기술을 통한 수목질병 진단 또는 농업 기후변화 대응 기술개발, 나노입자를 활용한 운동에너지의 전기전환기술 등이 이에 해당한다.

② 주요 활동

수요탐색형 리빙랩의 활동은 크게 사전준비, 탐색, 실험, 평가단계로 나뉜다. 우선 사전준비 단계에서는 수요 영역을 탐색하고 최종 사용자를 조직화하는 활동이 진행된다. 이 단계에서는 리빙랩 사업 참여기관이 보유한 기초·원천기술을 바탕으로 새로운 수요영역과 비즈니스 모델을 전망하는 한편, 시장분석, 니즈분석, 비즈니스 모델 탐색, 비즈니스 생태계 현황 분석 등을 통해 리빙랩 운영 기획의 틀을 짠다. 또한 관련된 최종 사용자 그룹(A그룹)을 우선 선발해 조직화한다. 특정 지역, 그룹, 분야의 조직과 관심집단을 모집단으로 선정해 적극적인 사용자 그룹으로 조직화하는 것이다. 예를 들면 특정 작물을 재배하는 농민협회, VR기기를 사용하는 사용자 그룹, 홈오토메이션 사용자 그룹 등을 조직화한다. 이때 사회적·경제적 인센티브를 제시하는 등 사용자 그룹의 적극적인 참여를 유도해야 한다.

탐색 단계에서는 제품·서비스의 기본 개념을 구상하고 비즈니스 모델을 구축한다. 이때는 설문조사, 참여관찰, 서비스 디자인 등의 방법론을 활용한다. 예를 들면 병원이나 학교 같은 특정 공간을 대상으로 하는 경우 센서 네트워크를 구축해 최종 사용자들의 행태를 조사·분석하고 니즈를 도출하는 것이다. 또한 전문가 그룹과 사용자 그룹의 공동 워크숍을 개최해 피드백을 받음으로써 아이디어를 구체화시킨다.

실험 단계에서는 기술업그레이드 및 프로토타입의 개발과 검증을 실시한다. 이는 구체화된 수요에 기반을 두고 기초·원천기술의 성숙도를 높이기 위해 보완연구를 수행하는 단계로, 기존 기술사업화 모델과 결합해 연계·발전할 수 있는 방안을 모색한다. 개발된 프로토타입은 확장된 최종 사용자 그룹(A그룹+B그룹)을 대상으로 실험을 실시하며, 최종 사용자의 의견을 반영해 프로토타입 실험을 반복 수행한다. 또한 관련 제품 및 서비스를 생산·보급하는 생태계를 구축하기 위한 노력도 동시에 진행한다.

마지막으로 평가 단계에서는 시제품을 개발 및 실증한다. 이 단계에서는 좀 더 확대된 최종 사용자를 대상으로(A그룹+B그룹+C그룹) 실증 활동을 수행한다. 그렇기 때문에 상당수의 최종 사용자를 대상으로 시제품 실증을 실시하며 관련 피드백을 반영해 제품과 서비스를 개선한다. 그 이후에는 창업 및 기술이전 등의 방식으로 생산과 판매를 실시한다.

③ 사례: 자가발전 기반 융합형 안전장비 개발 프로젝트[5]

이 과제는 압전 효과를 이용해 자가발전 원천기술을 상용화하는 프로

---

5 이 사례는 한국연구재단의 '사회문제 해결형 연구개발사업'으로 진행되고 있는 야간 작업자의 사고 예방을 위한 자가발전 기술 기반 융합형 안전장비 제작 및 실증 과제를 기반으로 작성되었다. 이 사업은 사회문제 해결형 사업으로 분류되지만 기술사업화 관점에서는 원천기술인 압전기술을 기반으로 수요를 탐색하면서 기존 기술을 업그레이드한 과제이기 때문에 수요탐색형 사례라고 할 수 있다.

그림 8-2 **자가발전 기반 융합형 안전장비 리빙랩 운영**

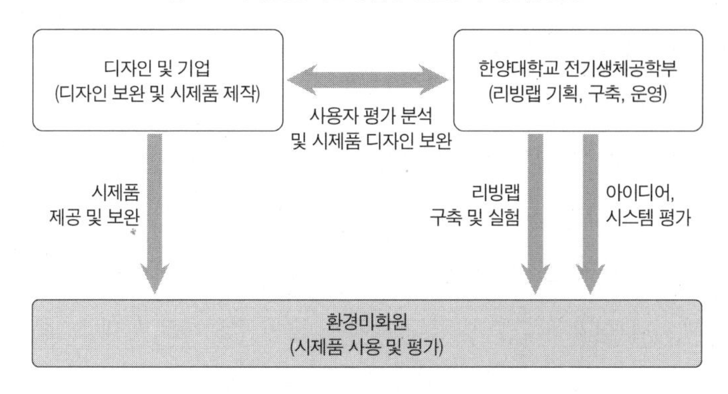

젝트로서, 압전 자가발전 기술을 개발하고 이를 상용화하기 위해 리빙랩을 수행했다. 이 프로젝트는 세계 최고 수준의 압전 자가발전 원천기술을 보유한 상태에서 기술을 업그레이드하고 응용분야를 개척하기 위해 야간에 사고가 많이 나는 환경미화원의 안전장비를 개발할 목적으로 최종 사용자가 참여하는 리빙랩을 시도한 것이다.

한양대학교 전기생체공학부는 원천기술을 보유한 주체로서 기술고도화 및 리빙랩 구축과 운영을 담당하고 있으며, 성동구청과 세종특별자치시는 조직화된 사용자 패널을 구성해서 시제품 사용 및 평가활동에 참여하고 있다. 한양대 디자인학과는 이 시제품의 디자인을 개발하고 보완하는 역할을 하고 있으며, 기업은 개발된 시제품의 제작 및 공급활동을 수행하고 있다.[6]

---

6 리빙랩에는 서울 성동구청과 세종시의 야간작업 환경 미화원들이 참여했다. 2015년부터 2016년 10월까지 총 161명을 대상으로 안전 발광 의복을 보급해 행동을 관찰하고 당사자들의 의견을 수렴(설문조사 및 포커스 그룹 인터뷰 방식)해 제품을 개선하는 반복적 활동을 전개했다. 이에 대한 자세한 논의는 성지은 외(2016b: 146~155)를 참조할 것.

이 과제는 리빙랩 방식을 통해 운동에너지를 활용한 야간 발광키트를 개발하고 있는데, 현장 환경미화원으로부터 다양한 피드백을 받아 제품의 내용과 활용방식을 계속 진화시키고 있다. 운동에너지가 가장 많이 발생하는 상의의 어깨부분에 발광키트를 집어넣은 시제품을 개발했는데, 사용자의 요구사항(세탁 용이성, 활동 용이성, 눈부심 방지, 수납공간 확충 등)을 반영해 발광키트의 위치 변경, 상의가 아닌 밴드를 통한 발광키트 착용, 헬멧이나 신발을 통한 발광키트 활용 등을 검토하고 있다. 최종 사용자와의 상호작용을 통해 애초에 기획했던 제품의 디자인에서 벗어나 새로운 활용방식을 탐색하고 있는 것이다. 리빙랩 방식이 아니었다면 기술적 성과는 뛰어나지만 세탁이 용이하지 않고 불편해 현장에서는 사용되지 않는 발광키트가 개발되었을 것이다. 하지만 이처럼 리빙랩 과정을 거쳐 환경 미화원의 니즈에 부합하는 제품이 개발되면 다른 분야의 야간 작업자(지하철, 공항, 군대 등)와 아웃도어 분야에 대해서도 제품기술을 활용할 수 있다.

(2) 프로젝트 방식의 문제해결형 리빙랩(II 유형)

① 정의

프로젝트 방식의 문제해결형 리빙랩은 사회·경제적으로 해결해야 할 문제를 정의하고 이에 대응하기 위해 기초·원천기술을 획득·융합하며 사용자와의 상호작용을 통해 제품·서비스를 개발·진화시키는 프로젝트 기반 리빙랩이다. 이 리빙랩에서는 관련 기술을 탐색하고 사용자 피드백을 통해 공동의 문제를 해결해나가는 일련의 과정을 거치는데, 이는 에너지, 환경, 안전, 식품, 주거, 교통 등 공공문제를 해결하기 위해 최종 사용자, 정부, 서비스 전달조직 등이 참여해 운영하는 B2G 영역에 적합한 모델이다. 에너지 소비를 감소시키기 위한 스마트 리빙랩, 북촌지역 활성화를 위한 IoT 기반 리빙랩 등이 이에 해당한다. 문제해결형 리빙랩은 공공구매 및 신수요 형성 활동에서 출발하므로 시장 불확실성이 상대적으로 낮다. 하지만 사업의 정당성을 입증해야 공공구매 등을 통해 사업화가 진행되므로 시민 또는 지역주민의 참여를 이끌어내고 관련 제도를 개선하기 위해 노력을 기울일 필요가 있다.

② 주요 활동

문제해결형 리빙랩 역시 사전준비, 탐색, 실험, 평가 단계로 나뉘어 각 단계별로 활동이 진행된다. 다만 수요 탐색 대신 공공문제의 탐색 및 구체화 활동을 수행하고 문제 해결에 쓰이는 기술플랫폼[7]을 전망하는 작업이 필요하다. 사전준비에서는 과학기술을 활용한 공공문제의 해결 가능성, 의의, 규모 등을 고려해서 해결해야 할 문제 분야를 설정하고 관련 분야를 검토·분석한다. 또한 공공구매 정책이나 시장 활성화, 신시장 창출 방안을 도출하는 등 기술 - 제품 - 인프라 - 서비스가 통합된 기술플랫폼 모델을 전망한다. 탐색 단계에서는 기술플랫폼 모델 및 비즈니스 모델을 형성하고, 실험 단계에서는 프로토타입을 개발하고 시험한다. 마지막으로 평가 단계에서는 시제품 개발 및 실증을 거쳐 기술플랫폼을 구체화시킨다.

7 플랫폼은 공통으로 활용되는 대상이 기술적 요소인지 경제적 요소인지에 따라 기술플랫폼과 경제적 플랫폼으로 구분된다(손상영·안일태·이철남, 2009). 기술플랫폼은 재사용을 목적으로 표준화된 유무형의 자산으로, 하드웨어 플랫폼, 소프트웨어 플랫폼, 데이터 플랫폼 등이 이에 속한다.

③ 사례: 지방부 도로 횡단보도 보행자 자동감지 통합시스템 개발

지방의 열악한 교통시설로 인한 어린이, 고령자, 장애인 등의 횡단보도 교통사고가 사회적 문제로 대두되고 있다. 이에 이러한 문제를 해결하고 교통약자의 편의성과 안전성을 증진하기 위해 보행자를 영상으로 자동감지해 대기시간을 줄이는 자동감지 통합시스템을 개발하는 과제가 리빙랩 방식으로 추진되고 있다.

서울시립대학교가 총괄하는 이 사업은 홍익대학교에서 세부과제로 리빙랩을 운영해 사용자가 함께 참여하고 직접 제안하는 연구방식으로 시스템을 개발하고 있다. 설명회, 전문가 회의를 거쳐 연구진, 지역주민, 행정담당자, 경찰청, 관련 전문가 등으로 구성된 '리빙랩 사업 공동체'를 구축한 뒤 리빙랩 적합지 선정, 통합시스템 구축, 파급효과 분석 등을 실시했다. 기술시스템을 구매 및 운영·관리하는 조직이 참여해 리빙랩에 의견을 제시하고 있다. 한편 지역주민 중에서는 지역에서 조직력 있는 행정 및 운영 전문가, 그리고 주민사업 경험이 풍부하고 여론을 주도하는 주민대표를 핵심 사용자로 확보했다.[8]

이 같은 리빙랩을 통해 농촌 지방부 도로의 독특한 니즈들이 도출되고 기술개발에 반영되고 있다. 사용자들은 보행 편의성보다 안전성을 더욱 중요한 요소로 생각하고 있기 때문에 신호 무시에 따른 사고 문제에 대응하는 것이 중요한 이슈로 확인되었다. 이에 대응하기 위해 자동인지 시스

---

8 리빙랩은 2015년 10월부터 2016년 9월까지 전주시의 4개 거점을 대상으로 진행되었다. 리빙랩에는 전주시청, 전북도청, 전주시 덕진구·완산구 지역주민, 경찰청, 도로교통공단이 참여했다. 이 리빙랩에서는 거점 지역을 통행하는 주민들에 대한 사업 홍보 및 행태 관찰이 수행되었고, 해당 지역주민 대표 14명을 통해 지역주민의 의견을 수렴하고 피드백하는 과정을 거쳐 시스템을 개선하는 활동이 이루어졌다. 이에 대한 자세한 논의는 성지은 외(2016b: 173~190)를 참조할 것.

그림 8-3 **지방부 도로 횡단보도 보행자 자동감지 통합시스템 리빙랩 운영**

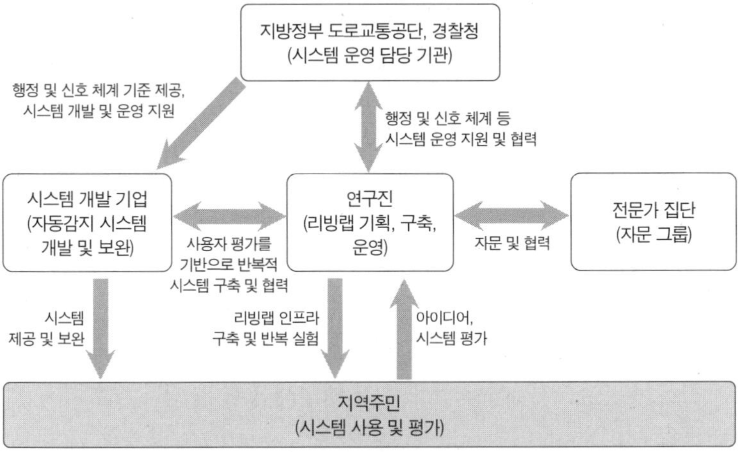

지방정부 도로교통공단, 경찰청
(시스템 운영 담당 기관)

행정 및 신호 체계 기준 제공,
시스템 개발 및 운영 지원

행정 및 신호 체계 등
시스템 운영 지원 및 협력

시스템 개발 기업
(자동감지 시스템
개발 및 보완)

사용자 평가를
기반으로 반복적
시스템 구축 및 협력

연구진
(리빙랩 기획, 구축,
운영)

자문 및 협력

전문가 집단
(자문 그룹)

시스템
제공 및 보완

리빙랩 인프라
구축 및 반복 실험

아이디어,
시스템 평가

지역주민
(시스템 사용 및 평가)

템과 더불어 과속 및 단속 카메라를 설치하자는 의견이 제시되었다. 또한 농번기 낮 시간 횡단보도 이용률 감소, 노약자 및 장애인의 상대적으로 긴 보행시간, 악천후 시 보행자 인식 문제 등이 기술시스템 구성에서 새롭게 고려해야 할 요소로 논의되었다.

(3) 리빙랩 플랫폼(III 유형)

① 정의

리빙랩 플랫폼은 출연연구기관이나 대학, 공공기관, 연구회 등 리빙랩을 운영·관리할 수 있는 능력과 기반을 갖춘 조직이 플랫폼을 형성해서 리빙랩 운영 서비스를 제공하는 모델이다. 출연연구기관의 경우에는 자신들의 연구를 리빙랩 방식으로 수행하면서 리빙랩 플랫폼을 운영할 수 있다.

리빙랩 플랫폼을 운영하기 위해서는 여러 연구기관, 최종 사용자, 기업,

지자체 등과 협업을 수행할 수 있는 네트워크가 필요하다. 이와 함께 안정적인 최종 사용자 풀을 구성해서 다양한 리빙랩 사업을 수행할 수 있는 기반도 구축해야 한다. 리빙랩 경험이 많은 최종 사용자들은 리빙랩 플랫폼의 중요한 자산이다. 그리고 사용자들의 배경정보와 기존 실험·실증에 참여했던 자료는 일정 기간 축적되면 리빙랩을 운영할 때 매우 유용하다.

② 주요 활동

리빙랩 플랫폼에서는 리빙랩을 안정적으로 운영하기 위한 기반을 구축하는 활동이 중요하다. 이를 위해 우선 해결해야 할 문제와 수요를 구체화하는 방법론을 개발·보유해야 하며, 문제·수요를 구체화하는 데 도움을 줄 수 있는 전문가 네트워크도 구축해야 한다.

조직화된 사용자 패널을 만드는 것도 필수작업 중 하나이다. 연구자들과 상호작용하면서 현재의 문제점을 지적하고 대안을 공동으로 개발·실험·실증할 수 있는 능력을 지닌 사용자 패널을 구축·운영하는 것이 중요하다. 사용자가 리빙랩에 참여하면 할수록 유능한 사용자로 발전하기 때문에 리빙랩 프로젝트를 수행하면서 사용자 패널을 확보·확대하는 활동도 요청된다.

리빙랩 운영 방법론을 개발하는 것도 리빙랩 플랫폼에서 관심을 가져야 할 일 가운데 하나로, 제품·서비스 모델 및 비즈니스 모델 구축 → 프로토타입 개발·시험 → 시제품 개발 및 실증단계로 이루어지는 리빙랩 운영 방법론을 개선하고 이에 필요한 도구들을 개발·활용해야 한다. 이런 기반을 바탕으로 리빙랩 활동을 필요로 하는 연구조직에 리빙랩 서비스를 제공할 수 있다. 리빙랩 방식을 필요로 하는 사업화 프로젝트에 전문지식과 최종 사용자 패널을 바탕으로 리빙랩 서비스를 제공하는 것이다.

리빙랩 플랫폼은 플랫폼으로서 다른 리빙랩 프로젝트를 수행하기 위한 하부구조 역할도 수행한다. 따라서 리빙랩 활성화를 위한 교육 및 연계활동도 추진하게 된다. 리빙랩 운영 시에는 연구팀이나 최종 사용자에게 요구되는 다양한 능력과 노하우를 교육·훈련시키고 리빙랩 워크숍, 서머스쿨 등을 운영해 리빙랩을 확산하고 인지도를 제고하는 활동도 해야 한다.

또한 리빙랩 플랫폼은 리빙랩 간 네트워크를 형성해서 다양한 방식으로 추진되는 리빙랩 활동의 경험을 공유하고 확산하는 역할도 한다. 더 나아가 해외 리빙랩과의 연계를 통해 개발된 제품의 해외 실증을 지원할 수도 있다. ENoLL에 소속된 해외 리빙랩 관련 조직과 연계해 국내에서 개발된 제품의 해외 실증을 지원하는 것이다. 이처럼 리빙랩 플랫폼은 개별 기업이 하기에는 어려운 활동을 리빙랩 네트워크를 통해 도와주는 역할을 할 수 있다.

③ 사례: 벨기에 아이마인즈 리빙랩

아이마인즈(iMinds)는 벨기에의 플랑드르 정부가 설립한 연구기관으로 ICT와 광대역 기술개발·활용에 초점을 맞추고 있다. 대학과 연구기관의 연합체로서 플랑드르의 ICT 기업공동체와 공동작업을 수행하며 기술창업을 지원하는 기능도 보유하고 있다. 아이마인즈의 부서 가운데 하나인 '아이마인즈 리빙랩'은 실험·실증 플랫폼 서비스를 제공하는데, 아이마인즈 내의 연구자뿐만 아니라 외부의 기업에도 이 서비스를 제공하고 있다.

아이마인즈 리빙랩은 2003년 처음으로 대화형 디지털 텔레비전 리빙랩을 포함한 다양한 리빙랩 연구를 수행했다. 2004년 전자잉크(e-ink) 기술을 사용한 e-리더 디바이스(e-Reader device)에 대한 리빙랩 시험을 세계 최초로 실시했으며, 대화형 이동 의료 모니터링 리빙랩 실시(2007년), 스

표 8-3 **사업화 리빙랩의 유형과 모델**

	I. 프로젝트 방식의 수요탐색형 리빙랩	II. 프로젝트 방식의 문제해결형 리빙랩	III. 리빙랩 플랫폼
목적	소비자인 최종 사용자를 대상으로 하는 사업화(B2C 또는 B2B2C 영역)	공공사용자(지자체), 매개사용자(사회서비스 제공기관) 및 최종 사용자를 대상으로 하는 사업화(B2G, B2 매개사용자)	리빙랩 운영에 대한 전문성을 바탕으로 리빙랩에 기반한 사업화 서비스 제공
참여자	연구기관, 대학, 기술이전 전문기관, 기업, 최종 사용자	연구기관, 대학, 지자체 또는 정부, 비영리조직, 사회적경제조직, 최종 사용자	연구기관, 대학, 지자체, 공공기관
주요 활동	• 리빙랩을 통해 원천기술을 활용할 수 있는 수요영역 탐색 및 비즈니스 모델 발굴 - 프로토타입 제작 및 검증 - 양산형 시제품 실증	- 문제 해결을 위한 기술 탐색 및 비즈니스 모델 발굴 - 문제 해결을 위한 프로토타입 제작 및 검증 - 양산형 시제품 실증	- 사용자 패널을 구축해서 리빙랩 플랫폼을 형성하고 내·외부 조직에 리빙랩 운영 서비스 제공
사업화 과정의 특성	- 기초·원천기술 기반 수요 탐색 - 최종 사용자와 수요영역을 특정하기 어려움 - 조직화된 사용자 발굴 및 비즈니스 모델 개발이 어려움	- 공공구매, 신수요 형성 같은 수요에서 출발해 기술사업화의 시장적 불확실성 감소 - 최종 사용자와 수요영역 특정 가능 - 조직화된 사용자 발굴 용이, BM모델 개발 용이	- 리빙랩 기반 사업화 플랫폼으로서 사업화 과정 전반을 지원하는 역할 수행
핵심 요소	적합한 수요영역 탐색과 사용자 발굴, 비즈니스 모델 구성이 상대적으로 중요	기술 구현 및 피드백이 상대적으로 중요	사용자 패널 설정·관리 및 리빙랩 서비스 제공

마트폰 기반 서비스 시험 및 개발 수행, 아폴론 EU 파일럿 프로젝트(Apollon EU Pilot Project) 참여 등 다양한 실적을 보유하고 있다.

리빙랩을 성공적으로 운영하기 위해서는 동기부여된 실험·실증 사용자의 참여와 그들이 창출하는 데이터가 필요한데, 아이마인즈는 리빙랩에 적극적으로 참여하는 다수의 사용자 패널을 확보(약 2만 1000명)하고 있다. 따라서 리빙랩 서비스 요청자의 목적에 맞게 사용자 그룹을 구성할 수 있다. 개발하고자 하는 제품·서비스에서 요구하는 사용빈도, 전문성, 불만족 집단 포함 등을 고려해 패널을 구성(핵심 패널)하고 이들을 중심으로 리빙랩을 운영해 제품·서비스에 대한 다양하고 적실성 있는 정보를 제공하는 것이다.

아이마인즈 리빙랩은 리빙랩 서비스를 의뢰한 기업이나 조직의 활동이 개념을 형성하는 단계일 경우에는 프로토타입 개발도 지원한다. 제품·서비스 개념을 구체적인 인공물로 구현할 수 있도록 지원하는데, 이때 의뢰기업의 이해당사자가 참여해서 공동으로 작업을 수행할 수 있게 한다. 또 선정된 아이마인즈의 패널이 제시된 프로토타입을 실제 생활공간에서 실험하고 지속적이고 반복적으로 검토하는 활동을 지원한다. 이와 함께 비즈니스 모델의 발굴도 돕는다.

아이마인즈 리빙랩은 해외 리빙랩 네트워크를 통해 중소기업이 해외지역에서 기술을 실험·실증할 수 있도록 지원하는 활동도 한다. 중소기업은 다른 나라에 진출할 때 문화나 표준·인증문제에 대응하는 데 어려움을 겪는데, 아이마인즈는 ENoLL의 핵심 구성원으로서 컨설팅을 제공할 뿐만 아니라 네트워크를 통해 해외 리빙랩에서 실험·실증할 수 있는 기회도 제공한다.

3. 결론

1) 종합 및 정책적 시사점

이 장에서는 리빙랩 방식을 활용해 공공연구개발 성과의 사업화를 촉진하기 위한 모델과 유형을 제시했다. 리빙랩은 최종 사용자와 산학연 같은 전문조직이 상호작용을 통해 공동으로 문제를 정의하고 대안을 찾아나가는 기술사업화 모델이다. 유망기술 발굴 → 사업모델 탐색 → 기술패키징, 업그레이드, 마케팅 지원 → 기술이전·창업으로 전개되는 사업화 과정에서 최종 사용자의 참여를 통한 '전문조직 – 사용자의 공동 문제 해결(co-creation)'을 사업화의 핵심 요소로 고려한다.

기존 기술사업화 과정이 기술 → 이전·창업의 선형적 과정에서 나타나는 부족한 부분을 보완하는 활동에 초점을 맞추었다면, 리빙랩 모델은 전문조직과 최종 사용자의 반복적이고 수렴적인 공동문제 해결활동에 중점을 둔다. 전문가 집단이 사용자 수요를 조사해서 수요조사 → 기술개발 → 기술사업화를 수행하는 선형·위계적 모델과는 다른 접근을 취하고 있는 것이다. 또 전문가가 상당한 노력을 투입해 기획한 제품이나 비즈니스 모델에 대해 일회적인 피드백을 제공하는 것이 아니라, 완성된 모델이 아니더라도 최종 사용자와 지속적으로 상호작용하면서 기술과 수요를 수렴시키는 린스타트업 방식을 취한다.

이 때문에 리빙랩은 서로 분리되어 있는 '기술 및 비즈니스 개발의 세계'와 '최종 사용자의 제품·서비스 활용의 세계'를 통합시키는 역할을 한다. 기존 사업화 모델은 연구기관과 기업의 연계가 부족한 것은 문제점으로 파악하지만 연구기관·기업과 최종 사용자의 연계가 부족한 데 대해서는 충분한 논의를 하지 않고 있다. 리빙랩은 이를 연계·수렴하기 위한 효과적인 수단을 제공한다. 이런 점에서 리빙랩 기반 사업화 모델은 기존의 사업화 모델과 프레임이 다르다. 이들의 차이를 정리하면 〈표 8-4〉와 같다.

이 장에서는 이런 리빙랩 모델을 바탕으로 세 가지 유형의 사업화 모델을 제시했다. 수요탐색형 리빙랩, 문제해결형 리빙랩, 리빙랩 플랫폼을 다루었는데, 프로젝트형 리빙랩은 연구개발과제를 추진할 때 모듈 방식으로 활용할 수 있다. 반면 리빙랩 플랫폼은 공공연구기관이 수요지향적

표 8-4 **기존 사업화 모델과 리빙랩 기반 사업화 모델**

	기존 사업화 모델	리빙랩 기반 사업화 모델
기술사업화 모델	'기술발굴·비즈니스 모델 도출 → 사업화 지원' 방식의 선형모델	산학연 주체와 최종 사용자 간의 나선형적 공동학습 모델
수요에 대한 인식	- 수요 = 기업의 기술수요 - 수요자를 기업으로 인식 - 제품·서비스를 공급하는 기업이 최종 사용자의 수요를 잘 알고 있다고 가정	- 수요 = 최종 사용자의 제품·서비스 수요 - 수요자는 최종 사용자, 지자체, 비영리조직 같은 매개 사용자를 지칭 - 최종 사용자의 수요는 연구기관, 기업, 심지어 사용자도 모르는 경우가 많다고 가정(특히 선도형 기술, 문제해결형 기술인 경우) - 최종 사용자의 관점에서 기존의 사업화 모델은 공급 중심적 모델임
핵심 주체	연구기관, TLO 등 사업화 지원조직, 기업(산학연 주체)	최종 사용자, 기업, 리빙랩 운영기관, 연구기관(민산학연 주체)
주요 활동	- 비즈니스 모델 도출 - 기술 업그레이드 및 패키지화 - 마케팅 및 기술이전 지원활동	- 최종 사용자와의 상호작용을 통해 잠재수요, 암묵적 수요, 명시적 수요 파악 - 사용자와의 상호작용을 통해 비즈니스 모델, 제품·서비스 도출

연구를 수행할 때 사용하는 유형이자 기업이나 지자체에 리빙랩 서비스를 지원하는 하부구조이다. 공공연구조직의 새로운 기능으로서 여러 가지 의미를 지닌 인프라라고 할 수 있다.

이 장에서 서술한 연구의 의의와 정책적 시사점은 다음과 같다. 우선, 기술사업화 과정에서 무엇보다 중요했으나 그동안 빠져 있던 최종 사용자, 현장, 사회의 기능과 역할을 명확히 했다는 점이다. 기존 기술사업화 모델은 기술 공급에서 시작해서 기술이 잘 전달되는 과정을 찾는 공급 중심적 프레임이 주를 이루어왔다. 기술수요 맞춤형 R&D 컨설팅 지원, 기술이전 전담조직(TLO) 설치 및 활성화, 기술지주회사 및 사업화 전문회사 육성 등의 정책이 대표적인 예이다. 수요지향성을 강조했지만 이는 현장과 최종 사용자의 수요가 아니라 기업이 파악하는 수요였다. 리빙랩 기반 사업화 모델은 최종 사용자, 현장, 사회를 기술사업화의 중요한 주체이자

변수로 포함시키고 이들의 니즈와 경험을 기술·제품·서비스 사업화에 반영시키려 시도했다는 점에서 의의가 있다. 출연연구기관 등 연구활동 주체도 리빙랩 방식을 활용할 경우 최종 사용자 지향형 제품·서비스 개발을 효과적으로 수행할 수 있으며 이로써 R&D 성과의 확산을 촉진할 수 있다(성지은·박인용, 2016).

둘째, 국내에서 진행되고 있는 리빙랩 사업을 좀 더 체계적으로 추진할 수 있는 논리적 기반을 제시했다. 국내에서도 최근 과기정통부, 산업부, 지자체 등이 리빙랩 사업을 도입해 제품·서비스 개발, 공공인프라 조성, 지역혁신을 추진하고 있다. 과기정통부와 산업부는 각각 '사회문제 해결형 기술개발사업'과 '에너지기술 수용성 제고 및 사업화 촉진사업'에 리빙랩 방식을 도입해 기술의 문제 해결 가능성 및 수요지향성을 제고하는 시도를 하고 있다. 또한 서울 북촌한옥마을 리빙랩, 성남 고령친화종합체험관 시니어리빙랩 등 지자체 및 공공기관 주도로 IoT 등 기술과 결합해 공공서비스 및 지역문제를 해결하려는 노력을 전개하고 있다(성지은·박인용, 2016; 성지은 외, 2016b). 이들 사업은 아직은 실행을 통한 학습 방식으로 진행되고 있는데 이 장에서는 이를 체계적으로 분석·정리함으로써 이러한 사업을 발전시키기 위한 모델을 제시했다.

셋째, 탈추격기에 적합한 새로운 수요와 기술을 발굴·형성해가는 혁신모델의 맹아를 제시했다. 탈추격기에는 모방하거나 준거로 삼을 기술과 시장이 없는 상황에서 혁신활동을 수행해야 한다(송위진·성지은, 2013a). 사용자와 연구자가 공동으로 혁신활동을 수행하는 리빙랩에 기반을 둔 혁신모델은 수요와 기술을 동시에 구성해가는 것으로, 새로운 시장과 기술에 대한 불확실성을 공동학습을 통해 극복해나가는 활동이다. 따라서 탈추격 혁신에 도움을 줄 수 있으면 그것을 위한 하나의 모델이 될 수 있다. 선도형 혁신, 퍼스트 무버형 혁신을 이야기하지만 이를 구체적으로 구현하는 방법이 논의되지 않는 상황에서 리빙랩은 새로운 혁신모델을 엿볼 수 있는 계기를 마련해주고 있다. 새로운 탈추격형 모델의 돌파구가 열릴 수도 있는 것이다.

2) 향후 연구방향

개방형·사용자 주도형 혁신을 지향하는 리빙랩은 사용자의 니즈를 구체화하는 데서 시작하며 최종 사용자가 혁신의 초기 단계부터 참여하는 모델이다. 최종 사용자와 기업, 연구기관, 지자체는 이 과정에서 서로 수평적·개방적 관계를 맺는다. 또한 혁신이 전문가에 의해 기획·집행되는 것이 아니라 다양한 주체 간 상호작용을 통해 진화하면서 자기조직화된다.

이처럼 공급 중심적·전문가 중심적인 혁신모델과는 다른 프레임으로 혁신활동을 분석하고 실행하기 때문에 리빙랩을 적용할 때에는 기존 논의와의 논쟁이 불가피하게 발생한다. 기존 틀에서 보면 리빙랩은 실증사업의 하나이다. 최종 사용자의 참여 방식도 기존의 사용자 조사·참여 방식과 크게 다르지 않다. 리빙랩은 이미 다루어졌거나 현재 수행되고 있는 이론·사업이기 때문에 새롭게 관심을 갖거나 많은 예산을 배분할 필요가 없다.[9] 이는 리빙랩을 기반으로 한 사업과 이론의 개발·적용·확산을 막는

---

9 이런 인식의 밑바탕에는 최종 사용자인 시민사회나 사회적경제조직 등의 비전문가와 공동학습하고 문제를 풀어나가는 과정에 대한 부담감과 함께, 시민들의 자세와 능력에 의구심을 갖는 전문가주의가 깔려 있다. 이 글에서 기술된 사례의 연구책임자도 같은 생각을 갖고 있었지만 최종 사용자들을 만나 새로운 경험을 하면서 사용자와의 상호작용에 긍정적인 평가를 내리게 되었다. 이에 대해서는 조인혜, "상위 20%를 위한 국가 R&D 바꾸자", ≪The Science Times≫(2016.11.5)를 볼 것. 윤찬영, "1/10 가격으로 95% 안질환 잡아내는 카메

장애요인으로 작용한다.

이런 현황을 극복하기 위해서는 기존 논의를 대체하는 새로운 프레임이나 이론을 보여줄 수 있는 체계화 작업이 필요하다. 리빙랩 자체에 대한 이론이든 사용자 주도형 혁신모델에 대한 이론이든 간에 기존의 공급 중심 혁신모델에 버금가는 전망이 필요하다. 선형모델을 대체하며 혁신체제 모델이 등장하는 과정에서 드러난 것처럼 리빙랩 또한 새로운 모델로서의 자신의 정체성과 이론 체계를 명확히 할 필요가 있다.

리빙랩에서는 최종 사용자의 참여가 중요하다. 최종 사용자는 직간접적으로 혁신활동에 참여한다. 그러나 참여가 파편적이거나 문제나 대안에 대한 이해관계가 조정되지 않으면 민원을 제기하는 이상의 참여가 어려우며 의미 있는 혁신활동을 수행할 수 없다. 이를 극복하기 위해서는 사용자의 니즈와 대안에 대한 입장을 집합적으로 조직화할 수 있는 참여방식이 필요하며, 지속성을 가지면서 연구자와 이해당사자, 최종 사용자의 사회적 합의를 이끌어낼 수 있는 방식이 요청된다. 또 의견을 조직화하기 위해 지역공동체나 기업을 활용하는 방식, ICT를 통해 의견을 수렴하는 방식 등 다양한 방법론에 대한 연구와 개발도 필요하다. 연구자와 최종 사용자 간, 최종 사용자들 간의 이해관계를 조정하기 위한 틀을 개발하는 것도 수행해야 할 연구이다.

현재 다양한 리빙랩 사업이 추진되고 있다. 각 사업이 주도하는 조직, 목표, 분야, 추진기간이 다르기 때문에 이들 사업을 유형화하고 각 유형에 맞는 이론과 운영 방법론을 개발해야 한다. 이를 위해서는 많은 사례연구가 필요하다. 국내에서도 리빙랩 사업이 본격적으로 추진되고 있는데 사

라", ≪오마이뉴스≫(2017.4.6)에서도 유사한 논의를 다루고 있다.

업 추진과 사례연구를 동시에 진행함으로써 사업경험을 축적하고 이론을 개발하는 작업을 동시에 추진해야 한다.

더 나아가 시스템 전환의 틀을 도입해 전환 랩(Transition Lab)으로서의 역할과 기능을 논의할 필요가 있다. 리빙랩을 특정 제품과 서비스를 개발하는 수단으로서뿐만 아니라 우리 사회의 다양한 문제를 해결하면서 전환을 수행하는 공간으로 파악하는 것이다. 이를 통해 국지적 차원의 혁신 활동과 시스템 차원의 혁신이 연결되는 고리를 만들 수 있으며(성지은·박인용, 2016), 리빙랩이 혁신이론과 정책 측면에서 지니는 의의를 더욱 높일 수 있다.

09

지역문제 해결을 위한 국내 리빙랩 사례 분석

성지은

최근 현장의 사회경제적 문제를 구체화하고 그 문제의 대안을 탐색·구현하는 주체로서 지역의 역할이 강조되고 있다. 이와 함께 사회 주체(주민, 사용자 등) 주도형 혁신모델이자 지역·현장 기반형 혁신의 장으로서 리빙랩이 도입·적용되고 있다. 중앙정부 주도의 획일적인 지역개발, 경제성장 중심의 산업혁신의 한계를 넘어 지역사회와 밀착된 지역혁신 및 지역문제 해결의 효과적인 수단이자 플랫폼으로 리빙랩이 부각되고 있는 것이다(송위진 외, 2014, 2015; 성지은·한규영·박인용, 2016).

핀란드, 네덜란드 등 유럽 국가들은 리빙랩을 최종 사용자 관점을 적극 반영해 지역문제 해결을 위한 플랫폼으로서, 대만은 아시아 최초로 지역사회문제 해결을 위한 실증 플랫폼으로서 도입·운영하고 있다. 더 나아가 공공 – 민간 – 시민 협력을 통해 문제를 해결하는 수단이자 거버넌스로서,

그리고 지속가능한 사회·기술시스템 전환을 위한 실험 또는 전략적 니치(strategic niche)로서 리빙랩을 활용하고 있다.

국내에서도 과기정통부, 산업부, 지자체 등이 리빙랩 사업을 도입해 제품·서비스 개발, 공공인프라 조성, 지역혁신을 추진하고 있다. 과기정통부의 '사회문제 해결형 연구개발사업'과 산업부의 '에너지기술 수용성 제고 및 사업화 촉진사업'에 리빙랩 방식을 도입해 기술의 현장 및 수요지향성을 제고하려는 시도가 이루어지고 있다. 또한 서울 북촌한옥마을 리빙랩, 성남 고령친화종합체험관 시니어리빙랩 등 지자체 및 공공기관 주도로 IoT 등의 기술과 결합해 공공서비스 및 지역문제를 해결하려는 노력이 이루어지고 있다.

이 장에서는 지역사회문제 해결을 위한 실험으로 리빙랩을 명시적으로 운영한 북촌 리빙랩, 성대골 리빙랩, 건너유 프로젝트 3개 사례를 분석한다. 각 사례의 지역문제, 문제 해결 목표, 참여주체 및 주체별 역할, 리빙랩 추진체계, 의의를 분석하고 리빙랩의 유형 및 특성을 도출함으로써 향후 발전 방안을 모색하고자 한다.

1. 지역혁신과 리빙랩

1) 과학기술혁신 및 지역혁신정책의 반성과 새로운 방향 모색

과학기술은 그간 경제성장 및 산업경쟁력 강화의 수단으로 인식되었으나 최근에는 '지속가능한 발전', '삶의 질 제고', '사회문제 해결', '국민편익 개선' 등을 실현하기 위한 수단으로 그 의미가 확장되고 있다. 이는 기술에 대한 시각이 기술개발을 넘어 기술의 사회적 활용·확산을 강조하는 방향으로 변화하고 있으며, 기술 사용자(수용자)로서의 시민 및 시민사회의 역할이 강화됨을 의미한다.

국가연구개발 또한 과제 발굴, 사업기획, 사업실행, 평가 등에서 새로운 접근을 위한 실험이 이루어지고 있다. 그 대표적인 사례가 사회문제 해결형 연구개발사업이다. 과학기술 활동에 대해 새로운 프레임으로 접근하면서 사회·기술통합 기획, 리빙랩, 멘토링 제도, 실증 테스트베드 구축 등 새로운 방식을 도입하고 있는 이 사업은 특정 산업과 기업의 육성이나 과학기술의 발전만을 우선시하는 전통적인 접근과 달리 국민의 삶과 직결된 사회문제 해결을 목표로 한다. 또 정부와 소수 전문조직이 문제를 정의하고 대안을 개발하는 것이 아니라 다양한 주체가 참여해 혁신활동을 기획·추진한다. 무엇보다도 시민사회의 참여를 강조하는 것이 특징이며, 이를 기반으로 생활밀착형 사회이슈를 발굴한다. 발굴된 문제를 해결하기 위해서는 기술개발 부처와 정책 부처가 협업하며, 이를 통해 기술과 법·제도, 서비스가 상호 부합하는 종합 해결책을 개발하는 데 초점을 둔다. 또한 실제 살아가는 생활공간에서 최종 사용자와 연구자가 함께 제품을 개발하고 실증·평가하는 개방형 혁신모델로서 리빙랩 방식을 활용한다(국가과학기술위원회, 2012; 송위진 외, 2013, 2014, 2015).

이와 함께 중앙정부의 연구개발과 차별 없이 진행되던 많은 지자체의 혁신활동에도 변화가 일어나고 있다. 지역별 특성을 반영하기보다 성장 유망산업이나 돈 되는 기술에 집중된 연구(성지은·박미영, 2012), 기업을 위한 연구를 넘어 지역주민을 위한 연구를 고려하기 시작한 것이다.[1] 이

1 그동안 혁신정책은 지역사회의 문제 해결활동과는 직접적인 연계를 맺지 않았다. 지역사회

들 사업은 지역사회 또는 주민이 겪고 있는 문제 해결에 초점을 두고 있으며, 지역사회의 참여를 통해 지역사회의 문제를 해결하는 지역 기반의 내생적 혁신모델을 제시하고 있다. 이를 위해 교육·주거·문화·사회 등 다양한 분야에서 실제 수요를 구체화하고 문제 해결을 위해 사회현장에서 활동하는 사람들이 기획과정에 참여하는 등 다양한 시도가 이루어지고 있다(송위진 외, 2015).

대표적으로 서울시는 '서울형 R&D' 정책에 따라 서울문제 해결을 위해 시비로 도시문제해결형 기술개발사업을 추진하고 있다. 이 사업은 원천기술개발 및 중소기업 지원 같은 공급자 중심의 기존 방식에서 벗어나 수요자 중심의 연구개발을 표방한다. 특히 시정수요 과제의 경우 개발된 제품·서비스의 수요처인 서울시 관련 부서가 참여해 요구사항을 제시하고 연구개발 주체와 함께 사업을 진행하고 있다. 부산, 대구, 대전 등 일부 지자체에서도 지역문제해결형 혁신사업의 새로운 실험으로서 리빙랩을 도입한 바 있다.

2) 지역문제 해결을 위한 리빙랩 운동

리빙랩은 '살아있는 실험실' 또는 '일상생활 실험실', '사용자 참여형 혁신공간' 등 다양하게 정의된다. 리빙랩은 사용자를 연구혁신활동의 객체가 아닌 주체로 보고 있으며, 폐쇄된 실험실에서 벗어난 실제 생활 현장에서의 실험·실증을 강조한다. 이에 따라 리빙랩 활동은 사용자의 경험과

주거 개선, 보건·복지서비스 확충, 안전시스템 구축, 에너지 문제 해결 등은 주거·복지·안전과 관련된 분야의 정책에서만 다루어졌다(송위진 외, 2015).

통찰력이 중요한 에너지, 주거, 교통, 교육, 건강 등 일상생활 분야를 중심으로 이루어지고 있다. 실제 사용자가 주도하고 생활현장을 기반으로 하는 실험·학습을 통해 기존 지역개발 및 혁신활동의 한계를 극복할 것으로 기대할 수 있다.

리빙랩은 초기에는 주로 기업의 제품 개발 및 사업화의 혁신도구로 활용하고자 사용자의 행동 관찰(PlaceLab)에 주목했다(Eriksson, Niitamo and Kulkki, 2005). 이것이 발전되어 현재는 사용자가 제품의 기획 단계부터 사업화 단계까지 전 과정에 참여하고 있다(Dell'Era and Landoni, 2014; ENoLL, 2015). 최근에는 리빙랩이 새로운 지역혁신 모델이자 지역문제 해결을 위한 방법론으로 부각되고 있다(성지은·송위진·박인용, 2014; 성지은·박인용, 2016). 그동안 지역사회문제는 사회적기업, 비영리조직, 자활기업, 공공기관 등 지역의 사회혁신조직이 담당해왔다. 이들은 지역사업을 통해 지역사회문제 해결에 노력해왔으나 과학기술을 문제 해결 수단으로 활용하지는 않았다. 기술을 찾고 문제 해결에 활용하기 위해서는 일정 수준 이상의 전문성이 필요하기 때문이다(송위진 외, 2015). 이는 그동안 과학기술 활동과 사회혁신이 분리되어온 이유 중 하나이다.

리빙랩은 다른 지역혁신 모델과 달리 ICT 기반의 협력, 개방형 혁신, 사용자(시민, 공동체) 참여, 민간 파트너십 등을 갖추고 있어 지역문제 해결에 더 잘 대응할 수 있다. 지역주민·공동체가 적극적으로 참여하며, 지역주민의 활동 패턴과 지식 역량을 탐색하고 이를 혁신주체(기업, 연구소 등)의 활동에 연계하기 때문이다. 지역사회에서 수행되는 실험은 혁신 제품·서비스 및 혁신모델을 지역 맥락에 맞게 변화시킨다. 이처럼 리빙랩은 일상생활과 밀접하게 연결된 문제의 해결에 초점을 맞추고 있어 지역 역량을 확보하는 데 기여한다(성지은·송위진·박인용, 2013, 2014; 송위진 외, 2015).

2. 국내 리빙랩 추진 사례

1) 북촌 IoT 리빙랩

(1) 지역문제 및 문제 해결 목표

북촌한옥마을은 대표적인 거주형 한옥밀집지역으로, 연간 100만 명이 방문하는 서울의 대표적인 관광지이다. 그러나 최근 관광객이 급증하면서 소음과 주차 공간 부족으로 지역 거주민의 불편이 야기되었고 관광객 또한 이용 편의시설의 부족으로 불편함을 호소했다.

이러한 지역의 문제를 해결하기 위해 정부(미래창조과학부)는 2014년 5월 사물인터넷 기본계획을 수립하고, 북촌을 사물인터넷 1단계(2015년) 시범지역으로 선정했다. 그리고 센서, 스마트 디바이스 등 사물인터넷(IoT)을 활용해 안전, 복지, 교통, 관광, 환경 등 다양한 도시문제 해결을 목적으로 하는 리빙랩을 구축했다.

(2) 참여주체 및 주체별 역할

이 사업에서는 북촌의 지역문제 해결을 위한 플랫폼으로 리빙랩을 구축했다. 미래창조과학부, 종로구청, 동주민센터, 주민대표, 전문가, 민간기업 등이 민관협의체를 구성해 민관 협력을 도모했으며, 정부는 IoT를 적용하기 위한 기초 인프라 구축을 담당했다. 정부출연금 8억 3000만 원의 재정지원으로 북촌 전 지역에서 무료로 사용 가능한 공공 와이파이를 구축하고 지능형 CCTV를 설치했다. 이와 함께 북촌 보행지도·다국어콘텐츠를 개발해 배포했으며, 데이터 개방 확대를 위한 '열린데이터 광장'을 구축했다. 또한 공공 IoT 서비스와 민간의 관련 인프라 간 융합을 추진했다. 서울시는 북촌 IoT 시범 조성을 위한 TF팀을 구성하고, 미래창조과학부, 한국정보화진흥원, 정보통신산업진흥원 간의 업무 협의를 통해 IoT와 관련된 규제 해결, 민간 협력, 국비 지원 등을 검토했다. 이후 미래창조과학부, 종로구 등 관련 기관과 전문가 간의 의견 조율을 위한 지속적인 협의의 장을 마련했고, 지역주민, 시민과 문제에 대한 공감대 형성을 도모하면서 서울시 계획과 연계한 사업을 실행했다.

북촌 주민들은 사전기획 단계에서 주도적인 역할을 했다. 지역주민과 시민들은 토론회에 참여해 사용자가 겪는 문제점을 제기했으며, 북촌 거주민, 사업체, 관광객 등을 대상으로 IoT 서비스 모델 발굴을 위한 수요조사에도 적극적으로 참여했다. 그 결과, 안전, 환경, 교통, 관광, 주민편의 등의 분야에서 30개의 문제점을 도출했고 각각의 문제를 분류/계층/내용으로 체계화해 요구사항을 제시했다. 민간기업과 스타트업은 기술개발, 상품 활용 등의 활동을 주도적으로 수행했다. 서울시는 인프라 조성 단계까지만 개입했고, 스타트업을 중심으로 실증서비스가 개발되었다. 스타트업은 한옥방재, 주차공간, 주민편의(소음 감소, 쓰레기 수거 등), 관광안내 등 북촌의 도시문제를 해결할 수 있는 서비스를 개발하고 실증했다.

(3) 리빙랩 추진체계

2014년 8월, 북촌 IoT 시범 조성을 위한 TF팀 구성을 시작으로 그 해 10월에는 사업 추진을 위한 기본계획을 수립했다. 이와 함께 미래창조과학부, 한국정보화진흥원, 정보통신산업진흥원은 업무 협의를 통해 IoT와 관련된 규제해결, 민간협력, 국비지원 등을 검토했다. 또 지역주민과 시민의 의견을 수렴하기 위한 토론회 및 포럼을 개최해 서울시 공무원, 산학연 관계자, 시민들이 사물인터넷 활용 계획에 대해 자유롭게 의견을 교환할

그림 9-1 **민관 협력 기반의 북촌 IoT 사업 추진전략**

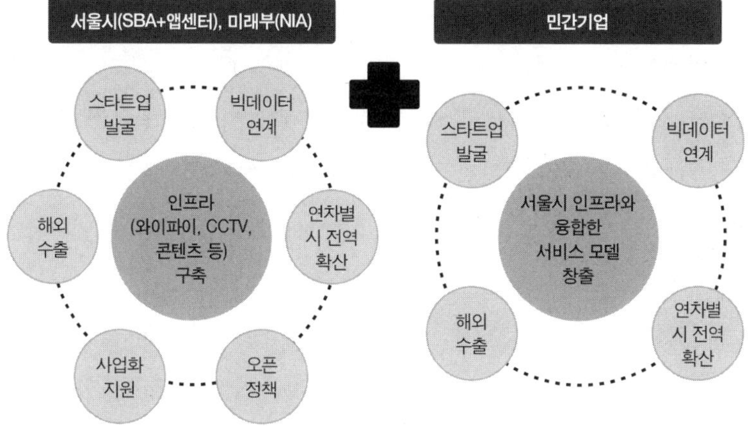

자료: 서울특별시(2015).

표 9-1 **북촌 IoT 시범특구 추진 경과**

시기	추진 현황
2014. 8	북촌 IoT 시범 조성을 위한 TF팀 구성
2015. 1	전문가 자문, 관련기관(미래창조과학부, 종로구 등) 협의(1~9월)
2015. 3	북촌 IoT 시민 Ideation(상상하기) 행사 개최(3.26)
2015. 4	북촌 IoT 열린포럼 개최(4.6)
2015. 5	북촌 IoT 실증사업 관련 설문조사(5.1~6.5)
2015. 7~9	IoT 실증 업무협약 체결 및 실증사업(서울시-미래창조과학부, 서울시-SK플래닛, 종로구청)
2015. 10	서울시-스타트업 간 IoT 실증사업 공동협력 협약(10.8)

자료: 성지은·한규영·박인용(2016).

수 있도록 했다. 도출된 북촌 지역의 문제를 해결하기 위해서는 민간기업, 특히 스타트업이 참여해 서비스를 개발했다.

실증 서비스의 일환으로 리빙랩을 구축하면서 환경, 관광, 안전, 교통 등 각 분야 제품·서비스를 실증하기 위한 공간으로 활용했다. 북촌문화센터, 북촌관광안내소(재동초등학교 옆, 정독도서관), 주민센터(가회동, 삼청동), 전통공예체험관, 백인제가옥 등 공공시설 7개를 거점으로 실증 실험과 서비스가 제공되었다.

북촌 사물인터넷 시범서비스는 '사물인터넷 도시 인프라 마련', '사물인터넷 생태계 조성', '시민/관광객 체감형 서비스 제공'을 목표로 관광, 안전, 교통, 환경 분야에서 총 17개의 서비스를 제공했다. 또한 '북촌'이라는 공간을 기반으로 이루어진 오픈플랫폼 테스트가 성공함에 따라 서울시에서는 '사물인터넷 실증지역 확대 조성', '서울시 사물인터넷 인큐베이션센터 조성 운영' 등 사물인터넷 기반 리빙랩을 구축하기 위한 계획을 수립했다.

(4) 사업의 의의

이 사업은 민관 협력에 기반을 둔 오픈플랫폼 형태로 진행되었으며, 중앙정부와 지자체 공동으로 지역 거주민 및 관광객들에게 실질적인 도움을 줄 수 있는 IoT 서비스 실증사업을 구현했다는 점에서 의의가 있다. 특히 IoT 서비스 실증사업을 추진하는 과정에서 주민들을 지속적으로 참여시킴으로써 기존 하향식의 한계를 극복하려 시도했다. 사용자 주도형 '리빙랩' 방식을 통해 민관 협업체계를 작동시킨 것이다.

사업 과정에서 미래창조과학부 - 서울시, 서울시 - 민간기업 간의 협업이 이루어짐에 따라 국가 - 지자체 - 기업을 아우르는 협업 생태계 기반이 마련되었다. 또한 IoT 기반의 다양한 공공서비스(안전, 환경, 관광) 실증작업을 통해 플랫폼을 구축함으로써 향후에 플랫폼 확산이 용이해졌다. 민간 IoT 플랫폼과 센서기술을 활용한 IoT 서비스, 인프라의 공동구축 및 공공개방을 통해 다양한 민간사업자가 참여할 수 있는 생태계를 조성했다는 점에서도 의미가 있다.

2) 성대골의 에너지전환전략과 리빙랩

(1) 지역문제 및 문제 해결 목표

서울시 동작구에 위치한 성대골에서는 2011년 후쿠시마 원전사고를 계기로 안정적인 에너지 공급과 지속가능성 실현을 위한 운동이 시작되었다. '생활 속 삶과 핵'을 주제로 강좌가 개설되었고, 연이어 개최된 '착한에너지로 거듭나기' 강좌와 워크숍(우리동네 녹색아카데미)을 통해 에너지전환 운동이 본격화되기 시작했다. 이를 계기로 마을 내에서 에너지전환을 위한 담론이 형성되었고, 성대골 에너지자립(전환)마을을 목표로 다양한 학습(에너지자립마을 견학 및 강의)과 실험(성대골절전소, 착한에너지지킴이 동아리 조직, 착한에너지합창단 결성)이 시작되었다. 세계적인 관점에서 다루어지던 기후변화를 지역 단위에서 해결하기 위한 시도가 시작된 것이다.

2012년 성대골은 서울시 에너지 자립마을 사업[2]으로 선정되어 마을 내에서 태양광 발전, 태양열온풍기 설치, 에너지카, 건물단열사업 등과 같은 에너지 관련 실험과 사업이 본격화되었다. 또한 마을 내의 경제적 지속성을 확보해 자립구조를 구축하기 위한 노력의 일환으로 마을기업, 햇빛발전협동조합, 마을닷살림협동조합, 에너지슈퍼마켓 등의 시범사업도 추진했다.

이와 같이 에너지 자립마을을 구축하기 위해 다양한 시도가 전개되었으나 산발적으로 진행되어온 실험들을 정리하고 향후 도입할 기술을 결정할 필요성이 제기되었다. 이에 에너지 자립마을 비전에 부합하고 주민

---

2 서울시는 마을 단위 재생에너지 보급 정책의 실패 원인을 실생활에 부합하지 않는 기술의 보급과 기술에 대한 사용자의 이해 부족으로 규명하고, 이를 극복하기 위해 사용자를 기술 보급의 중요한 요소로 고려한 에너지 자립마을 사업을 추진했다.

들이 실제로 필요로 하는 실험을 설계하고 추진할 수 있도록 주민들이 에너지 생산기술과 실험방법을 선택하고 실험을 주도하는 에너지전환 리빙랩을 추진했다.

(2) 참여주체 및 주체별 역할

관 주도의 일방적인 에너지 기술 보급 사업이 반복해서 실패해온 전례를 막기 위해 성대골 사업에서는 리빙랩 방식을 활용해 주민과 서울시, 연구기관, 기업이 협업을 통해 주민이 실제로 활용할 수 있는 에너지전환기술을 선택할 수 있도록 했다. 이를 통해 기존의 하향식·공급 위주로 에너지전환기술을 보급하던 양상에서 상향식·수요 위주로 에너지전환기술을 활용할 수 있도록 했다. 이 리빙랩은 다른 사례들과 달리 사용자, 기술, 정책, 기업, 지식 분야의 리빙랩 협의체를 구성해 다양한 시각에서 사용자 주도 에너지전환 리빙랩이 이루어질 수 있도록 했다.

리빙랩 전 과정에서 주민(커뮤니티)이 핵심 주체로서의 역할을 담당했으며, 최종적으로는 주민이 활용할 에너지 생산 기술을 스스로 선택하고 기술의 적합성을 리빙랩 방식으로 검증했다. 서울시는 '2015년 민간단체 공익활동 지원사업'을 추진해 성대골에 8개월 간 2000만 원의 사업비를 지원했다. 동작구청은 현재 추진 중인 환경정책과 기술 대안 간 부합성에 대해 제언하고, 성대골 마을 구성원의 특징 및 에너지 소비 양상 등에 대한 자료를 제공했다. 적정기술을 다루는 중소기업은 태양광, 태양열 온풍기·온수기, 스마트그리드, 패시브하우스, 단열 등의 에너지전환기술을 제시해 주민들이 선택할 수 있도록 했다. 또 에너지전환과 리빙랩 분야의 연구자에게 자문을 얻어 주민 주도의 의사결정에서 초래될 수 있는 전문성 부족을 보완할 수 있도록 했다.

표 9-2 **에너지전환 협의체 구성**

영역	인원	참여자 및 참여 그룹
마을주민	3명	성대골 주민 활동가
기술	1명	기술개발 사회적기업
정책	2명	구청, 정당
경제·기업·시장 영역	4명	도시재생, 태양열 온풍기, 에너지공유플랫폼, 태양광
기술 지식 전문가	2명	주택단열, 도시전환

자료: 성지은·한규영·박인용(2016).

(3) 리빙랩 추진체계

성대골 에너지전환 리빙랩은 네 단계로 구분해 진행되었다. 첫째 단계에서는 사용자 주도 혁신의 에너지전환 리빙랩을 구현하기 위해 〈표 9-2〉와 같이 주민, 기업가, 공무원, NGO, 학계가 참여하는 협의체를 구성했다. 이들은 에너지전환의 장애요인과 추동요인을 도출하고 문제 해결을 위한 기술 탐색 및 실험을 주도적으로 추진했다.

둘째 단계에서는 실험 설계 및 추진을 위해 과거 실험을 분석 및 유형화했다. 과거의 실험을 성찰하기 위해 실험에 참여했던 주민들이 실험을 유형별로 분류했으며 유형 내 또는 유형 간의 시너지 효과를 고려해 실험 계획을 수립할 수 있도록 했다.

셋째 단계에서는 협의체 워크숍 및 오픈세션을 개최했다. 분석된 과거 실험에 근거해 문제를 도출하고 해결 방안을 모색하기 위해 리빙랩 협의체 워크숍은 총 3회, 오픈세션은 1회 개최했다. 1차 리빙랩 협의체 워크숍과 오픈세션에서는 에너지전환을 방해 또는 촉진하는 요인이 도출되었다. 오픈세션에서는 리빙랩 협의체뿐만 아니라 에너지와 관련된 전국 산·학·연·마을의 참가자 30여 명이 참여했다. 2차 리빙랩 협의체 워크숍에서는 문제 해결 방안을 논의하고 실험 대안을 검토했다. 3차 워크숍에서는 2차 워크숍에서 제시된 기술대안의 전문가를 초청해 대안의 실현 가능성과 효과를 논의하고 문제 해결 및 비전 달성을 위한 구체적인 경로를 탐색했다. 이러한 과정을 거쳐 태양열 온풍기, 태양열 온수기(난방 포함), 미니태양광, 단열을 최종 대안으로 설정했다.

마지막 단계는 기술워크숍이었다. 주민이 직접 설치하고 싶은 기술을 선택할 수 있도록 주민과 기술공급업체가 함께 참여해 기술에 대한 이해를 돕고 대안으로서의 적절성을 검토하는 네 차례의 워크숍을 실시했다.

(4) 사업의 의의

성대골 에너지전환 리빙랩 사례는 크게 세 가지 의의를 지닌다. 첫째, 주민이 문제 발굴 및 해결방법 구상, 최종 실험 선택에 이르기까지 주된 의사결정자로서 역할을 한 것이다. 주민들이 자체적으로 에너지전환에 대한 공감대를 형성해 자발적으로 사업을 추진했으며, 전문성을 보완하기 위해 전환 협의체 또는 각 분야 전문가의 지원을 받았다. 리빙랩을 운영하는 과정에서는 협의체와 주민들 간에 피드백과 학습과정이 지속적으로 이루어지면서 주민역량이 강화되고 책무성을 갖게 되었다. 또한 기존의 관 주도적이고 일방적인 에너지 기술 보급사업의 실패를 방지하고 상향식·수요 위주의 에너지전환기술을 도입하기 위해 혁신적인 방식이 도입되었다.

둘째, 마을에 형성되어 있는 강력하고 다원적인 리더십 기반의 사회적 네트워크를 효율적으로 활용해 행정의 영향력이 미치지 못하는 마을 단위에서 사회문제를 발굴하고 적정기술을 활용할 수 있음을 보여주었다. 이는 리빙랩을 활용한 사회문제 해결과정에서 공동체 기반 네트워크가 갖는 효과를 보여준 것이다.

표 9-3 **과거의 실험 유형화**

유형	실험
주민 의식 변화	성대골 절전소, 에너지 진단 사업, 에너지 합창단, 해바라기 카페, 성대골 마을학교, 에너지 자립마을 축제, 찾아가는 에너지교실
기술적 실험	경로당 BRP, 태양열 온풍기, 화목난로, 틈새바람잡기, 태양광 처마, 태양열 오븐
지식교류	국내외 선진 사례 견학, 성대골 견학프로그램, 시민교육박람회, 동아시아기후포럼 참여, 서울연구원 사례발표, 서울교대 환경대학원 토론회 참여
정책 변화	원전하나줄이기 정책워크숍 참여, 원전하나줄이기 실행위원회 참석
경제적 기반	에너지 슈퍼마켓
커뮤니티 역량 강화	에너지 & 기후변화 강사 양성 과정 운영

자료: 성지은·한규영·박인용(2016).

셋째, 마을 단위의 리빙랩에서 도시 규모로 확장할 수 있는 가능성을 확인케 했다. 리빙랩을 진행하는 과정에서 총 11회의 회의를 통해 리빙랩을 이끌기 위한 다양한 주체를 조직화했으며, 지식을 축적하고 네트워크를 형성해 서울시 전역으로 에너지 전환사업을 확대할 수 있는 기반을 마련했다.

3) 대전 지역문제 해결 리빙랩 프로젝트 건너유

(1) 지역문제 및 문제 해결 목표

사회문제 해결형 혁신과 수요 기반 혁신에 대한 관심이 증대되면서 과학기술혁신 과정에서 시민(사용자)과 지역사회의 역할이 확대되었으며, 행정에 의지하는 문제 해결이 아닌, 시민들의 자발성과 집단지성을 활용하는 방법이 고려되기 시작했다. 또 오픈소스 운동 등으로 ICT 기술에 대한 접근성이 커지면서 누구나 쉽게 이를 활용할 수 있게 되었다. 과학기술에 대한 시민들의 심리적 진입장벽이 낮아지고 기술을 보유한 개인의 호

표 9-4 **주민 참여 기술워크숍**

구분	대상	내용
1차	태양열/태양광/단열 시공에 관심 있는 주민	기술 설명 및 질의응답
2차	미니태양광/태양열 온풍기에 관심 있는 주민	투자대비 수익률과 투자비 회수기간 설명(미니태양광 업체와 태양열 온풍기 업체 대표)
3차	미니태양광에 관심 있는 주민	미니태양광의 설치 및 사용 논의(폐기비용, A/S비용, 이사비용, 브랜드 신뢰성 등), 주민들의 실험참여 결정
4차	태양열 온수기 설치를 희망하는 주민	태양열 온수기 질의응답(겨울철 온수기 동파 여부, 온수의 온도, 설치 장소 및 면적, 고장의 빈도, 난방으로 사용 가능 여부)

자료: 성대골사람들(2015)을 재구성.

혜적 네트워크가 사회발전의 새로운 자원으로 작동하기 시작한 것이다.

이러한 흐름 속에서 대전에서는 하천 범람을 실시간으로 확인할 수 있는 웹서비스를 개발해 시민의 불편을 해소하려는 리빙랩 실험이 이루어졌다. 대전의 유성홈플러스 인근 징검다리, 일명 물고기다리에서는 호우 시 빈번하게 사고가 발생했으나 시 차원에서 뚜렷한 안전대책을 제시하지 못했다. 그러던 중 2014년 8월 다리에서 사망사고가 발생함에 따라 대전시 사회적자본지원센터의 주도하에 다리의 안전성 문제를 해결하기 위한 리빙랩 프로젝트(건너유)가 추진되었다. 이는 하천의 범람과 안전상태를 스마트폰으로 실시간 확인할 수 있는 웹서비스를 개발해 시민의 불편을 해소하는 것을 목적으로 했다.

(2) 참여주체 및 주체별 역할

건너유 프로젝트의 참여주체는 대전광역시 사회적자본지원센터와 코워킹 스페이스 '벌집'에서 활동하고 있는 대전지역 청년들의 사회혁신조직, 메이커커뮤니티 '용도변경', 일반 시민들이다. 유성구에 위치한 창의적인 커뮤니티 벌집은 청년층을 중심으로 다양한 프로젝트를 진행할 수 있도록 공간을 공유하는 코워킹 스페이스이다. 벌집은 이 리빙랩 프로젝트에서 리빙랩 공동스터디 및 워크숍을 설계했다. 메이커 및 개발자들의 커뮤니티인 용도변경은 3D프린터, 레이저커터 등을 보유하고 소규모 워크숍 등을 진행하는 자작(self-making) 커뮤니티로, 오프소스를 조사하고 태양광 충전 모듈, IoT를 이용한 무선 IP카메라, 반응형 모바일 웹 등의 다양한 기술을 활용해 프로토타이핑을 했다. 대전광역시 사회적자본지원센터는 마을공동체를 중심으로 공익적 시민활동을 지원하는 대전시 산하기관으로, 프로젝트 추진에 필요한 기관과 연계하고 예산을 지원했다. 한편 물고기다리 인근의 주민과 대학생은 워크숍에 참가해 아이디어를 제공했다.

(3) 리빙랩 추진체계

이곳의 시민들은 자신들이 직접 체감하는 지역문제를 스스로 정의하고 해결방안을 탐색하기 위해 리빙랩을 도입했다. 이는 IDEO가 제시한 인간중심 디자인[3] 3원칙을 기본으로 한 시민 중심의 문제 탐색 및 해결 시도로, 타깃 지역의 시민 다수가 불편해하거나 사회적인 문제로 인식되는 공동의 문제를 탐색하고 시민의 집단지성과 ICT를 활용해 문제를 해결하는 것이다.

프로젝트는 세 단계로 추진되었는데, 문제 찾기(Inspiration) – 대안 탐색(Ideation) – 실행(Implementation)이다. 첫째 단계에서는 리빙랩 공동 학습

3 혁신컨설팅 기업 IDEO가 제시한 것으로, 지역사회에 발언권을 주고 그들이 원하는 바에 따라 솔루션을 만들고 이행하는 방법을 의미한다(이명호·정의철·박선하, 2014).

및 문제 찾기 워크숍을 통해 지역주민들의 생활 속 문제를 발굴했다. 이를 위해 공유 공간 벌집을 주축으로 어큐먼(+ACUMEN)의 인간 중심 디자인(IDEO Human Centered Design Course)을 공동으로 수강하고 테드엑스 시티2.0(TEDx City2.0), MIT 리빙랩 같은 리빙랩 사례 연구를 통해 공동 학습을 진행했다. 이후에는 학생, 주부, 메이커, 디자이너 등 다양한 행위자가 참여하는 문제 찾기 워크숍을 통해 생활 속에서 해결이 필요한 문제와 해결방안을 탐색하는 '우리 주변 문제 찾기'를 시도했고, 브레인스토밍을 통한 문제 해결 방안 도출 및 프로토타이핑 과정이 진행되었다.

둘째 단계는 문제 해결 대안을 탐색하는 과정으로, 문제에 대한 심층 분석 및 스마트폰 범람 확인 서비스의 프로토타이핑이 진행되었다. 직접 관찰을 통해 호우 시 범람 속도와 수량을 관측하고 초음파 센서를 이용해 다리 이용자 수 등을 파악한 결과, 문제의 발생 원인을 다음과 같이 도출했다. 징검다리를 경계로 대규모 주거단지와 대학교, 대형마트, 버스정류장이 위치해 다리 이용자가 많으며 징검다리 이용 시 경로가 약 3km 정도 단축되어 사고 위험을 감수하고서도 사람들이 징검다리를 이용하는 것으로 파악되었다. 이에 문제 해결 방안으로 〈표 9-5〉와 같이 네 가지가 제시되었으며, 이 중 비용 및 작업 난이도 등 실현 가능성에 따라 최종 대안으로 IP 카메라 설치가 선정되었다.

이를 구현하기 위해 태양광 패널 실물 모형을 제작했고, 자동차 배터리를 활용해 제작한 태양광 패널로 IoT 카메라를 충전시키는 시스템을 구축했다. IP 카메라의 인터넷 네트워크는 나무, 가로등 등의 장애물 및 거리에 따라 와이파이 감도가 유동적이므로 와이파이 증폭기를 활용해 원활한 데이터 송신(100메가 이내)이 가능하도록 했다. 웹 서비스를 위한 서버 구축 및 모바일 시스템은 해외 오픈소스 라이브러리의 오픈소스 하드웨

표 9-5 **다리의 안전성 문제를 해결하기 위한 대안과 방식**

	스마트폰 자체 이용	IP 카메라 설치	FPV 영상 송출	웹캠 설치
내용	스마트폰 자체의 카메라를 이용해 영상 송출	웹서버가 내장된 웹캠을 이용, IoT로 와이파이만 구축하면 가능	실시간 영상전송장치 FPV 이용, 별도의 컴퓨터 필요	컴퓨터를 직접 설치해 웹캠을 이용
통신방식	3G 네트워크	와이파이	와이파이	USB
앱 구축 방식	별도 구축	IP 카메라업체 서비스 이용, 임베디드 필요	라즈베리파이 및 PC 이용	라즈베리파이 및 PC 이용
충전방식	태양관 충전 모듈 및 배터리 필요	태양광 충전 모듈 및 배터리 필요	태양광 충전 모듈 및 배터리 필요	전력 및 인터넷망이 구축된 근처 건물의 협조 필요

자료: 황혜란 외(2015).

어인 아두이노[4]를 활용해 구현했다.

마지막 단계는 탐색된 대안의 프로토타입 및 솔루션을 설계한 뒤 반복적인 개선을 통해 실행하는 단계로, 프로토타입을 실행 및 보완하기 위해 기술 및 서비스 디자인 분야의 시민들이 참여하는 워크숍을 개최했다. 이는 린 프로세스[5]을 활용해 개발된 서비스의 테스트 및 피드백 수렴 과정을 거쳐 서비스를 보완하는 방식으로 진행되었으며, 최종적으로는 방수처리되고 도난방지장치가 설치된 모듈을 설치하고 모바일 웹을 구축했다. 또한 사용자들의 접근성을 향상시키기 위해 한글주소인 http://건너유.kr 도메인 및 웹서버를 구축하고 반응형 웹페이지를 개설했다. 그러나 장비와 웹서버가 관리되지 않아 현재는 사용이 어려운 상황이다.

---

4 전문가 영역부터 어린이 창의 교육에 이르기까지 폭넓게 활용되고 있는 하드웨어로, 빠르고 손쉽게 프로그래밍해 다양한 센서나 모터, LED 등을 제어할 수 있다(신기헌, 2015).

5 린(Lean) 프로세스는 완성되지 않은 서비스를 출시한 뒤 지속적인 피드백을 얻어 서비스를 업그레이드하는 방식으로, 초반에는 불편할 수 있으나 서비스 품질을 지속적으로 개선할 수 있다. 스타트업에서 많이 사용하는 방식이다(김태성, 2015).

(4) 사업의 의의

건너유 프로젝트는 마을 주민과 공동체가 공동으로 문제를 인식하고 지자체에 해결 방안을 제안한 시민사회 주도의 상향식 문제 해결 모델이다. 이 프로젝트는 ICT를 통해 누구든지 문제 해결의 주체가 될 수 있다는 가능성을 확인시켜주었다.

기존의 행정시스템에서는 중간지원조직이 크게 부각되지 않았으나 이 프로젝트에서는 '대전광역시 사회적자본지원센터'라는 중간지원조직이 관련 행정부처를 서로 연결하고 행정과 시민을 연결하는 중요한 역할을 담당했을 뿐 아니라 재정지원 등의 역할도 수행했다. 이 프로젝트의 또 다른 의의는 사업에 지역주민이 적극적으로 참여해 문제를 스스로 해결하는 계기를 마련했다는 점이다. 집단지성의 창의성을 통한 민주적인 방법으로 경험을 축적해나가면서 문제를 해결하는 시민들의 역량을 강화해나간 것이다.

더 나아가 첨단 기술이 아닌 지역 사회의 니즈를 충족시키는 저비용 기술과 기존 장비·인프라를 활용해 지역문제를 해결했다는 데 의의가 있다. 문제 해결을 위한 프로토타입 및 서비스를 개발하는 과정뿐만 아니라 서버를 구축하고 모바일 시스템을 구현하는 과정에서도 별도의 개발 없이 해외 오픈소스 라이브러리를 활용함으로써 비용을 절감하고 서비스 개발의 효율화를 도모했다는 점도 주목할 만하다.

3. 종합

주민이 생활 속에서 겪는 지역문제 해결을 위한 방안으로 리빙랩을 활용한 세 가지 사례를 살펴본 결과, 공통적인 특성을 다음과 같이 도출할 수 있다.

첫째, 사례별로 기술 활용 방식과 사용되는 기술의 특성은 차이가 있으나 과학기술·ICT와 지역문제 해결을 연계하고자 했다. 북촌 IoT 리빙랩은 산학연 등 연구개발 주체가 개발한 IoT 기술을 활용해 관광객과 지역주민이 겪고 있는 소음, 주차, 쓰레기, 관광 편의성 등의 지역문제를 해결하고자 했다. 성대골 에너지전환 리빙랩은 지역 수준에서 기후변화에 대응하기 위한 방안으로 태양열·태양광·단열 시공 등의 적정기술을 대안으로 모색했다. 건너유 프로젝트는 호우 시 발생하는 다리 이용의 불편함을 해결하기 위해 지역 내 소규모 사회기술 커뮤니티가 보유하고 있는 기술과 외부의 오픈소스를 활용해 웹 또는 스마트폰으로 다리의 상태를 확인할 수 있는 시스템을 개발했다.

둘째, 지역주민의 참여에 기반을 둔 내생적인 발전 모델이라 할 수 있다. 기존의 정부 주도 및 외부 자본 의존형 접근의 한계를 극복하기 위해 지역주민이 문제 발굴부터 기술 실험 및 확산·적용까지 리빙랩 과정 전반에서 주도적인 역할을 수행했다. 이는 기존의 지역혁신 방식과 확연한 차이를 보이는 부분이다. 사업 초기 단계부터 지역 주체의 참여와 각 주체의 협력을 기반으로 해서 지역의 내생적 능력을 향상시켰으며 지역의 문제해결능력 및 사회적 자본의 혁신 역량을 키우는 계기를 마련했다. 또한 지역문제를 스스로 고민하고 해결함으로써 지역주민의 주체적·자율적 의식을 함양시킬 수 있었다.

셋째, 각 사례가 서로 다른 리빙랩 유형에 속하지만 공통적으로 중간지원조직이 리빙랩 운영에 중요한 역할을 했다. 북촌 IoT 리빙랩은 서울시 주도로 추진된 사업으로, 시에서 구성한 그룹(TF팀)이 리빙랩을 총괄 관

표 9-6 **리빙랩의 사례별 유형 및 특성**

구분	북촌 리빙랩	성대골 리빙랩	건너유 프로젝트
사업 추진 배경 및 지역문제	- IoT 기술의 상용화 - 도시 문제 도출 및 해결을 위한 방안으로 리빙랩 대두	- 후쿠시마 원전사고, 블랙아웃 사태로 에너지 위기 인식 - 에너지전환에 대한 시민 의식 향상	- 과학기술혁신 과정에 사용자 참여 영역 확대 - 생활 밀착형 문제 해결에 대한 수요 증가
사업목표	- IoT를 활용한 도시문제 해결 및 관광객 편의 증진	- 에너지 자립을 위한 기술대안의 탐색 및 실험	- 징검다리를 이용하는 시민의 불편 해소 및 편의성 향상
거버넌스 인프라	- 행정을 통해 인프라 제공(와이파이망과 공공정보 개방)	- 시민 주도의 에너지전환 운동에 행정이 제도적·재정적 지원	- 시민사회 스스로 문제 발굴 및 대안 제시
전문 조직과 시민 사회의 결합방식	- 스타트업과 시민이 협력해 사회문제 해결 서비스 구현 및 실증	- 적정기술 업체 주도의 기술 실험 - 기존에 형성된 네트워크를 적극 활용	- 시민사회 주도로 행정 영향력이 미치지 못한 영역의 사회문제 발굴 및 해결
중간지원 조직	- 서울시에서 구성한 TF팀이 중간지원조직 기능 수행	- 리빙랩 전반을 관리하는 전환협의체 조직	- 대전광역시 사회적자본지원센터가 중간지원조직 기능 수행
사용자 조직화 방식	- 행정을 통한 조직화	- 커뮤니티 스스로 조직화 - 사용자가 행정의 지원 유도	- 시민사회 스스로 조직화 - 행정을 통해 사업비 일부 지원

자료: 성지은·한규영·박인용(2016).

리하는 중간지원조직 역할을 수행했다. 성대골 에너지전환 리빙랩에서는 주민, 기업가, 공무원, NGO, 학계가 포함되어 있는 전환협의체를 조직했다. 이 협의체는 리빙랩 운영을 총괄했을 뿐만 아니라 자치구와 의견을 조율하고 재정적 지원을 얻는 등 중간지원조직 역할도 수행했다. 대전의 건너유 프로젝트는 사회적자본지원센터가 중간지원조직 역할을 수행해 시의 재정적 지원을 얻었으며 지자체와의 소통도 유도했다.

세 가지 사례는 이와 같은 공통된 특징을 보이지만, 사용자 조직화 방식이 상이해서 서로 다른 리빙랩 유형으로 구분 가능하다. 북촌 IoT 리빙랩은 정부와 지자체가 리빙랩 활동기반을 조성하거나 행위자 활동을 지원하는 프로젝트 형태로 리빙랩을 진행한 반면, 성대골 에너지전환 리빙랩과 건너유 프로젝트는 시민사회 스스로 지역문제를 해결하기 위해 문제를 정의하고 기술을 탐색한 유형에 해당한다.

이 글에서는 세 가지 사례를 살펴보았으나 다음과 같은 한계가 존재한다. 첫째, 실제 지역주민들이 느낀 만족도나 실제 사업의 효과성에 대한 의견은 청취하지 못했다. 둘째, 지속적인 모니터링과 체계적인 조사·분석이 부족해서 여전히 진화·발전해나가는 리빙랩의 과정 및 특성을 확인하지 못했다. 실제 리빙랩 과정은 수요영역 탐색, 비즈니스 모델 개발, 실험·실증, 수요 구체화 및 사용자 피드백을 거쳐 순환 발전하고 있으나 세 가지 사례는 프로젝트 수행 이후의 리빙랩에 대해서는 분석이 이루어지지 않아 발전 양상을 확인하지 못했다.

리빙랩은 새로운 개념이고 시행 초기이기 때문에 체계적인 틀을 통해 조사하고 심층적으로 분석할 필요가 있다. 또한 현재 진행되고 있는 리빙랩 활동을 모니터링 및 평가함으로써 경험과 성과를 공유하고 한국사회에 적합한 모델을 탐색해나가는 것도 중요한 과제이다.

참고문헌

강민정. 2012.「사회적 벤처와 사회적 영향투자 활성화 정책」. ≪Korea Business Review≫, 16(2), 263~282쪽.

_____. 2015a.「혁신적 사회적 기업 창업을 위한 소셜 이슈 분석과 기회 탐색」. 강민정 외.『소셜 이슈 분석과 기회탐색 I』. 에딧더월드.

_____. 2015b.「비즈니스와 사회혁신」. 심상달 외.『사회적 경제 전망과 가능성』. 에딧더월드.

_____. 2017.「사회적 기업가 육성 방법론 연구: 카이스트 사회적 기업가 MBA의 경험과 성과를 바탕으로」. ≪사회적기업연구≫, 제10권 제1호, 187~221쪽.

강민정·남유선. 2014.「자본시장을 통한 임팩트 투자 활성화에 관한 연구」. ≪증권법연구≫, 15(11).

강지민. 2011.「개방형 혁신 활동이 기술사업화 성과에 미치는 영향: 바이오·제약기업 사례를 중심으로」. 과학기술정책연구원.

강현수. 2002.「최근 지역산업정책의 흐름에 대한 평가와 제안」. ≪환경논총≫, 제40권, 213~230쪽.

고동현 외. 2016.『사회적 경제와 사회적 가치』. 한울아카데미.

고빈다라잔(V. Govindarajan)·트림블(C. Trimble). 2013.『리버스 이노베이션』. 정혜.

고영주·최호철·이영석. 2014.「사회문제 해결을 위한 화학(연)의 R&D 정책방향과 과제」.『KRICT Policy Insight』. 2014-2. 한국화학연구원.

관계부처합동. 2013.「과학기술기반 사회문제 해결 종합실천계획(안)」.

국가과학기술심의회. 2016.「기초·원천 연구성과 확산 촉진방안(안)」.

국가과학기술위원회. 2012.「신과학기술 프로그램 추진전략」. 국가과학기술위원회.

기획재정부. 2013.「사회적경제의 특징과 정책적 시사점」. 기획재정부.

김동준. 2016.「사회적 기업 육성 정책의 평가와 제안」. 우리나라 사회적 기업의 정책현황과 과제, 국회사회공헌포럼 Proceedings(2016.11.4).

김병권. 2016.「사회혁신: 서울을 바꾸는 힘」. 서울연구원.

김병근·조현정·옥주영. 2011.「구조방정식 모형을 이용한 공공연구기관의 기술사업화 프로세스와 성과분석」. ≪기술혁신학회지≫, 14(3), 552~577쪽.

김선배. 2001.「지역혁신체제 구축을 위한 산업정책 모형」. ≪지역연구≫, 제17권 제2호,

79~97쪽.
김성기 외. 2014.『사회적경제의 이해와 전망』. 아르케.
김영배. 2008.「사용자 혁신과 기술혁신시스템」. 과학기술정책연구원.
김왕동·박미영·장영배·송위진. 2014.「사회적 도전과제 해결을 위한 출연(연)의 역할과 과제」. 과학기술정책연구원.
김왕동·성지은·송위진. 2013.「국민행복을 위한 창조경제: 특성과 함의」. ≪기술혁신학회지≫, 제16권 제3호.
_____. 2014.「사회문제 해결형 R&D를 위한 출연(연) 평가시스템 개선 방향」. ≪과학기술학연구≫, 제14권 제1호.
김정원 외. 2016.「유럽의 디지털 사회혁신 정책과 현황」. 과학기술정책연구원.
김종선 외. 2015.「사회적 경제의 혁신능력 향상 방안: 혁신연계조직을 중심으로」. 과학기술정책연구원.
_____. 2016.「디지털 사회혁신의 활성화 전략 연구」. 과학기술정책연구원.
김종선·성지은·이정찬. 2015.「사회적 경제의 혁신능력 향상 방안: 혁신연계조직을 중심으로」. 과학기술정책연구원.
김종선·송위진·성지은. 2015.「농촌 활성화를 위한 혁신연계조직 육성 방안」. ≪STEPI Insight≫, 163호.
김종영. 2017.『지민의 탄생』. 휴머니스트.
김찬호·고창룡·설성수. 2012.「기술사업화 실패 사례연구」. ≪기술혁신학회지≫, 15(1), 203~223쪽.
김태성. 2015.4.10. "'파크히어' 김태성 대표, "주차할 곳이 왜 없어?"". ≪Motor Graph≫.
김태연. 2015.「농촌개발정책의 패러다임은 변화하고 있는가: 신내생적 발전론 관점의 적용」. ≪동향과 전망≫, 93호.
김현호. 2004.「지역혁신체계의 특성: 서울의류산업과 이천도자기를 사례로」. ≪도시행정학보≫, 제17권 제3호, 41~67쪽.
김현호·이소영·오은주·이원섭. 2010.「미래환경변화에 대응한 지역발전전략 연구」. 한국지방행정연구원.
김형주. 2008.「지역별 혁신체제의 특성 분석 및 발전 방향」. 과학기술정책연구원.
김혜원. 2009.「한국 사회적 기업 정책의 형성과 전망」. ≪동향과 전망≫, 75호.
남대일·강주희·안현주·정지혜·이계원. 2015.『101가지 비즈니스 모델 이야기』. 한스미디어.
대한상공회의소. 2017.『통계로 본 창업 생태계』.
라드주(N. Radjou)·프라부(J. Prabhu). 2016.『검소한 이노베이션』. 홍성욱 옮김. 마인드풀북스.

라준영 외. 2016.「사회영향투자 동향과 전망」. SK사회적기업가센터. 미출간 보고서.
라준영. 2013.「사회적 기업의 기업가정신과 가치혁신」.≪한국협동조합연구≫, 31(3), 49~71쪽.
멀건, 제프(Geoff Mulgan). 2011.『사회혁신이란 무엇이며, 왜 필요하며, 어떻게 추진하는가』. 김영수 옮김. 시대의창.
미래창조과학부. 2014. “R&D성과확산을 위한 기술사업화 추진계획”.
_____. 2015. “사회문제 해결을 위한 시민연구사업 2015년 추진방안”.
미래창조과학부·한국과학기술기획평가원. 2016.「사회문제 해결형 R&D사업 운영·관리 가이드라인」.
박노윤·이은수. 2015.「사회적 기업가정신과 기업가의 흡수능력: 딜라이트 사례를 중심으로」. ≪사회적기업연구≫, 제8권 제1호.
박미영·김왕동·장영배. 2014.「전환 연구와 지속가능한 발전: 벨기에 플랑드르 기술연구소(VITO) 사례」.≪STEPI 동향과 이슈≫, 제18호.
박상혁 외. 2016.「사회혁신을 위한 디자인 씽킹과 액션러닝의 통합모형」.≪벤처창업연구≫, 제11권 제2호.
박인용·성지은·한규영. 2015.「한일 사회문제 해결형 연구개발사업 비교 분석」.≪과학기술학연구≫, 제15권 제2호.
박재수·박정용. 2013.「성공적인 기술사업화를 위한 솔루션 프로세스: 정부의 기술개발지원사업 참여기업을 대상으로」.≪한국정보통신학회논문지≫, 17(7), 1522~1530쪽.
박종복. 2008.「한국 기술사업화의 실태와 발전과제: 공공기술을 중심으로」.『ISSUE PAPER』. 2008-233. 산업연구원.
_____. 2016.「기술사업화의 이론과 동향」. 과학기술정책연구원 전문가회의 발표자료.
박종복·조윤애·류태규. 2015.「출연(연)의 기술이전 및 사업화 촉진을 위한 플랫폼 구축 방안」. 산업연구원.
박종화. 2006.「지역혁신체계상의 중개모형: 대구전략산업기획단의 경험」.≪국토계획≫, 제41권 제4호, 171~187쪽.
박종화·김창수. 2001.「지역경제 활성화 과정에서 산-학-관 협력의 쟁점」.≪한국행정논문집≫, 제13권 제4호, 977~997쪽.
박철현. 2016.『사회문제론』제3판. 박영사.
박홍수·이장우·오명렬·유창조·전병준. 2014.『공유가치 창출 전략』. 박영사.
박희제·성지은. 2015.「더 나은 사회를 위한 과학을 향하여: 사회에 책임지는 연구혁신(RRI)의 현황과 과제」.≪과학기술학연구≫, 제15권 제2호.
박희제·안성우. 2005.「유전자변형식품을 통해 본 한국인의 과학기술 이해: 포커스 그룹 인터뷰 결과 분석」. ≪경제와 사회≫, 2005년 여름호.
버그레빈(Antony Bugg-Levine)·에머슨(Jed Emerson). 2013. 『임팩트투자: 자본시장의 새로운 패러다임』. 김수희 옮김. 에딧더월드.
벡, 울리히(Ulrich Beck). 1997. 『위험사회』. 홍성태 옮김. 새물결.
본스타인, 데이비드(David Bornstein) 2013. 『사회적 기업가와 새로운 생각의 힘』. 박금자·나경수·박연진 옮김. 지식공작소.
사회기술혁신네트워크. 2016. 「소셜벤처, 대덕을 만나다」. 과학기술정책연구원 사회기술혁신포럼 발표자료.
사회적기업진흥원. 2013. 「사회적기업 실태조사」.
_____. 2014. 「사회적기업 실태조사」.
사회혁신센터. 2016. 「사회혁신리서치랩 월간보고서」. 서울혁신센터.
사회혁신팀. 2014. 「지속가능한 사회·기술시스템으로의 전환: 이론과 실천방법론」. 과학기술정책연구원.
새누리당. 2014.4. 사회적경제기본법 발의안.
서울산업진흥원. 2014. "2014년도 기술혁신형 지식기반산업 지원사업 사업설명회".
_____. 2015. 「서울특별시 도시문제 해결형 기술개발지원」.
서울특별시. 2015. 「서울시 북촌 도시문제를 IoT로 해결한다」.
서울혁신센터. 2016. 「사회혁신 리서치랩 월간보고서」. 서울혁신센터.
성대골사람들. 2015. 「성대골 에너지전환마을 리빙랩」. 성대골 리빙랩 마무리세션 자료.
성지은·박미영. 2012. 「탈추격 지역혁신정책의 새로운 패러다임 모색」. 과학기술정책연구원. ≪Issues & Policy≫, 제64호.
성지은·박인용. 2015. 「사용자 주도형 혁신모델로서 ICT 리빙랩 사례분석과 시사점」. ≪과학기술학연구≫, 제15권 제1호.
_____. 2016. 「시스템 전환 실험의 장으로서 리빙랩: 사례분석과 시사점」. ≪기술혁신학회지≫, 19(1), 1~28쪽.
성지은·송위진. 2013. 「사회에 책임지는 과학기술혁신」. 과학기술정책연구원. ≪Issues & Policy≫, 제69호.
성지은·송위진·김왕동·김종선·정병걸·박미영·박인용·정연진. 2013. 「저성장 시대의 효과적인 기술혁신지원제도」. 과학기술정책연구원.
성지은·송위진·김종선·박인용. 2015. 「ICT 분야의 한국형 리빙랩 구축 방안 연구」. 미래창조과학부.
성지은·송위진·김종선·정서화·한규영. 2016a. 「멘토링을 통해 본 사회문제 해결형 기술개발사업」. ≪STEPI Insight≫, 191.

성지은·송위진·김종선·장영재·정서화·한규영. 2016b. 「사회문제 해결형 기술개발사업 시민연구멘토단 구성·운영을 위한 전문기관 선정」. 미래창조과학부.
성지은·송위진·박인용. 2013. 「리빙랩의 운영 체계와 사례」. ≪STEPI Insight≫, 127.
_____. 2014. 「사용자 주도형 혁신모델로서 리빙랩 사례 분석과 적용 가능성 탐색」. ≪기술혁신학회지≫, 제17권 제2호, 309~333쪽.
성지은·송위진·장영배·박인용·서세욱·정병걸·박희제. 2015. 「사회문제 해결형 혁신정책의 글로벌 이슈 조사연구」. 과학기술정책연구원.
성지은·송위진·정병걸·김민수·박미영·정연진. 2010. 「지속가능한 과학기술혁신 거버넌스 발전 방안」. 과학기술정책연구원.
성지은·송위진·정병걸·장영배. 2010. 「미래지향형 과학기술혁신 거버넌스 설계 및 개선방안」. 과학기술정책연구원.
성지은·정병걸·송위진. 2012. 「지속가능한 사회기술시스템으로의 전환과 백캐스팅」. ≪과학기술학연구≫, 제12권 제2호.
성지은·조예진. 2014. 「지속가능한 사회기술시스템으로의 전환실험 비교: 지역 기반의 녹색전환 실험을 중심으로」. ≪기술혁신연구≫, 제22권 제2호, 51~75쪽.
성지은·한규영·박인용. 2016. 「국내 리빙랩의 현황과 과제」. 과학기술정책연구원. ≪STEPI Insight≫, 제184호.
손상영·안일태·이철남. 2009. 「방송·통신 융합 환경에서의 플랫폼 경쟁정책」. 정보통신정책연구원.
손호성·이예원·이주성. 2012. 「기술기반 사회적 기업의 기술혁신 특성에 관한 연구」. ≪사회적기업연구≫, 제5권 제2호.
송위진 엮음. 2017. 『사회·기술시스템전환: 이론과 실천』. 한울아카데미.
송위진 외. 2015. 「사회·기술 시스템 전환 전략연구 사업」. STEPI. 정책연구 2015-22.
송위진. 2006. 『기술혁신과 과학기술정책』. 르네상스.
_____. 2009. 「지속가능한 사회·기술시스템으로의 전환과 정책통합: 네덜란드의 에너지 전환 사례」. ≪한국혁신학회지≫, 제4권 제2호.
_____. 2012. 「Living Lab: 사용자 주도형 혁신모델」. ≪STEPI Issue and Policy≫, 제59호.
_____. 2013a. 「사회·기술시스템론과 과학기술혁신정책」. ≪기술혁신학회지≫, 제16권 제1호.
_____. 2013b. 「지속가능한 사회·기술시스템으로의 전환」. ≪과학기술정책≫, 23(4).
_____. 2014. 「사회적경제 조직의 혁신활동 특성과 시사점」. ≪STEPI 동향과 이슈≫, 제14호.
_____. 2015a. 「사회문제 해결형 혁신정책'과 혁신정책의 재해석」. ≪과학기술학연구≫, 제

15권 제2호.
_____. 2015b. 「사회혁신과 시스템 전환」. ≪농정연구≫, 제53호.
_____. 2016a. 「사용자 주도형 혁신모델, 리빙랩」. ≪기술과 경영≫, 395, 40~43쪽.
_____. 2016b. 「혁신연구와 사회혁신론」. ≪동향과 전망≫, 98호.
송위진·성지은. 2013a. 『사회문제 해결을 위한 과학기술혁신정책』. 한울아카데미.
_____. 2013b. 「사회문제 해결형 혁신과 사회-기술기획: 현황과 과제」. ≪과학기술학연구≫, 제13권 제2호, 111~236쪽.
_____. 2014. 「시스템 전환론의 관점에서 본 사회문제 해결형 연구개발사업의 발전 방향」. ≪기술혁신연구≫, 제22권 제4호.
송위진·성지은·김연철·황혜란·정재용. 2007. 『脫추격형 기술혁신체제의 모색』. 과학기술정책연구원.
송위진·성지은·김왕동. 2012. 「기술집약형 사회적 기업 활성화 방안」. 국가과학기술위원회.
_____. 2013. 「기술집약형 사회적기업 활성화 방안」. ≪STEPI Issue and Policy≫, 제65호.
송위진·성지은·김종선·장영배·정병걸·이은경. 2014. 「사회문제 해결형 혁신에서 사용자 참여 활성화 방안: 사회·기술시스템 전환의 관점」. 과학기술정책연구원.
송위진·성지은·김종선·장영배·정서화·박인용. 2015. 「사회·기술시스템 전환 전략 연구사업(1차년도)」. 과학기술정책연구원.
송위진·성지은·임홍탁·장영배. 2013. 「사회문제 해결형 연구개발사업 발전방안 연구」. 과학기술정책연구원.
송위진·장영배. 2009. 「사회적 혁신과 기술집약적 사회적 기업」. ≪기술혁신연구≫, 제17권 특별호.
송위진·최지선·김갑수 외. 2005. 『산업계 연구개발 중간조직의 모형 개발』. 산업자원부.
신기헌. 2015. "프로토타이핑의 강력함", ≪디자인 정글 매거진≫(magazine.jungle.co.kr).
신명호. 2014. 「사회적경제의 이해」. 김성기 외. 『사회적경제의 이해와 전망』. 아르케.
안성조·이성근. 2012. 「포커스그룹 인터뷰를 통한 테크노파크의 기능분석」. ≪지방행정연구≫, 2(3).
안준모. 2015. 「유출-개방형 기술혁신으로서의 기술사업화 정책 분석」. ≪기술혁신학회지≫, 18(4), 561~589쪽.
어윈, 앨런(A. Irwin). 2001. 『시민과학: 과학은 시민에게 복무하고 있는가?』. 김명진·김병수·김병윤 옮김. 당대.
어터백, 제임스(James Utterback). 2002. 『기술변화와 혁신전략』. 김인수·김영배·서의호 옮김. 경문사.
오정수·강대신·하성도. 2014. 「사회문제 해결형 연구개발을 위한 한국과학기술연구원(KIST)

사업 기획 현황」. ≪과학기술정책≫, 제24권 제2호.
우태민·박범순. 2014. 「Post-ELSI 지형도: 합성생물학 거버넌스와 '수행되지 않는 사회과학' 합성생물학」. ≪과학기술학연구≫, 제14권 제2호, 85~125쪽.
유창조·이형일. 2016. 「CJ 그룹의 CSV 경영: 현황과 미래과제」. ≪Korea Business Review≫, 20(4), 155~181쪽.
윤진효·박상문. 2007. 「사회로부터의 기술혁신에 관한 연구」. ≪기술혁신연구≫, 제15권 제2호.
이기원·김진석. 2007. 「균형발전정책교본 지역혁신체계」. 국가균형발전위원회.
이명호·정의철·박선하. 2014. 『IDEO 인간중심 디자인툴킷』. 에딧더월드.
이민정. 2014. 「일본 내발적 발전 사례와 충남의 발전정책」. 충남발전연구원.
이병천. 2011. 「외환위기 이후 한국의 축적체제」. ≪동향과 전망≫, 81호.
이승규·라준영. 2010. 「사회적 기업의 사회경제적 가치 측정: 사회투자수익률(SROI)」. ≪기업가정신과 벤처연구≫, 13(3), 41~56쪽.
이영석·김병근. 2014. 「지속가능한 사회·기술전환을 위한 정책거버넌스 유형에 관한 연구」. ≪기술혁신연구≫, 제22권 제3호.
이영희. 2011. 『과학기술과 민주주의: 시민을 위한, 시민에 의한 과학기술』. 문학과지성사.
_____. 2013. 「서울시의 참여적 시정개혁 평가: 서울플랜 수립과정을 중심으로」. ≪경제와 사회≫, 제98호.
이우광. 2014. "회사가 침몰하면 내가 최후에 탈출한다: 경영자의 배수진, 혁신의 키가 되다". ≪동아비즈니스리뷰≫, 2014년 10월 2호.
이윤준·김선우. 2013. 「대학·출연(연)의 기술사업화 활성화 방안」. ≪STEPI Insight≫, 123.
이은경. 2014. 「벨기에 플랑드르 지역 전환정책」. ≪STEPI Working Paper≫, 2014-05.
이정기·이장우. 2016. 「공유가치 창출 전략의 유형화와 실천전략」. ≪Korea Business Review≫, 20(2), 59~83쪽.
이창언 외 엮음. 2013. 『사회문제를 보는 새로운 눈』. 도서출판 선인.
임홍탁. 2014. 「국민의 창의성과 사용자·현장 중심 혁신」. ≪기술혁신연구≫, 제22권 제3호.
장용석·김화성·황정윤·유미현. 2015. 『사회적 혁신 생태계』. CS컨설팅&미디어.
장원봉. 2006. 『사회적경제의 이론과 실제』. 나눔의 집.
정관영. 2013. 『이제는 사회적경제다』. 공동체.
정다미 외. 2013. 「사회문제 해결형 기술수요 발굴을 위한 키워드 추출 시스템 제안」. ≪지능정보연구≫, 제19권 제3호.
정병걸. 2015. 「이론과 실천으로서의 전환: 네덜란드의 에너지 전환이론과 정책」. ≪과학기술학연구≫, 제15권 제1호.

주성수. 2010.『사회적경제: 이론, 제도, 정책』. 한양대학교출판부.
≪중앙일보≫. 2015.9.21. "미래부 실생활 밀착 R&D 도입해 운영". 보도자료.
천영환. 2015.4.30.「대전 리빙랩 프로젝트 '건너유'」. 과학기술+사회혁신 포럼 발표자료.
최나래·김의영. 2014.「자본주의의 다양성과 사회적 기업: 영국과 스웨덴 비교연구」. ≪평화연구≫, 제22권 제1호.
최정덕. 2009.「시장지향적 R&D 의 피해야 할 함정」. ≪LG Business Insight≫, 1.
최치호. 2011.「출연(연) 기술이전 및 사업화 촉진 방안」. ≪KISTEP ISSUE PAPER≫, 2011-19.
최태원. 2014.「새로운 모색, 사회적 기업」. 이야기가 있는 집.
최현도. 2014.「과학기술혁신정책 이슈와 학술연구간의 상호관계연구」. ≪기술혁신학회지≫, 제17권 제4호.
_____. 2015.「과학기술이슈에 대한 일반인의 인식분석: 토픽 모델링을 활용한 원자력 발전 사례」. ≪기술혁신연구≫, 제23권 제4호.
킴(Daniel Kim)·성지은. 2015.「지속가능한 에너지 시스템 전환을 위한 리빙랩: SusLab NWE의 독일 보트롭 사례」. 과학기술정책연구원. ≪STEPI Insight≫, 158호.
폰 히펠, 에릭(Eric von Hippel). 2012.『소셜이노베이션(Democratizing Innovation)』. 배성주 옮김. 디플Biz.
한겨레경제연구소. 2013.『사회적기업을 어떻게 혁신할 것인가?』. 아르케.
한국노동연구원. 2015.「사회적기업 성과분석」.
한국사회적경제진흥원. 2014.「2014년도 국회 업무현황」 보고자료.
한국연구재단. 2014.「사회문제 해결형 기술개발사업 설명서」.
_____. 2015.「2015년도 사회문제 해결을 위한 시민연구사업 신규과제(격차해소분야) 공고」.
한국전자통신연구원 사업화본부. 2016.「ETRI 기술사업화 혁신사례」. ETRI-STEPI 공동 워크숍 발표자료.
한국정보화진흥원. 2015.「ICT를 통한 착한 상상 프로젝트」.
_____. 2016.「제29회 정보문화의 달 K-ICT 내가 만드는 마을 과제 공모안내서」.
한재각·장영배. 2009.「과학기술 시민참여의 새로운 유형: 수행되지 않은 과학 하기」. ≪과학기술학연구≫, 제9권 제1호, 1~31쪽.
한재각·조보영·이진우. 2013.「적정 '기술'에서 적정한 '사회·기술시스템'으로: 에너지 관련 기술 분야의 국제개발협력과 사회적 혁신」. ≪과학기술학연구≫, 제13권 제2권.
한정민·박철민·구본철. 2015.「연구개발성과의 기술사업화 활성화를 위한 영향요인 분석 연구」. 한국기술혁신학회 추계학술대회 발표문.
한주희 외. 2015.「전자정부시대와 시민들의 정책참여: 박근혜 정부의 '정부3.0'을 중심으로」. 한국정책과학학회. ≪한국정책과학학회보≫, 19(3), 117~144쪽.

황혜란·김경근·정형권. 2013. 「기술집약형 중소기업의 기술사업화 지원정책 연구: 대덕연구개발특구의 사례」. ≪벤처창업연구≫, 8(3), 39~52쪽.
황혜란·김기희·이동규·김일토·강영희·천영환. 2015. 「대전형 리빙랩의 활성화 방안」. 정책연구보고서 2015-63. 대전발전연구원.
황혜란·송위진. 2014. 「사회·기술시스템 전환과 기업의 혁신활동」. ≪기술혁신연구≫, 제22권 제4호.
후지이 다케시. 2016. 『CSV 이노베이션』. 이면헌 옮김. 한언출판사.
KB금융지주연구소. 2012. 「KB Daily 지식비타민: 공유가치창출의 개념과 사례」.
OECD. 1992. 『과학과 기술의 경제학』. 이근 외 옮김. 경문사.

비영리IT지원센터. http://www.npoit.kr
서울시 정책아카이브. https://seoulsolution.kr/content/
소풍(Sopoong). http://sopoong.net
언더독스. http://underdogs.co.kr/
천만상상오아시스. http://oasis.seoul.go.kr/
커뮤니티 매핑 센터. http://www.cmckorea.org/
코드나무. http://codenamu.org/

Alcotra. 2011. *Best practices Database for Living Labs.*
Alex, N., S. Juliet and G. Madeleine(eds.). 2015. *New Frontiers in Social Innovation Research.* Palgrave.
Alix, J-P. 2014. "An Abridged Genealogy of the RRI Concept." Euroscientist. http://www.euroscientist.com/abridged-genealogy-rri-concept(2015년 6월 20일 검색).
Ballon, P., J. Pierson and S. Delaere. 2005. "Test and Experimentation Platforms for Broadband Innovation: Examining European practice." Available at SSRN 1331557.
Bergek, A., S. Jacobsson, B. Carlsson, S. Linmark and A. Rickne. 2008. "Analyzing theFunctional Dynamics of Technological Innovation Systems: A scheme of analysis." *Research Policy*, Vol.37, pp.407~429.
Bergmann, M. et al. 2012. *Methods for Transdisciplinary Research.* Campus Verlag, New York.
Bishop, M. and M. Green. 2008. *Philanthro-capitalism: how giving can save the world.* A&C Black London.
Bornstein, D. and S. Davis. 2010. *Social Entrepreneurship: what everyone needs to*

know. Oxford University Press.

Buhr, K., M. Federley and A. Karlsson. 2016. "Urban Living Labs for Sustainability in Suburbs in Need of Modernization and Social Uplift." *Technology Innovation Management Review*, Vol.6, No.1, pp.27~34.

Callon, M., P. Lascoumes and Y. Barthe. 2011. *Acting in an Uncertain World: An Essay on Technical Democracy*. Cambridge, MA: MIT Press.

Chesbrough, H. 2003. *Open Innovation: The New Imperative for Creating and Profiting from Technology*. Boston, Massachusetts: Harvard Business School Press.

Christensen, M., H. Baumann, R. Ruggles and T. Sadtler. 2006. "Disruptive Innovation for Social Change." *Harvard Business Review*, Vol.84, No.12, pp.94~101.

Clarence, E. and M. Gabriel. 2014. *People Helping People: The Future of Public Services*. NESTA.

Cooke, P. and K. Morgan. 1993. "The Network Paradigm: new departures in corporate and regional development, Environment & Planning D." *Society and Space*, Vol.11, pp.543~564.

Cooke, P. 1992. "Regional innovation systems: competitive regulation in the new Europe." *Geoforum*, Vol.23, No.3, pp.365~382.

Coriat, B. and O. Weinstein. 2004. *National Institutional Frameworks, Institutional Complementarities and Sectoral Systems of Innovation*. in Malerba.

Curley, M. and B. Salmelin. 2013. *Open Innovation 2.0: A New Paradigm*. Luxembourg: European Union.

Davies, S. R. and M. Horst. 2015. "Responsible Innovation in the US, UK and Denmark: Governance Landscapes." B.-J. Koops et al.(eds.) *Responsible Innovation 2: Concepts, Approaches, and Application*, pp.37~56. New York, NY: Springer.

Dell'Era, C. and P. Landoni. 2014. "Living Lab: A methodology between User-Centred Design and Participatory Design." *Creativity and Innovation Management*, Vol.23, No.2, pp.137~154.

D'Hauwers, R., A. L. Herregodts, A. Georges, L. Coorevits, D. Schuurman, O. Rits and P. Ballon. 2016. *The Potential of Experimentation in Business-to-Business Living Labs*, Open Living Lab Days 2016, Research Day Conference Proceedings, 37-49.

Dosi, G. 1982. "Technological Paradigm and Technological Trajectories: a suggested Interpretation of the Determinants and Directions of Technical Change." *Research Policy*, Vol.11, No.3.

Dosi, G. 1988. "Sources, Procedures, and Microeconomic Effects of Innovation." *Journal of Economic Literature*, Vol.26, pp.1120~1171.

Edler, J. et al. 2009. *Monitoring and Evaluation Methodology for the EU Lead Market Initiative: A Concept Development, Final Report*. The University of Manchester, Manchester Business School.

ENoLL. 2015. *Living Lab Services for business support & internationalisation*. European Network of Living Labs.

Eriksson, M., V. P. Niitamo and S. Kulkki. 2005. "State-of-the-art in utilizing Living Labs approach to user-centric ICT innovation-a European approach." Lulea University of Technology Sweden. Online under: http://www. cdt. ltu. se/main.php/SOA_Living Labs.pdf.

Eskelinen, J., A. G. Robles, I. Lindy, J. Marsh and A. Muente-Kunigami. 2015. *Citizen-Driven Innovation: A Guidebook for City Mayors and Public Administrators*. World Bank, Washington, DC and European Network of Living Labs. http://hdl.handle.net/10986/21984.

EU. 1998. *Society, The Endless Frontier: A European vision of research and innovation policies for the 21st century*.

_____. 2010. *Europe 2020: A strategy for smart, sustainable and inclusive growth*.

_____. 2015. *Growing A Digital Social Innovation for Europe*.

European Commission. 2014. *Open Innovation Yearbook*. Luxembourg: European Union.

_____. 2015. *Open Innovation Yearbook*. Luxembourg: European Union.

_____. 2016. *Open Innovation Yearbook*. Luxembourg: European Union.

European Commission, DG Enterprise. 2010. *How to Strengthen the Demand for Innovation Europe?* Lead Market Initiative for Europe.

Fagerberg, J., D. Mowery and D. Nelson(eds.). 2005. *Oxford Handbook of Innovation*. Oxford University Press.

Fagerberg, J. 2013. *Innovation: a New Guide*. Mimeo.

Fagerberg, J., B. Martin and E. Andersen(eds.). 2013. *Innovation Studies: Evolution and Future Challenges*. Oxford University Press.

Fisher, E. and A. Rip. 2013. "Responsible Innovation: Multi-Level Dynamics and Soft Intervention Practices." R. Owen, J. Bessant and M. Heintz(eds.). *Responsible Innovation: Managing the Responsible Emergence of Science and Innovation in*

Society. West Sussex: Wiley. pp.165~183.

Fitjar, R. and A. Rodriguez-Pose. 2013. "Firm Collaboration and Mode of Innovation in Norway." *Research Policy*, 42, pp.128~138.

Følstad, A. 2008. "Living Labs for Innovation and AND Development of Information and Communication Technology: A Literature Review." *The Electronic Journal for Virtual Organization & Networks*, 10, pp.99~131.

Foray, D., D. Mowery and R. Nelson. 2012. "Public R&D and Social Challenges: What lessons from Mission R&D Program." *Research Policy*, Vol.41, pp.1697~1702.

Freeman, C. 1987. *Technology Policy and Economic Performance: Lessons from Japan*. Pinter Publishers.

Geels, F. 2002. "Technological Transitions as Evolutionary Reconfiguration processes: A Multi-level Perspective and a Case-study." *Research Policy*, 31(8-9), pp.1257~1274.

_____. 2004. "From Sectoral Systems of Innovation to Socio-technical Systems Insights about Dynamics and Change from Sociology and Institutional theory." *Research Policy*, Vol.33, pp.897~920.

Geels, F. et al. 2008. *The Feasibility of Systems Thinking in Sustainable Consumption and Production Policy: A Report to the Department for Environment, Food and Rural Affairs*. London: Brunel University.

Gibbons, M., C. Limoges, H. Nowotny, S. Schwartzman, P. Scott and M. Trow. 1994. *The New Production of Knowledge: the Dynamics of Science and Research in Contemporary Societies*. London: Sage.

Grin, J., J. Rotmans and J. Schot. 2010. *Transitions to Sustainable Development; New Directions in the Study of Long Term Transformative Change*. New York: Routledge.

Guston, D. H. 2010. "Understanding of anticipatory governance." *Social Studies of Science*, Vol.44, pp.218~242.

Hadorn, G. H. et al. 2008. *Handbook of Transdisciplinary Research*. Springer.

Hall, J., S. V. Matos and M. J. C. Martin. 2014. "Innovation Pathways at the Base of the Pyramid: Establishing Technological Legitimacy through Social Attributes." *Technovation*, 34(5), pp.284~294.

Hassink, R. 2004. "Regional Innovation Support Systems in South Korea: The Case of Gyeonggi." P. Cooke, M. Heidenreich and H-J. Braczyk(eds.). *Regional Innovation Systems: The Role of Governance in a Globalized World*(2nd edition).

London, New York: Routledge. pp.327~343.

Haxeltine, A., F. Avelino, J. Wittmayer, R. Kemp, P. Weaver, J. Backhaus and T. O'Riordan. 2013. *Transformative Social Innovation: A Sustainability Transitions Perspective on Social Innovation*. Proceedings of the NESTA Conference Social Frontiers: The Next Edge of Social Science Research, London UK.

Hess, D. 2007. *Alternative Pathways in Science and Industry: Activism, Innovation, and the Environment in an Era of Globalization*. Cambridge, MA: MIT Press.

Hirvikoski, T. 2014. "Foreword: Special Issue on Smart Cities." *Interdisciplinary studies Journal*, Vol.3, No.4, pp.6~7. https://www.epsrc.ac.uk/research/.

iMinds. 2015. "Living lab Research: What We Do." http://www.iminds.be/en/succeed-with-digital-research/go-to-market-testing/proeftuinonderzoek(2016년 10월 2일 검색).

Immelt, J., V. Govindarajan and C. Trimble. 2009. "How GE is Disrupting Itself." *Harvard Business Review*, October.

Irwin, A. 2008. "STS Perspectives on Scientific Governance." E. J. Hacket, O. Amsterdamska, M. W. Lynch, J. Wajcman and W. E. Bijker(eds.). *The Handbook of Science and Technology Studies*. Cambridge, MA: MIT Press. pp.583~607.

Isaksen, A. and M. Nilsson. 2013. "Combined Innovation Policy: Linking Scientific and Practical Knowledge in Innovation Systems." *European Planning Studies*, 21(12), pp.1919~1936.

Jensen, M., E. Johnson and B. Lundvall. 2007. "Forms of Knowledge and Modes of Innovation." *Research Policy*, 36, pp.680~693.

Jespersen, K. R. 2008. *User Driven Product Development: Creating a User-Involving Culture*. Samfundslitterature, Copenhagen.

JP Morgan. 2010. *Impact Investment: An emerging asset class*.

JP Morgan and GIIN. 2015. *Eyes on the Horizon: The Impact Investor Survey*.

Keyson, D., O. Guerra-Santin, D. Lockton(eds.). 2017. *Living Labs: Design and Assessment of Sustainable Living*. Springer.

Kleibrink, A. and S. Schmidt. 2015. "Communities of Practice as New Actors: Innovation Labs Inside and Outside Government." *Open Innovation Yearbook 2015*. European Commission.

Klerkx, L. and P. Gildemacher. 2012. "The Role of Innovation Brokers in Agricultural Innovation Systems." *Agricultural Innovation systems: An Investment Source Book*. The World Bank. Washington, WB: 221~230.

Koops, B.-J. 2015. "The Concepts, Approaches, and Applications of Responsible Innovation." B.-J. Koops et al.(eds.) *Responsible Innovation 2: Concepts, Approaches, and Applications*, pp.1~15, New York, NY: Springer.

Kuhlmann, S. and A. Rip. 2014. *The challenge of addressing Grand Challenges. A think piece on how innovation can be driven towards the 「Grand Challenges」 as defined under the European Union Framework Programme Horizon 2020.* Report to ERIAB.

Leminen, S., M. Westerlund and A. G. Nyström. 2012. "Living Labs as open-innovation networks." *Technology Innovation Management Review*, Vol.2, No.9, pp.6~11.

Lichtenthaler, U. 2009. "Absorptive Capacity, Environmental Turbulence, and the complementarity of organizational learning processes." *Academy of management journal*, 52(4), pp.822~846.

Loorbach, D. 2007. *Transition Management: New Mode of Governance for Sustainable Development.* Netherlands.

Lundvall, B. 2008. "National Innovation System: Analytical Concept and Development Tool." *Industry and Innovation,* Vol.14, No.1.

Malerba, F. and L. Orsenigo. 1993. "Technological Regime and Firm Behavior." *Industrial and Corporate Change*, Vol.2, No.1.

_____. 1997. "Technological regimes and sectoral patterns of innovative activities." *Industrial and Corporate Change*, Vol.6, No.1.

Malerba, F.(ed.) 2004. *Sectoral Systems of Innovation.* Cambridge University Press.

Martin, B. 2016. "Twenty Challenges for Innovation Studies." *Science and Public Policy*, Vol.43, No.3.

Meijer, C. R., A. E. Nicholson and R. Priester. 2016. "Open Innovation 2.0 calls for magnetic organizations." European Commission(eds.). 2016. *Open Innovation 2.0 yearbook 2016.* Luxembourg: European Union, pp.28~34.

Melkas, H. and V. Harmaakorpi(eds.). 2012. *Practice-based Innovation: Insights, Applications and Policy Implication.* Springer.

Morgan, K. 1997. "The learning region: institutions, innovation and regional renewal." *Regional Studies,* Vol.31, pp.491~503.

Moulaert, F., D. MacCallum, A. Mehmood and A. Hamdouch. 2014. "General Introduction: The Return of Social Innovation as a Scientific Concept and a Social Practice." F. Moulaert, G. Mulgan(2010). *Measuring Social Value, Stanford Social*

Innovation Review, Summer, pp.38~43.

Mulgan G., O. Townsley and A. Price. 2016. *The Challenge-driven University: How Real Life Problems can fuel Learning*. NESTA.

Mulgan, G. 2016. *Good and bad innovation: what kind of theory and practice do we need to distinguish them*. NESTA.

Nelson, R.(ed.). 1993. *National Innovation Systems*. Oxford University Press.

NESTA. 2007a. *Hidden Innovation: How Innovation Happens in Six 'Low Innovation' Sectors*. NESTA.

_____. 2007b. "Innovation in Response to Social Challenges." *NESTA Policy Briefing*. March, NESTA.

Niitamo, V. P., S. Kulkki, M. Eriksson and K. A. Hribernik. 2006. "State-of-the-art and good practice in the field of living labs." 2006 IEEE International Technology Management Conference(ICE), pp.1~8, IEEE.

Nonaka, I. 1994. "A Dynamic Theory of Organizational Knowledge Creation." *Organization Science*, 5(1).

OECD. 2015. *System Innovation: Synthesis Report*. OECD.

Owen, R. and N. Goldberg. 2010. "Responsible Innovation: A Pilot Study with the U.K. Engineering and Physical Science Research Council." *Risk Analysis*, Vol.30, pp.1699~1707.

Owen, R., P. Macnaghten and J. Stilgoe. 2012. "Responsible research and innovation: From science in society to science for society, with society." *Science and Public Policy*, Vol.39, pp.751~760.

Owen, R., J. Stilgoe, P. Macnaghten, M. Gorman, E. Fisher and D. Guston. 2013. "A Framework for Responsible Innovation." R. Owen, J. Bessant and M. Heintz(eds.). *Responsible Innovation: Managing the Responsible Emergence of Science and Innovation in Society*, pp.27~50, West Sussex, UK: Wiley.

Pallot, M. 2009. "The Living Lab Approach: A User Centred Open Innovation Ecosystem." Webergence Blog. http://www.cwe-projects.eu/pub/bscw.cgi/715404.

Patrycja, G. 2015. *Embedding a Living Lab approach at the University of Edinburgh*. The University of Edinburgh.

Pavitt, K. 1984. "Patterns of Technical Change: Towards a Taxanomy and Theory." *Research Policy*, Vol.13, No.6.

Poppe, K. and C. Termeer. 2009. *Transitions toward Sustainable Agriculture and Food chains and Peri-urban Areas.* Wageningen Academic Publishers.

Porter, M. and M. Kramer. 2002. "The Competitive Advantage of Corporate Philanthropy." *Harvard Business Review,* 80(12), pp.56~69.

______. 2011. "Creating Shared Value." *Harvard Business Review,* 89(1), pp.62~77.

Quarter, J. and A. Armstrong. 2009. *Understanding the Social Economy: A Canadian Perspective.*

Rabindarkumar. 2014. *Social Investment: ACEVO Health and Social Care Forum.*

Samlelin, B. 2015. "Open Innovation 2.0 Creations New Innovation Space." *Open Innovation Yearbook 2015.* European Commission.

Saul, J. 2011. *Social Innovation, Inc.: 5 Strategies for Driving Business Growth through Social Change.* Jossey-Bass.

Schermer, M. 2009. "Telecare and self-management: opportunity to change the paradigm?" *Journal of Medical Ethics,* Vol.35, No.11, pp.688~691.

Schomberg, R. 2013. "A Vision of Responsible Research and Innovation." R. Owen, J. Bessant and M. Heintz(eds.). *Responsible Innovation: Managing the Responsible Emergence of Science and Innovation in Society,* pp.51~74, West Sussex, UK: Wiley.

Schot, J. 2016. "Confronting the Second Deep Transition through the Historical Imagination." *Technology and Culture,* Vol.57, No.2, April, pp.445~456.

Schot, J. and F. Geels. 2008. "Strategic niche management and sustainable innovation journeys: theory, findings, research agenda, and policy." *Technology Analysis & Strategic Management,* 20(5), pp.537~554.

Schot, J. and E. Steinmueller. 2016. *Framing Innovation Policy for Transformative Change: Innovation Policy 3.0. SPRU Science Policy Research Unit.* University of Sussex: Brighton, UK.

Schuurman, D. 2015. *Bridging the gap between Open and User Innovation?: exploring the value of Living Labs as a means to structure user contribution and manage distributed innovation.* Doctoral dissertation, Ghent University.

Schuurman, D., L. D. Marez and P. Ballon. 2016. "The Impact of Living Lab Methodology on Open Innovation Contributions and Outcomes." *Technology Innovation management Review,* 6(1), pp.7~16.

Shanmugalingam, C. et al. 2011. *Growing Social Ventures, The Role of Intermediaries and Investors, Who They Are, What They Do, and What They Become.* Young

Foundation.

Smits, Rudd, Stefan Kuhlmann and Shapira Philip. 2010. *The Theory and Practice of Innovation Policy: A International Research Handbook*. Edward Elgar.

Soete, L. 2013. "Is innovation always good?" J. Fagerberg, B. Martin and E. Andersen(eds.). *Innovation Studies: Evolution and Future Challenges*. Oxford: Oxford University Press.

Stilgoe, J. 2011. "A Question of Intent." *Nature Climate Change,* Vol.1, pp.325~326.

Stilgoe, J., R. Owen and P. Macnaghten. 2013. "Developing a Framework for Responsible Innovation." *Research Policy*, 42(9), pp.1568~1580.

Stokes, E. 1997. *Pasteur's Quadrant: Basic Science and Technological Innovation*. Brookings Institution Press.

Sutcliffe, F. 2011. *A Report on Responsible Research and Innovation for European Commission*. Brussels, Belgium: European Commission.

Svedin, U. 2009. *New Worlds-New Solutions: Final Report on the Swedish EU Presidency Conference*.

Tanimoto, K. and M. Doi. 2007. "Social Innovation Cluster in Action: A Case Study of the San Francisco Bay Area." *Hitotsubashi Journal of Commerce and Management*, 41(1), pp.1~17.

Technology Strategy Board. 2012. *Responsible Innovation Framework for Commercialization of Research Findings*.

Teece, D., G. Pisano and A. Schuen. 1997. "Dynamic Capabilities and Strategic Management." *Strategic Management Journal,* Vol.18, No.7.

Temmes, A. et al. 2014. *Innovation Policy Options for Sustainability Transition in Finnish Transportation*. TEKES.

TEPSIE. 2012. *An Introduction to Innovation Studies for Social Innovation*. TEPSIE.

_____. 2014. *Social Innovation Theory and Research: A Guide to Researchers*. TEPSIE.

Tidd, J., J. Bessant and K. Pavitt. 1997. "Managing Innovation: Integrating Technological." *Market and Organizational Change*. John Wiley & Sons.

Toivonen, M. 2014. *Policies and measures for systemic and social innovations in the healthcare sector: experience from Finland*. ESIC Peer Review.

Tushman, M. and L. Rosenkopf. 1992. "Organizational determinants of technological change: Toward a sociology of technology evolution." *Research in Organizational Behavior*, 14. JAI Press Inc.

Valdivia, W. D. and D. H. Guston. 2015. *Responsible Innovation: A Primer for Policymakers.* Washington, DC: The Brookings Institute.

Van den Bosch, S. 2010. *Transition Experiment: Exploring Societal Changes toward Sustainability.* Erasumus University Ph. D thesis.

Van der Have, P. Robert and Luis Rubalcaba. 2016. "Social Innovation Research: An emerging area of innovation studies?" *Research Policy,* Vol.45, pp.1923~1935.

Walhout, B. and S. Kuhlmann. 2013. "In search of a governance framework for responsible research and innovation." 2013 IEEE International Technology Management Conference & 19th ICE Conference, 24~26 June 2013, The Hague.

Walz, R. and J. Kohler. 2014. "Using Lead Market Factors to Assess the Potential for a Sustainability Transition." *Environmental Innovation and Societal Transitions,* 10, pp.20~41.

World Bank. 2015. *Citizen-Driven Innovation: A Guidebooks for City Mayor and Public Adminstration.* The World Bank.

Young Foundation. 2006. *Social Silicon Valleys: a manifesto for social innovation.*

Safecast. http://blog.safecast.org

Fixmystreet. https://www.fixmystreet.com/reports

GIIN. http://www.thegiin.org/

Nesta. http://www.nesta.org.uk/blog/eleven-trends-watch-digital-social-innovation.

이 책을 집필하는 데 기반이 된 글은 다음과 같다.

제1장 송위진. 2015.「사회문제 해결형 혁신정책'과 혁신정책의 재해석」. ≪과학기술학연구≫, 제15권 2호.

제2장 박희제·성지은. 2015.「'사회에 책임지는 연구와 혁신'의 현황과 사례」. ≪과학기술학연구≫, 제15권 2호.

제3장 송위진. 2016.「혁신연구와 사회혁신론」. ≪동향과 전망≫, 제98호.

제4장 송위진. 2017.「사회문제 해결형 혁신정책 연구의 현황과 과제」.≪기술혁신연구≫, 제25권 4호.

제5장 송위진. 2017.「사회적경제조직의 혁신활동과 과제」. ≪한국혁신학회지≫, 제12권 2호.

제6장 김종선. 2016.『디지털 사회혁신의 현황과 과제』. 과학기술정책연구원.

제7장 강민정. 2018.「사회혁신 생태계의 현황과 발전 방안」. ≪경영교육연구≫, 제33권 1호.

제8장 송위진·정서화·한규영·성지은·김종선. 2017.「리빙랩을 활용한 공공연구개발의 사업화 모델 도출」. ≪기술혁신학회지≫, 제20권 2호.

제9장 성지은·한규영·정서화. 2016.「지역문제 해결을 위한 국내 리빙랩 사례 분석」. ≪과학기술학연구≫, 제16권 2호.

지은이

송위진

서울대학교 해양학과를 졸업하고 동 대학원 과학사 및 과학철학 협동과정에서 석사학위를 받았다. 고려대학교 행정학과에서 박사학위를 취득했으며, 현재 과학기술정책연구원 선임연구위원으로 재직하고 있다. 주요 연구 분야는 사회문제 해결형 혁신정책, 탈추격 혁신이다. 저서로는 『사회문제 해결을 위한 과학기술혁신정책』, 『사회·기술시스템전환: 이론과 실천』 등이 있다.

성지은

숙명여자대학교 행정학과를 졸업하고 고려대학교 행정학과에서 석사·박사학위를 받았으며, 현재 과학기술정책연구원 연구위원으로 재직하고 있다. 주요 연구 분야는 사회문제 해결형 혁신정책과 리빙랩, 통합형 혁신정책, 과학기술과 거버넌스이다. 저서로는 『사회문제 해결형 과학기술혁신정책』, 『정보통신산업의 정책진화』가 있다.

김종선

KAIST 화학공학과를 졸업하고 동 대학원에서 석사·박사학위를 받았다. 이후 일본동경공업대학에서 박사후 과정을 했으며, 현재 과학기술정책연구원 연구위원으로 재직하고 있다. 주요 연구 분야는 북한의 과학기술, 사회적 혁신정책, 디지털 사회혁신이다. 저서로는 『사회적 경제의 혁신능력 향상방안: 혁신연계조직을 중심으로』, 『디지털 사회혁신의 활성화 전략 연구』 등이 있다.

강민정

서울대학교 사회학과를 졸업하고 영국 에든버러대학교에서 과학기술학으로 박사학위를 받았다. SK텔레콤 경영전략실, 미래연구실, KAIST 경영대학 SK사회적기업가센터 부센터장으로 근무했다. 현재 한림대학교 경영학과 교수로 재직하면서 사회적경제, 사회혁신, 과학기술과 사회 분야를 연구하고 있다. 『소셜이슈 분석과 기회탐색』에 책임편집과 공저자로, 『사회적 경제의 현황과 전망』에 공저자로 참여했다.

박희제

서울대학교 사회학과를 졸업하고 미국 위스콘신대학교에서 과학사회학으로 석사·박사학위를 취득했다. 현재 경희대학교 사회학과 교수로 재직 중이며 동 대학의 과학기술사회연구센터 센터장으로 활동하고 있다. 주요 연구 분야는 한국 과학기술자 사회, 과학기술평가 및 보상제도, 대중의 과학기술 및 환경위험 인식이며, 저서로는 『한국의 과학자 사회』, 『과학기술학의 세계』 등이 있다.

한울아카데미 2072
사회문제 해결을 위한 과학기술과 사회혁신

지은이 | 송위진·성지은·김종선·강민정·박희제
펴낸이 | 김종수
펴낸곳 | 한울엠플러스(주)
편집 | 신순남

초판 1쇄 인쇄 | 2018년 5월 17일
초판 1쇄 발행 | 2018년 5월 25일

주소 | 10881 경기도 파주시 광인사길 153 한울시소빌딩 3층
전화 | 031-955-0655
팩스 | 031-955-0656
홈페이지 | www.hanulmplus.kr
등록번호 | 제406-2015-000143호

Printed in Korea.
ISBN 978-89-460-7072-1 93500

※ 책값은 겉표지에 표시되어 있습니다.